Inhalt

Tom Shachtman

Minusgrade – Auf der Suche nach dem absoluten Nullpunkt

Eine Chronik der Kälte

Deutsch von Susanne Warmuth

HOICHENS

Rowohlt Taschenbuch Verlag

rororo science
Lektorat Angelika Mette

Deutsche Erstausgabe | Veröffentlicht im Rowohlt Taschenbuch Verlag GmbH, Reinbek bei Hamburg | März 2001 | Die Originalausgabe erschien 1999 unter dem Titel «Absolute Zero and the Conquest of Cold» im Verlag Houghton Miffling Company, New York | Copyright © 2001 by Rowohlt Taschenbuch Verlag GmbH, Reinbek bei Hamburg | «Absolute Zero and the Conquest of Cold» Copyright © 1999 by Tom Shachtman | Redaktion Imke Hoffmann | Fachliche Beratung der Reihe Eva Ruhnau | Humanwissenschaftliches Zentrum, Ludwig-Maximilians-Universität, München | Umschlaggestaltung Barbara Hanke | (Foto: Tony Stone Images/Tim Davis) | Satz Helvetica Extended und Proforma PostScript bei Pinkuin Satz und Datentechnik, Berlin | Druck und Bindung Clausen & Bosse, Leck | Printed in Germany
ISBN 3 499 61118 X

Die Schreibweise entspricht den Regeln der neuen Rechtschreibung.

1748
William Cullen stellt im Labor künstlich Kälte her

1787
Martinus van Marum verflüssigt Ammoniak bei Temperaturen weit unter dem Gefrierpunkt

1800
Thomas Moore baut die erste «Kühlbox» mit einer Auskleidung aus Kaninchenfell

1823
Michael Faraday verflüssigt Chlor und Ammoniak und erkennt, dass die Temperatur beim Übergang vom gasförmigen in den flüssigen Zustand dramatisch sinkt

1824
Sadi Carnot veröffentlicht eine Theorie, mit der die Thermodynamik begründet wird, die Wissenschaft von Wärme und Kälte

1834
Charles Saint-Anges Thilorier stellt «Trockeneis» her und erreicht eine Temperatur von –110 °C

1834
Jean-Charles-Athanase Peltier entdeckt die Thermoelektrizität, eine neue Möglichkeit, Wärme und Kälte zu erzeugen

1848
William Thomson, später zu Lord Kelvin geadelt, entwickelt die absolute Temperaturskala mit der nach ihm benannten Einheit Kelvin

rororo

Zu diesem Buch

An einem heißen Sommertag des Jahres 1620 führte der Alchimist Cornelis Drebbel dem schwitzenden König Jakob I. die erste primitive Klimaanlage vor. Ein gewagtes Unterfangen, denn mit dem Eingriff in die jahreszeitlich vorgegebenen Temperaturverhältnisse verstieß er in den Augen vieler Beobachter gegen die göttliche Ordnung und beging damit ein Sakrileg. Heute macht es die lasergestützte Kühltechnik möglich, Temperaturen zu erzeugen, die weit unter der des interstellaren Raums liegen, ein Milieu, in dem selbst die Lichtgeschwindigkeit auf gut 60 Kilometer pro Stunde erstarrt. Zwischen diesen beiden Ereignissen entfaltet sich die ganze Geschichte der Eisproduktion, des Thermometers, des Kühlschranks, der Klimaanlage sowie des Wettlaufs auf der Suche nach dem absoluten Nullpunkt.
Mit großem narrativem Geschick gelingt es Tom Shachtman, den Genius der Erfinder und Forscher tatsächlich sinnlich erfahrbar zu machen. Man erfährt von Laborexplosionen, Fehlinterpretationen und Intrigen, vom Scheitern der Hasadeure und vom märchenhaften Reüssieren der Wagemutigen, die nach jahrzehntelanger Forschung am Rande des Existenzminimums manchmal doch zu reichen Männern wurden. Mit anderen Worten: Es dampft, schwitzt, friert, zischt, knallt und lebt in diesem Buch zwischen Eis-Erntemaschinen und Raumschiffen, Tiefkühlkost und Flüssiggasen, Supraleitern und Atomlasern. Damit spiegelt diese Chronik auch das Zusammenspiel zwischen Theoretikern und Unternehmern, begnadeten Tüftlern und Spitzenforschern wider, die sich international um die Erforschung und Nutzung der Kälte verdient gemacht haben.

Der Autor

Tom Shachtman ist Autor und Co-Autor zahlreicher populärwissenschaftlicher Veröffentlichungen in den USA und darüber hinaus als Dokumentarfilmer tätig.

[1] Winter im Sommer

König Jakob I. von England und Schottland wählte einen heißen Sommertag des Jahres 1620 für die neueste Vorführung seines Hoferfinders Cornelis Drebbel und ordnete an, dass sie in der Great Hall von Westminster Abbey stattfinden sollte. Drebbel hatte seinem Herrn ein außerordentliches Vergnügen versprochen: Jetzt, im Sommer, wollte er die Luft in einem Bauwerk so weit abkühlen, dass sich das Gefühl winterlicher Kälte einstellte. Der Ort, den der König ausgewählt hatte, stellte eine gewaltige Herausforderung dar, denn der größte Innenraum auf den Britischen Inseln war hundertneun Meter lang und maß vom Boden bis zu den goldenen Schlusssteinen im weißen Deckengewölbe vierunddreißig Meter.

Im Jahr 1620 erschien es den meisten Menschen unvorstellbar, die Jahreszeiten umzukehren, und nicht wenige sahen darin ein Sakrileg, einen Versuch, sich der natürlichen Ordnung zu widersetzen, in die göttliche Vorsehung einzugreifen. Zu Beginn des 17. Jahrhunderts nahmen Briten und Kontinentaleuropäer Kälte lediglich als eine Facette der Natur im Winter wahr. Einige glaubten, sie habe ihren Ursprung an einem Ort weit im Norden, und auf so mancher phantasievoll ausgestalteten Weltkarte wurde Thule – das sagenhafte Eiland, das sechs Schiffstagereisen vom Nordende Britanniens entfernt liegen sollte und vermutlich nur einmal, im 4. Jahrhundert v. Chr., von Pytheas betreten wurde – als das unerforschte, unbekannte Land des ewigen Frosts dargestellt.

Erst Ende des 19. Jahrhunderts nahmen die Vorstellungen von der Kälte realistischere Formen an, als viktorianische Wissenschaftler versuchten, den absoluten Nullpunkt zu erreichen, den sie manchmal als «Ultima Thule», das äußerste Thule, bezeichneten. Ganz wie die zeitgenössischen Erforscher der noch nicht in Karten verzeichneten Regionen von Arktis und Antarktis verfolgten die Wissenschaftler in den Laboratorien ein Ziel, das so verheißungsvoll, so erschreckend und – aufgrund seiner Fähigkeit, alles zu verwandeln – so wunderbar war, dass ihnen Eis vergleichsweise warm vorkam.

Noch im frühen 17. Jahrhundert wurde selbst normale Winterkälte als so bedrohlich empfunden, dass die Phantasie bei dem Versuch versagte, sich mit ihr zu beschäftigen. «Naturphilosophen» sahen technische Meisterleistungen vorher, die erst Jahrhunderte später Wirklichkeit wurden – Fluggeräte, die schwerer sind als Luft, Untergrundbahnen, lebensverlängernde Behandlungsmethoden, ja sogar Wolkenkratzer und Roboter –, aber kein Einziger hatte die Vision einer Gesellschaft, die in der Lage ist, große Kälte zu ihrem Vorteil zu nutzen. Vielleicht lag es daran, dass Wärmequellen im Gegensatz zum Ursprung der Kälte so offensichtlich waren: die Sonne, das knisternde Feuer, die Lebensenergie von Mensch und Tier. Die Kälte bewahrte das Geheimnis ihrer Herkunft, sie kam als Begleiterin des Todes, unerklärlich, angsteinflößend – zu abweisend, um sie zu erforschen.

Die Abneigung gegen die Kälte spiegelte sich im ausgesprochen seltenen Gebrauch natürlicher Kühlung wider. Dieses Versäumnis führte dazu, dass ein großer Teil der Getreideernte, des Fleisches, der Milchprodukte, Gemüse, Früchte und des Fisches verdarben, bevor die Menschen sie aufessen konnten. Und da man schon die natürlichen Kühlungsmöglichkeiten so wenig nutzte, erschienen künstliche erst recht abwegig. 1620 vermochte sich kein noch so phantasiebegabter Zeitgenosse vorzustellen, dass man Medizin, Transportwesen und Kommunikation durch das Erzeugen niedriger Temperaturen beeinflussen und verbessern könnte. Oder dass das Beherrschen der Kälte den Menschen erlauben würde, ihren Lebensraum auf die gesamte Erdoberfläche, den Himmel und das Meer auszudehnen und ihre Lebensqualität erheblich zu steigern.

Wie wird Wasser im Himmel in Schnee verwandelt? Oder auf der Erde in Eis? Was gibt der Schneeflocke ihre Gestalt? Warum ist Eis so rutschig? 1620 hielt man diese und andere jahrhundertealte Fragen zur Kälte nicht nur für unlösbar, sondern auch der Forschung für unzugänglich. Kälte ließ sich weder messen noch anders als durch die Abwesenheit von Wärme beschreiben noch konnte man sie schaffen, wenn sie nicht ohnehin bereits vorhanden war – außer, vielleicht, mit Hilfe eines Zauberers.

An diesem heißen Sommertag näherte sich der König mit seinem Gefolge Westminster Abbey, das einiger Reparaturen bedurft hätte: Das Bauwerk hatte Risse, und auf der Nordwestseite begann das Strebewerk zu bröckeln. Jakob I. Stuart kam in die Jahre; erst kürzlich hatte er seinen vierundfünfzigsten Geburtstag begangen. Er war zwar noch kräftig, breitschultrig und hatte einen mächtigen Brustkorb, doch das einstmals schwarze Haar hatte sich zu einem hellen Braun gelichtet. Die Rachitis, die in seiner Jugend sein Wachstum beeinträchtigt hatte, ließ seinen Gang immer ungleichmäßiger werden; oft musste er sich beim Gehen auf einen Begleiter stützen. Er litt an Koliken, Rheumatismus, Krämpfen in den Gliedmaßen und war melancholisch. Nach dem Tod seiner Königin, Anne von Dänemark, im Jahr 1619, hatte er angefangen, ganz untypische Dinge zu tun: Obwohl König und Königin einander fremd geworden und schon seit Jahren getrennte Wege gegangen waren, erwies Jakob Anne die Ehre, sie in Westminster in der Nähe der letzten Ruhestätte seiner Mutter Maria Stuart, der Königin von Schottland, zu bestatten. Zu jener Zeit schmückten die Kathedrale nur wenige Grab- und Ehrenmäler.

Der Sommer setzte der empfindlichen Haut des Königs stark zu, die als «zart wie Taft» beschrieben wurde, dünn und verletzlich. Jakob wurde oft von plötzlich einsetzendem Juckreiz und

Schweißausbrüchen geplagt, die wiederum den Juckreiz verstärkten. Außerdem vertrug er Wärme sehr schlecht. Bereits ein über die Gebühr langer Aufenthalt in der Sonne konnte ihn überhitzen und in Lebensgefahr bringen. Verschlimmert wurde die Hitzeempfindlichkeit noch durch die dicke Kleidung, die er üblicherweise trug, und das eigens für die Abwehr von Messerstichen angefertigte gepolsterte Wams. Diese Verstärkung schien notwendig, nachdem mehrere Mordanschläge auf ihn verübt worden waren. «Glaube nicht, die Weichheit eines Daunenkissens in einer Krone zu finden», hatte der König kurz zuvor in einem kleinen Buch mit Meditationen über den Bibelvers zu Jesus mit der Dornenkrone geschrieben, «sondern halte dir immer vor Augen, dass sie ein dornig Ding und voll fortwährender Mühen ist.»

An der kommenden Vorführung war Jakob nicht nur wegen der erhofften Linderung der Hitze interessiert. Sein ganzes Leben lang hatte er sich intensiv mit Hexerei und dem Übernatürlichen beschäftigt. Beredtes Zeugnis davon legt sein Buch «Dämonologie» ab, das 1597 veröffentlicht wurde. Das Okkulte faszinierte ihn, gleichzeitig war er stets auf der Suche nach Zerstreuung. Aus diesem Grund entschloss er sich 1605, zwei Jahre nachdem er die Nachfolge von Königin Elisabeth auf dem Thron von England angetreten hatte, dem Ersuchen des Holländers Cornelis Drebbel um Protektion nachzugeben. Jakob gewährte Drebbel und seiner Familie freie Kost und Logis sowie einen festen Betrag für seine Auslagen und brachte sie in einer Suite des Eltham Palace unter. Dort richtete Drebbel zum Entzücken von Jakobs Sohn Heinrich ein Laboratorium und eine Werkstatt ein und erfand die unterschiedlichsten Apparate, unter anderem ein «Perpetuum mobile», einen sich selbst regulierenden Ofen, eine Laterna magica und eine Blitz-und-Donner-Maschine.

Dass sich Drebbel bei Jakob nicht als Wissenschaftler, sondern als Magier einführte, geht aus einem Brief hervor, den der

Holländer 1608 in seine Heimat schickte. Darin schreibt er über die Vorführung der Laterna magica:

Ich stelle mich in einen Raum, und natürlich ist niemand bei mir. Als Erstes verändere ich das Aussehen meiner Kleidung ... Anfänglich bin ich in schwarzen Samt gewandet, doch einen Augenblick später, in Gedankenschnelle, erscheine ich in grünem Samt, dann in rotem, ich verändere meine Erscheinung in alle nur erdenklichen Farben ... und ich präsentiere mich als König, geschmückt mit Diamanten und kostbaren Steinen jeglicher Art, und einen Moment später verwandle ich mich in einen Bettler, ganz und gar in Lumpen gehüllt.

Vor den Augen seines Publikums schien sich Drebbel in einen Löwen, einen Vogel, einen Baum mit raschelndem Laub zu verwandeln. Er beschwor Geister, zunächst solche der bedrohlichen Art, dann die von Helden wie etwa Richard Löwenherz. Da er offenbar nach Belieben Blitz und Donner hervorrufen und selbst verschiedene Gestalt annehmen konnte, verwundert es nicht, dass ihn so mancher seiner Zuschauer für ein gottähnliches Wesen hielt.

Das genaue Datum von Drebbels Vorführung im Jahre 1620 ist unbekannt. Ebenso wenig wissen wir, wer ihr beiwohnte und wie stark die erreichte Abkühlung war, denn es gibt keine Augenzeugenberichte, sondern nur solche aus zweiter Hand. Auf der Grundlage anderer bekannter Informationen lassen sich allerdings begründete Annahmen ableiten, die das Ereignis weiter erhellen. Wahrscheinlich fand es nach dem 12. Juli statt: An diesem Tag wurde John Williams Dean in Westminster Abbey. Er löste einen sehr konservativen Dean ab, der das Amt lange innegehabt hatte. Williams von Salisbury war in vielerlei Hinsicht fortschrittlich und mit Sicherheit eher bereit, Drebbels Auftritt in den heiligen Hallen zu dulden, als sein

Vorgänger. Darüber hinaus war er von George Villiers zum Dean bestellt worden, dem ersten Herzog von Buckingham und letzten und einflussreichsten männlichen Liebhaber des Königs. Es ist anzunehmen, dass sich Buckingham an diesem Tag in der kleinen Gesellschaft befand; wie der König liebte er Magie, Alchimie und mechanische Apparate. Zu seiner eigenen Unterhaltung beschäftigte Buckingham auf seinem Anwesen einen jungen Mann aus Antwerpen mit Namen Gerbier, der aller Wahrscheinlichkeit nach ebenfalls an der Veranstaltung teilnahm, möglicherweise als Drebbels Assistent. Zwei Jahre zuvor hatte Gerbier Drebbel in einer Elegie auf den Tod von Drebbels Schwager lobend erwähnt, was eine Arbeitsbeziehung zwischen den beiden Niederländern nahe legt. Außerdem könnte der Astrologe und Wahrsager John Lambe, der bei Hofe über beträchtlichen Einfluss verfügte, zu den Gästen gehört haben, ebenso Salomon de Caus, Schöpfer phantastischer Brunnen und spektakulärer Gartenanlagen, der jahrelang an der Seite von Drebbel in königlichen Diensten gestanden hatte. Mit ziemlicher Sicherheit assistierten Drebbel die Brüder Abraham und Jacob Kuffler, die im gleichen Jahr aus den Niederlanden nach England gekommen waren und bei ihm in die Lehre gingen. Nebenbei schmiedeten sie Pläne, wie der eine oder der andere Drebbels Tochter heiraten und auf diesem Wege in den Besitz seiner Geheimnisse gelangen könnte.

Also: Das Spektakel fand wahrscheinlich zu einer Zeit am frühen Nachmittag statt, als die Hitze am größten war und die Mönche gerade keine ihrer sieben täglichen Andachten abhielten. Die königliche Gesellschaft betrat die Kathedrale vermutlich durch eine Seitentüre am Nordportal (hätte man die Türen des Nordportals geöffnet, wäre zu viel Wärme eingedrungen und hätte alles verdorben) und wurde in dem schattigen Bauwerk von einem der geheimnisvollsten Männer dieser Zeit begrüßt. Wie viele Engländer sah auch Ben Jonson, der Hofdichter Jakobs I., in Drebbel einen Quacksalber, einen Scharlatan und vielleicht einen Anhänger der schwarzen Kunst. In Holland hieß man ihn *pochans* («Aufschneider») oder *grote ezel* («großer Esel», «Dummkopf»), aber in beiden Ländern gab es genügend andere, die Drebbel als einem genialen Erfinder Respekt zollten, da er sie mit seinen wunderbaren Gerätschaften in Erstaunen versetzt hatte.

Cornelis Jacobszoon Drebbel kam 1572 im nordholländischen Alkmaar als Sohn eines Grundbesitzers zur Welt. Er besaß nur eine geringe Schulbildung, war lange Zeit nicht in der Lage, Latein oder Englisch zu lesen und zu schreiben. Aber selbst nachdem er sich beide Sprachen angeeignet hatte, gab er nicht viel auf Bücher und schrieb wenig. Er ging bei Hendrik Goltzius, einem Kupferstecher, der sich auch in Alchimie versuchte und in der Nähe von Haarlem lebte, in die Lehre. Später heiratete er dessen Schwester. Weitere technische Fertigkeiten lernte er offenkundig bei zwei Haarlemer Brüdern, die für ihre Neuerungen auf dem Gebiet der Optik und der Mathematik bekannt werden sollten. 1598 wurden Drebbel die Patente für ein System zur Wasserversorgung und ein sich selbst aufziehendes Uhrwerk zuerkannt. 1604 veröffentlichte er ein Buch mit dem Titel «Über die Natur der Elemente», eine bunte Mischung aus Alchimie, frommen Gedanken und spekulativen Interpretationen der vier Elemente – Luft, Erde, Feuer und Wasser. 1605 schrieb Drebbel an Jakob I. von England, versprach ihm die größte Erfindung aller Zeiten, ein Perpetuum mobile, und widmete dem König die englische Ausgabe seines Buches über die Elemente.

Was Drebbel dann in Eltham baute, war natürlich kein Perpetuum mobile, denn das ist unmöglich. Thomas Tymme, ein Zeitgenosse und seines Zeichens Professor der Theologie, bezeichnete das Gerät als «wundersam» und beschrieb es als eine Uhr mit einer Erdkugel. Den Globus umspannte ein Ring aus Kristallglas, der mit Wasser gefüllt war, dazu kamen verschiedene Anzeigen für den Tag, den Monat, das Jahr, das Tierkreiszeichen, die Mondphasen und die Gezeiten. In Tymmes Augen spiegelte Drebbels Apparat den ewigen Lauf der Gestirne im Universum wider, den der Schöpfer einst in Gang setzte. In einem Buch schrieb Tymme, dass Drebbel, «dieser verschlagene Teufel», als ihm König Jakob die unendliche Bewegung nicht glauben wollte, «Seiner Majestät im Verborgenen das Geheimnis enthüllte, woraufhin diese der außerordentlichen Erfindung ihren Beifall zollte». Tymme behauptete zwar, die Maschine sei mit «einem feurigen Hauch aus dem mineralischen Material» betrieben worden, jedoch ist ein Antrieb über Luftdruckschwankungen oder durch Luft, die sich beim Erhitzen ausdehnt und bei Abkühlung verdichtet, wahrscheinlicher.

1610 hatte der Ruf des «Weisen von Alkmaar» den Hof von Rudolf II. erreicht, dem König von Böhmen und Kaiser des Heiligen Römischen Reiches. Rudolf II. lud Drebbel und seine Familie nach Prag ein, wo dieser den bisherigen Hofgelehrten, den bekannten englischen Alchimisten Dr. John Dee, ersetzen sollte. Jahre zuvor hatte Rudolf den dänischen Astronomen Tycho Brahe auf die Burg auf dem Hradschin gelockt, den wahren Wissenschaftlern seitdem jedoch mehr und mehr den Rücken zugekehrt. Er begann, die Staatsgeschäfte zu vernachlässigen, um mit seinen geladenen Magiern nach dem berühmten Stein der Weisen zu suchen, ein Stoff, von dem die Alchimisten glaubten, er könne gewöhnliches Metall in Gold verwandeln. Drebbels Pragabenteuer endete kläglich: Rudolf starb 1612, und sein Nachfolger ließ den Holländer ins Gefängnis werfen – vielleicht weil er auf der falschen Seite gestanden hatte, vielleicht auch weil er in eine Unterschlagung von Geld und Juwelen verwickelt gewesen sein soll. 1613 schrieb Drebbel einen flammenden Brief an König Jakob, in dem er ihm nicht nur ein neues und verbessertes sich selbst aufziehendes Uhrwerk versprach, sondern auch «ein Instrument, mit welchem man Briefe aus der Entfernung von einer englischen Meile lesen kann», sowie einen ausgeklügelten Springbrunnen, bei dem sich im

Sonnenlicht Vorhänge und Türen öffnen, auf Zuruf das Wasser fließen und auf kleinen Tastaturen automatisch Musik erklingen sollte, «während Neptun in Begleitung von Tritonen und Meerjungfrauen aus einer Felsengrotte erscheint». Der König forderte Drebbel unverzüglich zur Rückkehr auf und sandte ihm Geld für die Reise.

Drebbel baute König Jakob den Brunnen, außerdem eine Camera obscura und ein primitives Fernrohr. Im Laufe der Zeit wuchs der Druck auf den Holländer, immer neue phantastische, wenn nicht gar an Wunder grenzende Erfindungen zu produzieren, um damit seinen Lebensunterhalt zu sichern – zumal sich Jakob nach 1618 aufgrund verschiedener Umstände gezwungen sah, einen Sparkurs einzuschlagen und seine ausufernden Haushaltsausgaben einzuschränken.

Im Jahre 1620 war Cornelis Drebbel achtundvierzig Jahre alt und sein Bart bereits grau, dennoch galt er immer noch als «gut aussehender, stattlicher Mann … mit eleganten Manieren», als den ihn ein Besucher des Hofes Jahre zuvor beschrieben hatte. Der holländische Dichter und Wissenschaftler Constantijn Huygens sagte von ihm, er sehe aus «wie ein holländischer Bauer», aber einer, der voller «gelehrter Reden» sei, die ihn an «die Weisen von Samos und Sizilien» erinnerten.

Drebbels tadelloser Ruf wurde oft dem seiner Frau Sophia gegenübergestellt, die anderen Berichten zufolge seine gesamten Einnahmen «mit den verschiedensten Liebhabern durchbrachte». Huygens Eltern warnten ihren Sprössling davor, sich mit diesem «Magier» und «Hexenmeister» einzulassen – drängten ihn aber dennoch, etwas über seine Schleiftechniken für optische Linsen herauszufinden.

Zu der Zeit, als die Kältevorführung stattfand, lebte Drebbel seinen Gehilfen zufolge «wie ein Philosoph»: Er besaß kein Interesse an der Mode, verachtete die Welt und vor allem deren große Männer, kümmerte sich um nichts als seine Arbeit, sprach nur mit denen, die seine Leidenschaft für den Tabak teilten, und vergaß oft zu essen, wenn er in seine wissenschaftlichen Gedanken versunken war. Das waren die Umstände, unter denen er einen Weg fand, wie der Mensch über die Natur triumphieren konnte, indem er die Jahreszeiten verkehrte und es im Sommer Winter sein ließ.

Als der König und sein Gefolge an diesem Sommertag die Kathedrale betraten – wahrscheinlich durch eine Tür in der Nähe der großen Rosette aus bunt bemaltem Glas –, wurden sie vermutlich in das Sanktuarium geleitet, einen relativ schmalen und umgrenzten Bereich in der Mitte der größeren Halle. Die Luft dort war, wie Drebbel es versprochen hatte, ziemlich kühl. Alle empfanden die Kälte mehr oder weniger stark. Misstrauisch schauten die Gäste auf Tröge und andere Gerätschaften, die am Fuß der Wände aufgestellt waren und deren Bedeutung sie nicht ergründen konnten; möglicherweise erhoben sie ihre Blicke auch Rat suchend zur einstmals weißen, im Lauf der Jahrhunderte jedoch vom Ruß Abertausender Kerzen eingeschwärzten Decke. Wegen seines überhitzten Zustands und seines fast dauernden Schwitzens begann der König schon bald zu zittern und begab sich wieder ins Freie; die kleine Gesellschaft folgte ihm auf dem Fuße. Die Demonstration war gelungen.

Wie hatte Drebbel das gemacht? Da er keine schriftlichen Erklärungen hinterließ und die wenigen Berichte von dem Ereignis aus zweiter Hand stammen, müssen wir etwas weiter ausholen, um eine Antwort auf die Frage zu finden. Jahre vor dem Schauspiel in Westminster Abbey hatte der italienische Naturforscher Giambattista della Porta für die Bankette der Medici in Florenz Phantasiegärten und Skulpturen aus Eis sowie eisgekühlte Getränke hergestellt. Wie sich noch heute in Briefen und Erinnerungen nachlesen lässt, verbreiteten die adligen Gäste die Kunde von diesen außerordentlichen Taten in ganz Europa. Für Drebbels Leistung dagegen gibt es nur wenige vertrauenswürdige Berichterstatter, einer davon, Francis Bacon, erwähnt sie 1620 in einem Buch als «das jüngste Experiment zur künstlichen Erzeugung von Kälte», das in Westminster stattgefunden habe. Obwohl es zeigte, dass der Mensch in der Lage war, ein Naturphänomen zu beherrschen, nennt Bacon keine Details dieser Präsentation einer mechanisch betriebenen Klimaanlage.

Dazu passt, dass Drebbels bemerkenswerte Vorführung allgemein nicht ernst genommen wurde. Für seine Zeitgenossen war es wohl nichts weiter als ein neuer Zaubertrick in einer Zeit, in der sich die Elite der Gesellschaft vom Bann des Übernatürlichen zu befreien suchte, das die Welt seit tausend Jahren in Schach gehalten hatte. Magie und Naturwissenschaft führten in jener Zeit eine unselige Koexistenz, und es war alles andere als sicher, dass sich die Naturwissenschaft am Ende durchsetzen würde. Ein weiterer Grund für den Mangel an Aufmerksamkeit könnte das Fehlen einer unmittelbaren praktischen Anwendung von Drebbels Erfindung gewesen sein.

Wesentlich mehr Erstaunen rief Drebbels gut dokumentierte Vorführung eines Unterseebootes im Jahr 1621 hervor. Unter der Wasseroberfläche der Themse legte das Boot «zwei holländische Meilen» – von Westminster bis Greenwich – in drei Stunden zurück. Am Ufer standen der König und Tausende von Zuschauern. Niemand konnte sich vorstellen, wie die zwölf Mann Besatzung – und der Erfinder persönlich, der das Risiko einging, zusammen mit ihnen zu ertrinken – unter Wasser und unter Luftabschluss zu atmen vermochten. Einen Hinweis auf die Luftversorgung des U-Bootes gibt Drebbel in seinem Buch «Das fünfte Element». Dort findet sich der kryptische Satz: «Salpeter, aufgebrochen von der Kraft des Feuers, wird so in etwas der Luft Ähnliches verwandelt.»

1621 war wissenschaftliche Analyse noch so selten, dass niemand den Hinweis aufgriff. Erst Jahrzehnte später sollte der britische Chemiker und Physiker Robert Boyle ansatzweise verstehen, was bei dieser Demonstration vor sich gegangen war. Er schrieb: «Drebbel hatte die Idee, dass für die Atmung nicht der gesamte Luftkörper vonnöten sei, sondern nur ein bestimmter kleiner Teil, eine Quintessenz, … oder ein Hauch.» Und er mutmaßte, dass Drebbel, als die Luft in dem Boot verbraucht war, «ein mit einer Flüssigkeit gefülltes Gefäß öffnete und der schlechten Luft so viele lebenerhaltende Teile beigab, wie notwendig waren, um die Atmung wieder für eine gute Weile zu ermöglichen». Kurz gesagt, Drebbel hatte den Sauerstoff entdeckt und isoliert, 150 Jahre vor Joseph Priestley. Doch mit diesem großen Fortschritt in der Chemie wird sein Name heute nicht in Verbindung gebracht.

Drebbel hatte einen ausgesprochenen Hang zu dramatisch inszenierten Vorstellungen, die ihm mehr lagen als die kontinuierliche wissenschaftliche Arbeit. Sicher ist auch das ein Grund, warum sein sommerlicher Kältezauber in Westminster so wenig Widerhall fand. Der Erfinder und Hofunterhalter wachte eifersüchtig über die Geheimnisse seiner Schauvorführungen und weigerte sich zeit seines Lebens, ein Tagebuch zu führen oder seine Experimente zu protokollieren und zu veröffentlichen. «Hätte Drebbel seine zweifellos existierenden technischen Geräte und Erfindungen in Notizbüchern dokumentiert», so L. E. Harris, Präsident einer Gesellschaft, die sich der Geschichte der Ingenieurskunst widmet, «wäre ihm vermutlich bleibender Ruhm beschieden gewesen, sogar wenn seine Arbeiten zukünftige Technologien nicht in derselben Weise beeinflusst hätten wie die Leonardo da Vincis.» Nach der altbewährten Zauberermethode gab Drebbel seine «Geheimnisse» nur stückchenweise an seine Gehilfen, die unersättlichen Kuffler-Brüder, weiter. Er scheint ihnen aber nicht sehr viel erzählt zu haben, denn nach Drebbels Tod waren sie nicht in der Lage, seine Darbietungen zu wiederholen. Trotz allem machten sie Geld mit einer Färbemethode, die auf einer seiner «Geheimformeln» beruhte.

Drebbel war offenbar davon überzeugt, dass er, wenn er die

Geheimnisse seiner Arbeit enthüllte, die Aura des Mysteriösen verlöre, die ihn für den König so interessant machte. Noch schwerer wog etwas anderes: Indem er seine Geheimnisse für sich behielt, erweckte er den Eindruck, er besäße Macht über die Natur, was in gewisser Weise ein Gegengewicht zur Macht des Königs über die gewöhnlichen Sterblichen darstellte. Aber das war nur Schein. Drebbels ganze Abhängigkeit wurde offenbar, als der König starb und seine Pension wegfiel. Übrig blieb eine, wie der flämische Maler Peter Paul Rubens es ausdrückte, «außergewöhnliche» Erscheinung von solcher Schäbigkeit und Unordnung, dass es «einen mit Erstaunen erfüllte».

Bestätigung fand Drebbels Weigerung, seine Geheimnisse zu enthüllen, auch im Verhalten seines Publikums, das keine Erklärungen für die wundersamen Apparate und Vorführungen von ihm verlangte. Heinrich von Etten, ein Zeitgenosse, äußerte die Vermutung, für die Zuschauer seien mathematische und naturwissenschaftliche Rätsel unterhaltsamer, wenn verborgen bliebe, wie sie funktionierten: «Nur dasjenige wunderbare Geschehen entzückt den Geist, dessen Grund unbekannt ist, denn wenn es entdeckt würde, wäre das halbe Vergnügen dahin.» Dieser Satz spiegelt einen Mangel an Neugier wider, der zu dieser Zeit vom kleinsten Bauern bis zum größten Fürsten allgemein verbreitet war.

Heute betrachten wir Neugier als wesentliche Voraussetzung für wissenschaftliches Arbeiten und vielleicht sogar für den Fortschritt überhaupt. Neugier ist der Motor, der den Intellekt antreibt, nach den Ursachen der Dinge zu suchen. «Neugier ist ein unveränderliches und sicheres Kennzeichen für einen tatkräftigen Geist», sollte Samuel Johnson 1751 schreiben, und nur wenige widersprachen ihm.

1621 allerdings genoss die Neugier einen schlechten Ruf. Die Ablehnung gründete sich auf zwei alte Denktraditionen, die das ganze späte Mittelalter und die Renaissance durchzogen. Im 5. Jahrhundert hatte sie der heilige Augustinus als tief verwurzelte Sehnsucht nach dem Trivialen verdammt, dem er die erhabenen Freuden des Glaubens gegenüberstellte, der seiner Überzeugung nach alle Erklärungen bereithielt, die die Menschheit brauchte. Neugier war von Übel, weil sie bedeutete, das zu hinterfragen, was Gott geschaffen hatte. Zur Ablehnung jedes Versuchs, die Geheimnisse der Natur zu enträtseln, gesellte sich die Auffassung, die Erforschung der Natur widerspreche den Lehren des Aristoteles, die tausend Jahre vor Augustinus niedergeschrieben worden waren. Aristoteles hatte behauptet, die Natur könne vollständig mit den Sinnen erfasst werden und Wissen lasse sich nicht mit Experimenten, sondern *allein* mit logischem Denken erlangen. Im 13. Jahrhundert vereinte Thomas von Aquin die Philosophien des Aristoteles und des Augustinus – soweit sie sich auf die wissenschaftliche Forschung bezogen –, und diese Synthese begründete seitdem die vorherrschende Meinung. John Donne, dem König Jakob ein hohes Kirchenamt verschafft hatte, stimmte mit Thomas von Aquin voll und ganz darin überein, dass es gottlos sei, irgendwelche verborgenen Wahrheiten über die Natur herausfinden zu wollen.

Trotz alledem gerieten zu Beginn des 17. Jahrhunderts Vorstellungen unter Beschuss, die die Neugierde verächtlich machten oder das Wissen über die «Geheimnisse» der Natur auf eine Hand voll Eingeweihter beschränken wollten. Der einflussreichste englische Gegner solcher Ansichten war ein Mann, der versuchte, Drebbels Vorführung in Westminster Abbey zu erklären, obwohl er wahrscheinlich nicht dabei gewesen ist: Sir Francis Bacon, Baron von Verulam, Lordkanzler von England. Indem er für die auf Experimenten aufbauende Wissenschaft eintrat, trug der Rechtsanwalt, Historiker, Philosoph und Staatsmann Bacon mehr als jeder andere dazu bei, Magie und Geheimniskrämerei in England ein Ende zu machen. Auch wenn Constantijn Huygens Drebbel und Bacon in einem Atemzug nennt und behauptet, ihre Leistungen seien gleichbedeutend, waren die beiden alles andere als Kollegen. Im Gegenteil: Sie hätten nicht gegensätzlicher sein können. Drebbel gehörte zu den letzten Magiern, und Bacon war der erste wahre wissenschaftliche Denker Englands. In Drebbels Weigerung, seinen Trick zu erklären, und Bacons hartnäckigem Bestreben, sich die chemischen Vorgänge bei der Kühlung zu erschließen, liegt die tiefere Bedeutung von Drebbels Vorführung: Sie symbolisiert das Ende des Zeitalters, in dem die Magie alles in ihrem Bann hielt, und den Moment, in dem die Wissenschaft die Weltbühne betrat und begann, Erklärungen für die Naturphänomene zu liefern, die die Menschheit so viel weiter bringen sollten.

Dass Bacon in Westminster nicht dabei war, schließen wir daraus, dass er das Ereignis nicht unmittelbar danach in einer Notiz festhielt, wie er es bei vorangegangenen Demonstrationen von Maschinen und Geräten des Holländers in Eltham Palace getan hatte. Bacons Interesse an pseudowissenschaftlichem Hokuspokus ließ nach: 1605, als Höfling von König Jakob, hatte er das Studium von Wundern, Magie und Hexerei noch als «Suche nach der Wahrheit» entschuldigt, «wie Eure Majestät beispielhaft selbst [in der ‹Dämonologie›] zeigte». Später drängte Bacon darauf, dass «Experimente mit wundersamen Naturerscheinungen sorgfältig und streng geprüft werden sollten, bevor man sie anerkennt, vor allem solche, die sich ohne große Mühe – weder was das Glauben noch was das Erfinden angeht – durchführen lassen».

Ein anderer Grund für Bacons Abwesenheit könnte der aufziehende Sturm gewesen sein, der von seinen politischen Gegnern entfacht wurde und der ihn binnen Jahresfrist in Ungnade fallen ließ. Kurze Zeit nach seiner Ernennung zum Viscount of St. Albans zu Beginn des Jahres 1621 wurde der Staatsmann der Bestechlichkeit beschuldigt. Nachdem er seine Schuld bekannt hatte, musste er sein Amt aufgeben und London verlassen; auf diese Weise blieb ihm der Kerker erspart. Der tiefere

Grund für Bacons Sturz lag in seinem verstärkten Eintreten für eine auf Experimenten aufbauende Wissenschaft. Der englische Forscher Robert Hooke verglich die Behandlung, die Bacon zuteil wurde, später mit der, die Galileo Galilei durch die Inquisition widerfuhr: «Dasselbe Schicksal ereilte den Lordkanzler Bacon, weil er die damals herrschende Philosophie zu stark untergrub.»

Aufmerksam verfolgte Bacon, was andere Experimentatoren herausfanden und was für seine eigenen Studien von Belang sein konnte. Vielleicht verfasste er deshalb in seinem *Novum Organum*, das noch im Jahr 1620 erschien, einen kurzen Abschnitt, der einem Freund zufolge «das jüngste Experiment zur Erzeugung von Kälte» in Westminster Abbey zu ergründen versuchte: «Salpeter (oder besser gesagt sein Geist) ist sehr kalt, und wenn man Salpeter oder Salz mit Schnee oder Eis vermischt, verstärken diese die Kälte der Letzteren, der Salpeter, indem er seine eigene Kälte der vorhandenen hinzufügt, das Salz jedoch, indem es die Kälte des Schnees hervorlockt.» Salpeter (dahinter verbergen sich verschiedene Salze der Salpetersäure, die man heute als Nitrate bezeichnet) war ein weit verbreiteter chemischer Grundstoff und stellte beispielsweise den aktiven Bestandteil des Schwarzpulvers. Mit seiner Vermutung, Drebbel habe Salpeter verwendet, lag Bacon wohl ganz richtig: Der Hofunterhalter hatte erstens selbst über Salpeter geschrieben und stand zweitens auf bestem Fuße mit Sir Thomas Chaloner, dem Autor eines Buches, das sich ausschließlich mit Salpeter befasste. Außerdem weist Bacon darauf hin, dass viele Alchimisten und Möchtegernwissenschaftler mit den Kälteeigenschaften von Salpeter und Kochsalz experimentierten.

Eine Quelle für solche Experimente war eines der populärsten «Geheimnisbücher» dieser Zeit, Giambattista della Portas Werk *Magia naturalis* («Zauber der Natur»), das 1558 erstmals in Italien und 1589 in erweiterter Form – und in buchstäblich alle anderen europäischen Sprachen übersetzt – erschien. Della Porta war einer der berühmtesten Männer Italiens, befreundet mit Galileo Galilei und dem deutschen Astronomen Johannes Kepler, und so bewandert in den Geheimnissen der Natur, dass es nur eine Frage der Zeit schien, bis er den Stein der Weisen entdeckte. Auch nachdem ihn die Inquisition wegen seiner «Magia» ins Gefängnis geworfen hatte, fuhr er fort, darüber zu schreiben. Einzelne Kapitel der *Magia naturalis* behandelten Alchimie, unsichtbare Schrift, die Herstellung von Kosmetika, das Gärtnern und das Sammeln von Haushaltwaren. Ans Ende des Buches stellte della Porta ein Kapitel mit dem Titel «Das Chaos», in dem er erwähnt, dass sich durch Mischen von Schnee und Salpeter eine große Kälte erzeugen lasse – doppelt so kalt wie jede andere bekannte Substanz und kalt genug, um Eis herzustellen.

Mit diesen Hinweisen und dem Wissen um die technischen Möglichkeiten jener Zeit können wir nun versuchen, Drebbels Kabinettstück zu rekonstruieren.

Vermutlich brachten Drebbel und seine Gehilfen in den frühen Morgenstunden lange, wasserdichte Tröge und breite, flache Gefäße in die Kathedrale. Diese stellten sie entlang der Wände und in der Mitte des Bereiches, den sie kühlen wollten, auf. Wahrscheinlich hatten sie den innen gelegenen Teil des Querhauses ausgesucht, der sich in der Nähe der Tür befand, durch die der König und die Höflinge die Kirche betreten sollten. Dieser Bereich würde den größten Teil des Tages und auf jeden Fall um die gewählte Uhrzeit im Schatten liegen. Außerdem brachten sie Schnee mit, den sie vermutlich bei Adligen eingesammelt hatten, die auf ihren Anwesen unterirdische Eiskeller besaßen. In solchen Kellern wurde im Winter Eis und Schnee eingelagert, damit man im Sommer Getränke kühlen konnte. In die Behälter füllte Drebbel das kälteste Wasser, das er finden konnte, mit ziemlicher Sicherheit holte er es direkt aus der nahe gelegenen Themse. Dann muss er Stunden damit verbracht haben, Salpeter, Salz und Schnee in das Wasser zu schütten, woraufhin sich Eiskristalle bildeten und die Temperatur der Mischung *unter* den Gefrierpunkt von Wasser sank, ganz wie es della Porta vorausgesagt hatte. Drebbel selbst konnte die Temperatur nicht messen, da es zu seiner Zeit noch kein Thermometer gab, das genau genug gewesen wäre. Einige seiner Behälter bestanden aus Metall, das von der Eismischung stark abgekühlt wurde. Dadurch wiederum blieb der Inhalt der Tröge kalt und der Kühlvorgang in Gang.

Betrachten wir das Geschehen etwas genauer: Die Eismischung kühlte die Luft direkt über den Gefäßen. In seiner Abhandlung über die Elemente beschrieb Drebbel das bekannte Phänomen, dass heiße Luft aufsteigt, und offenbar wusste er auch, dass kalte Luft schwerer ist als warme und sich deshalb am Boden sammelt. Dieses Prinzip nutzte er aus, um große Mengen kalter Luft zu erzeugen, die die wärmere Luft in der Kathedrale nach oben, zur Decke hin verdrängte. Es war nicht erforderlich, die warme Luft sehr hoch aufsteigen zu lassen – eine Höhe von drei Metern genügte, um sie vom König und seinem Gefolge fern zu halten.

Zudem musste der Raum nicht allzu kalt sein, denn ein Temperatursturz von, sagen wir, 30 auf 18 Grad Celsius war sicher ausreichend, um dem überhitzten König Abkühlung zu verschaffen. Drebbel benötigte mehrere Stunden, um diese Kühlung herzustellen, vielleicht half er auch mit Wedeln und Fächeln etwas nach, um die restliche warme Luft gut zu verteilen, bevor die vornehme Gesellschaft eintraf und den Kälteschock erlebte.

[2] Die Grenzen erforschen

Die Hauptstädte Europas nahmen im 17. Jahrhundert nur relativ langsam an Größe und Bevölkerungszahl zu. Einer der Gründe dafür war die schwierige Versorgung solcher Großsiedlungen, die nicht genügend Lebensmittel für ihre Einwohner produzieren konnten. Ein Viertel des Getreides sowie von Obst und Gemüse verfaulte bereits vor der Ernte auf den Feldern, Milch und Eier verdarben rasch. Wenn Feldfrüchte oder Milchprodukte mehr als eine Tagesreise vom Bauernhof zu ihrem Bestimmungsort unterwegs waren, wurde ein weiterer Teil während des Transportes ungenießbar. Aber die Bauern wussten offenbar, dass Kälte den Verderb hinauszögern konnte, denn sie brachten ihre Produkte in der Regel nachts in die Städte und nutzten so die niedrigeren Abendtemperaturen aus. Auf den Märkten wurden Tiere, die zum Verzehr bestimmt waren, entweder erst dann getötet, wenn sich ein Käufer dafür gefunden hatte, oder allenfalls wenige Stunden vor dem Verkauf, denn rohes, unverarbeitetes Fleisch hielt sich nicht lange. Weil sie die lebenden Tiere unterbringen mussten, brauchten Metzger größere Räumlichkeiten als andere Ladenbesitzer, was sich natürlich in hohen Fleischpreisen niederschlug.

Vor allem wegen der fehlenden Kühlmöglichkeiten machten frisches Fleisch, frischer Fisch, frische Milch, frisches Obst und Gemüse nur einen kleinen Teil der Ernährung aus. Wesentlich öfter standen Brot, eingelegte Gemüse, Käse und haltbar gemachtes Fleisch auf dem Speisezettel. Viel Erfindungsgeist wurde auf Konservierungsmethoden verwendet: Einlegen in Salz oder Zucker, Räuchern, Dörren oder den Ausschluss von Luft, indem man die Lebensmittel vollständig mit Öl bedeckte.

Alle diese Verfahren hatten den Nachteil, dass sie Lebensmittel und ihren typischen Geschmack veränderten. Außerhalb der Saison waren weder Früchte noch Gemüse zu haben, es sei denn zu unerhörten Preisen oder unter ganz besonderen Bedingungen – wenn etwa ein Herrscher im Winter ein Schiff nach Marokko schickte, um Orangen zu holen.

Selbst wenn es verfügbar war, wurde Eis in den gemäßigten Breiten nicht in nennenswertem Umfang für die Haltbarmachung von Lebensmitteln verwendet. Der Adel nutzte seine Eislager vor allem, um im Sommer Wein zu kühlen – gerade so wie es bereits die alten Römer getan hatten. Die Kältetechnik des 17. Jahrhunderts war nicht einen Millimeter weiter als die des Altertums. Die Erfindung des Weinkühlers schrieb Plinius Kaiser Nero zu; damit war man wenigstens nicht mehr gezwungen, Wein zu trinken, der mit zuvor in Stroh gelagertem Eis verdünnt war. Zimrilim, der König von Mari, einem Stadtstaat im Nordwesten des heutigen Iraks, ließ sich Ende des 17. Jahrhunderts v. Chr. am Ufer des Euphrats ein *bit shuripin* oder Eishaus bauen. In China wurden seit dem 7. Jahrhundert v. Chr. Eishäuser für die Konservierung von Obst und Gemüse unterhalten; in einem Buch aus der Tang-Zeit (618–907 n. Chr.), das sich mit Nahrungsmitteln befasst, wird berichtet, dass dieses Verfahren während der östlichen Zhou-Dynastie (770–256 v. Chr.) eingeführt worden sei. Damals waren vierundneunzig «Eisbeauftragte» damit befasst, alles nur Erdenkliche zu kühlen: vom Wein bis zu sterblichen Überresten. Im 4. Jahrhundert v. Chr. erhielt Nintoku, der Kaiser von Japan, von seinem Bruder Eis aus den Bergen geschenkt. Diese Gabe erfreute den Kaiser so sehr, dass er den 1. Juni zum Tag des Eises erklärte, an dem höhere Beamte und Militärs in seinen Palast geladen und mit Eiswürfeln beschenkt wurden. Die Zeremonie erhielt den Namen das «Kaiserliche Eis-Geschenk».

In Ägypten und Indien hatten die Menschen das Kühlen von Wasser – durch Ausnutzen der Verdunstung und der Wärmeabstrahlung in der Nacht – perfektioniert, und einige alte Kulturen waren bereits dahinter gekommen, dass sich der Gefrierpunkt von Wasser mit Salz herabsetzen lässt. Sowohl die alten Griechen wie auch die Römer wussten, dass abgekochtes Wasser schneller abkühlt als frisches, aber sie konnten nicht erklären, warum das so ist. Beim Kochen von Wasser entweichen Kohlendioxid und andere Gase, die ansonsten den Gefrierpunkt herabsetzen. Das konnten Griechen und Römer noch nicht wissen und mit den ihnen zur Verfügung stehenden Mitteln auch nicht herausfinden.

Ein Fortschritt bei der Kältenutzung wurde lange Zeit durch einen Mangel an Grundlagenwissen über Chemie und Physik verhindert. Der Wissenszuwachs hing andererseits von sozialen Veränderungen ab, die im 17. Jahrhundert nach tausendjähriger Erstarrung plötzlich an der Tagesordnung zu sein schienen. Der Protestantismus forderte die katholische Kirche heraus, der amerikanische Kontinent wurde entdeckt – das führte dazu, dass sich viele Denker der radikalen Vorstellung anschlossen, es gebe auf der Welt und auf geistigem Gebiet mehr, als man bislang geglaubt hatte.

Dabei handelte es sich nicht nur um eine kleine Verschiebung der Schwerpunkte, es vollzog sich eine gewaltige Erschütterung, die durch die ganze Gesellschaft ging, schreibt die Geistesgeschichtlerin Barbara Shapiro. In dieser Zeit entwickelten Rechtsgelehrte, Theologen und Wissenschaftler «eine größere Aufgeschlossenheit für Fragen der Beweisbarkeit ... Erfahrung, Vermutung und Meinung, die in der Philosophie oder der Physik bis dato kaum eine Rolle gespielt hatten, und Wahrscheinlichkeit, Glauben und Glaubwürdigkeit ... wurden mit einem Mal zu wichtigen, ja sogar entscheidenden Kategorien für Naturwissenschaftler und Philosophen.» Christiaan Huygens, der mathematisch begabte Sohn von Constantijn und Erfinder der Pendeluhr, drückte die neue Einstellung so aus: «Welches Glück, dass wir bei der Wahrscheinlichkeit angekommen sind … Doch es existieren verschiedene Stufen des Wahrscheinlichen, von denen manche der Wahrheit näher kommen als andere, diese zu bestimmen ist die schwierigste Übung für unser Urteilsvermögen.»

Cornelius Drebbel scherte sich wenig um das Glück der Wahrscheinlichkeit. Er musste seinen Lebensunterhalt verdienen. Nach der Demonstration seiner Macht über die Kälte in Westminster gab er keine weiteren öffentlichen Vorstellungen mehr, in denen niedrige Temperaturen eine Rolle spielten, vielleicht weil er kein positives Echo – in Form von Ruhm oder Geld – geerntet hatte. Die U-Boot-Vorführung hingegen brachte ihm eine Anstellung, und nach dem Tod von König Jakob im Jahr 1625 arbeitete Drebbel für das Militär: Er half bei der Herstellung von Sprengstoffen und überwachte ihren Einsatz in der Schlacht. So begleitete er mehrere von Buckingham geleitete Schiffsexpeditionen gegen Frankreich. Während dieser Einsätze erhielt er die vergleichsweise hohe Summe von hundertfünfzig Pfund pro Monat, um die Schiffe des Feindes in Brand zu setzen. Die Expeditionen führten allerdings nicht zum gewünschten Erfolg, und Drebbel bemühte sich vergebens um den Lohn für die letzte Fahrt. Danach versuchte er, ebenfalls vergeblich, einen Plan für ein unterirdisches Röhrensystem umzusetzen, mit dem Wärme in Londons Häuser geleitet werden sollte. Weiter war er an einem erfolglosen Versuch beteiligt, Marschen trockenzulegen, um Ackerland zu gewinnen. Im verzweifelten Bemühen, sich ein Einkommen zu sichern, eröffnete er eine Brauerei mit zugehöriger Gastwirtschaft in der Nähe der London Bridge. Als Attraktion installierte er unter Wasser eine Maschine, die wie ein Seeungeheuer aussah. Drebbel starb 1633, und mit ihm gingen die Geheimnisse all seiner wunderbaren Apparaturen verloren.

Für Francis Bacon wurde die glückliche Ankunft der Wahrscheinlichkeit zum Wendepunkt in seinem Leben. Nachdem man ihn seiner politischen Ämter beraubt hatte, wandte er sich wieder den Naturwissenschaften zu. In seinen letzten Lebensjahren, von 1621 bis 1626, verfasste er mehrere richtungweisende Schriften. In diesen naturwissenschaftlichen Werken – vielleicht noch mehr als in seinen früheren politischen Abhandlungen – tat Bacon das, wofür ihn Robert Hooke später so bewunderte: Er untergrub die herrschende Philosophie. Indem er dies tat, machte er den Weg für viele spätere wissenschaftliche Fortschritte frei – insbesondere auch für die, die zu einem tieferen Verständnis der Kälte führten, von der dieses Buch handelt.

Das größte Hindernis auf dem Weg dorthin war die etablierte Lehrmeinung, und es bedurfte der intellektuellen Größe eines Bacon, um diese Barriere zu durchbrechen. Bacon wollte immer «der Glöckner sein, der als Erster aufsteht und die anderen zur Kirche ruft». Ob in der Gemeinde der Gesetzesgelehrten oder in der Gemeinde der Naturphilosophen, für Bacon hieß das Ziel, überall «die Wahrheit zu erforschen». Erreichen wollte er dies mit «leidenschaftlichem Suchen, geduldigem Zweifeln, hingebungsvollem Nachdenken, wohl überlegter Zustimmung, bereitwilligem Überdenken, behutsamem Ordnen und In-Beziehung-Setzen».

Er wandte diese Tugenden auf die induktive Methode an, die Beobachtung und Experiment als Grundlage für Schlussfolgerungen über die Vorgänge und Abläufe in der Natur heranzog. In seiner *Instauratio magna* («Große Erneuerung der Wissenschaften») kündigte er an, er wolle das, was die Menschheit glaube zu wissen, auf den Prüfstand stellen und mit der «wahren Natur der Dinge» abgleichen. Diese zwei zur Deckung zu bringen, war für ihn «wichtiger als alles andere auf der Welt». Für eine korrekte Betrachtungsweise der Natur, so behauptete er, sei es nötig, die von Irrtümern strotzenden früheren Naturphilosophien zu verwerfen, insbesondere die aristotelische. Die Lehren des Aristoteles gründeten für Bacon zu stark auf deduktivem Denken. «Wie es scheint, spreche ich mehr mit den Alten als mit den Menschen, die um mich sind», schrieb Bacon einem in Paris lebenden Freund, dem Chemiker Isaac Casaubon.

Aristoteles hatte die Auffassung vertreten, dass man alles, was über die Welt zu wissen sei, herleiten könne (lateinisch *deducere;* davon abgeleitet sind «deduktiv» und «Deduktion»). Dazu müsse man nur die wesentlichen «Tatsachen» über die Natur kennen – nämlich dass alle Dinge eine Kombination der vier Elemente Erde, Wasser, Luft und Feuer darstellten. Die Anhänger des Aristoteles im 17. Jahrhundert weigerten sich, die zeitgenössischen Experimente, in denen Naturphänomene untersucht wurden oder die man benutzte, um vorher unbekannte Eigenschaften und Zusammenhänge festzustellen, als beweiskräftig anzuerkennen. Bacon trat mit der Begründung für solche Experimente ein, dass sich «die Natur klarer zu erkennen gibt, wenn man sie auf die Probe stellt und durch das Experiment zwingt, als wenn man sie sich selbst überlässt», denn die Natur sei wie Proteus, jene Figur aus der Mythologie, die ihre Identität dadurch zu verschleiern vermochte, dass sie tausenderlei Gestalten annehmen konnte, bis man sie in Ketten legte, worauf ihre wahre Identität zum Vorschein kam. Im Zentrum von Bacons Kritik stand Aristoteles, aber er trachtete auch danach, solche kreativen Techniker wie Drebbel zu enttarnen, deren Amateurwissen auf unzusammenhängenden Einzelbeobachtungen beruhte und nie mit exakt durchgeführten und protokollierten Experimenten untermauert wurde. «Mein größter Wunsch ist es», gestand Bacon seinem Freund Casaubon, «die Wissenschaft aus ihren Verstecken ans Licht zu zerren.» Die Öffentlichkeit betrachte Dinge nur so lange als «Wunder», wie deren Ursachen unbekannt seien, schrieb er und fuhr fort: «Eine Erklärung der Ursache lässt das Wunder verschwinden.» Deshalb sei es Aufgabe der Wissenschaft, diese Ursachen herauszufinden und den Menschen zu erklären.

Bacon war davon überzeugt, dass das Denken zunächst von

bestehenden Vorurteilen und Irrtümern gereinigt werden müsse, bevor man zu einem besseren Verständnis der Natur gelangen könne. Gegen die vier «Idole» (Trugschlüsse), die er als Quelle der Vorurteile ausgemacht hatte, zog Bacon mit einer Vehemenz zu Felde, als sei er Gott Jahwe, der sein auserwähltes Volk vor dem Götzendienst warnt. Als «Trugbilder des Theaters» (englisch *Idols of the Theatre*) bezeichnete er das Vertrauen auf die überlieferten philosophischen Systeme, die die Regel für die Beweisführung umgekehrt hätten – das sei Aristoteles' Fehler gewesen. Die «Trugbilder des Stammes» *(Idols of the Tribe)* verdrehten die Wahrheit, indem sie Ideen und Vorstellungen des eigenen Stammes über die eines anderen stellten. Die «Trugbilder der Höhle» *(Idols of the Cave)* verhinderten, dass der Einzelne seine eigenen Fehler und Schwächen erkennen könne (vor allem die, die auf geringe Bildung zurückzuführen seien) und die Naturwissenschaften deshalb nur «in seiner eigenen kleinen Welt» suche statt in der «großen oder wirklichen Welt». Die «Trugbilder des Marktplatzes» *(Idols of the Marketplace)* benutzten Worte, um den Verstand zu verwirren und zu täuschen, sodass er sich weismachen lasse, die Nacht sei Tag. All diese Idole standen der Erforschung der Kälte im Wege.

Ein Jahr vor seinem Tod schob Bacon alle anderen Buchpläne beiseite und schrieb als Gegenentwurf zu den Idolen binnen kürzester Zeit die Parabel eines zukünftigen wissenschaftlichen Elfenbeinturms. *Das neue Atlantis* war Bensalem, eine Stadt auf einer tropischen Insel, die in unverkennbarem Gegensatz zu Augustinus' auf dem Glauben begründeter «Stadt auf dem Hügel» stand. Glanzvoller Mittelpunkt dieser Zivilisation war das Haus des Salomon, das von einem Orden geführt wurde, «der sich ganz dem Studium der Werke und Kreaturen Gottes widmete». Eine andere Bezeichnung für diese Einrichtung lautete *College of the Six Days Work* (etwa «Akademie der sechs Werktage»). Die Akademie war ähnlich organisiert wie die höheren Lehranstalten, die Bacon gern in England etabliert hätte, doch die Laboratorien und die Versuche, die Natur zu beherrschen, die die Bensalemiten unternahmen, erinnerten auffällig an die Apparaturen und Konstruktionen von Cornelis Drebbel.

In Bacons Geschichte geraten Seeleute aus Peru kommend in einen Sturm und suchen auf der Insel Schutz und medizinische Versorgung. Die Schar erfährt von der Arbeit im Haus des Salomon durch einen seiner Vorsteher, einer majestätischen Erscheinung, deren Blick «voller Mitleid auf den Männern ruht». Dort gab es Gewölbe, Schmelzöfen, Laboratorien, Werkstätten und fünftausend Meter tiefe Keller, in denen man «alle Arten natürlicher Körper schmelzen, härten, gefrieren und konservieren» konnte. Mit Teleskopen bestückte Türme von achthundert Metern Höhe ermöglichten es, «diverse Meteore ... Winde, Regen, Schnee und Hagel» zu beobachten; außerdem waren sie mit Maschinen ausgerüstet, die diese Naturkräfte zu vervielfachen vermochten. Es gab Gärten zum Veredeln von Pflanzen sowie Werkstätten und Fabriken, in denen an schnelleren Fortbewegungsmitteln und besseren Waffen gearbeitet wurde oder wo man den Vogelflug studierte, um Flugmaschinen herstellen zu können. Die Experimentatoren untersuchten und imitierten alle Naturphänomene – und dann, wenn sie verstanden hatten, wie sie funktionierten, brachten sie Blumen außer der Zeit zum Blühen und ließen Wasser zu Eis gefrieren. Die Experimente hatten den Zweck, Daten für die Theoretiker zu sammeln, die dann daraus «Axiome», unabhängige und keines Beweises bedürfende Grundsätze, erschließen und ein in sich stimmiges naturphilosophisches Gedankengebäude errichten sollten. Welches Gewicht Bacon der Forschung und der Theorie beimaß, spiegelt sich in der Arbeitsverteilung im Haus des Salomon wider: Von den dreiunddreißig dort beschäftigten Experimentatoren analysierten gerade mal drei Ältere die experimentell erhaltenen Daten. Neben dem Wunsch, gleichsam «das Wissen um die Ursachen und das verborgene Wirken der

Dinge» zu destillieren, zielte das Haus des Salomon darauf ab, «die Grenzen des menschlichen Einflussbereichs zu erweitern, sodass es möglich sein sollte, alle nur denkbaren Dinge zu bewirken».

Nach dem Tod von König Jakob im Jahr 1625 erhielt Bacon die Erlaubnis, gelegentlich in Gray's Inn in London zu wohnen, durfte sich der Stadt also auf weniger als zwanzig Kilometer nähern. Es gab noch weitere Anzeichen, dass der Wechsel auf dem Thron seine Verbannung ganz beenden und ihn erneut in eine beratende Stellung bei Hofe bringen könnte. Im März 1626 war Bacon mit dem Arzt des neuen Königs, Karl I., in einer Kutsche unterwegs nach London. Als Bacon den schneebedeckten Erdboden sah, entschloss er sich, ein Experiment durchzuführen, um festzustellen, ob Schnee das Fleisch eines Tieres so gut konservierte wie Salz. Allein die Tatsache, dass er an einen solchen Test dachte, zeigt, dass natürliche Kühlung für Fleisch zu dieser Zeit nicht allgemein üblich war. Gewöhnlich führte Bacon selbst keine Experimente durch. In seinen Büchern beschäftigte er sich hauptsächlich mit der Analyse der Arbeiten anderer. Vielleicht hatten ihn die Überlegungen für *Das neue Atlantis* angespornt, eine aktivere Rolle im Forschungsprozess zu übernehmen. Wie dem auch sei, der Arzt und er ließen die Kutsche in der Nähe von Highgate anhalten. Sie klopften bei einer armen Frau und kauften ihr ein Huhn ab, das sie umgehend schlachtete und nach Anweisung der hohen Herren säuberte. Die beiden gingen anschließend nach draußen, bückten sich und rafften Schnee zusammen, mit dem sie den toten Vogel stopften und einpackten.

Wie Bacons damaliger Sekretär Thomas Hobbes später John Aubrey erzählte, der diese Begebenheit in seine berühmten *Brief Lives* aufnahm, kühlte der Schnee Bacon so stark aus, dass er krank wurde und seine Reise nicht fortsetzen konnte. Man brachte ihn eilends in das nahe gelegene Haus des Earls von Arundel – der nicht im Hause weilte, da er im Londoner Tower saß. Man legte Bacon mit einer Wärmflasche ins Bett, aber das Bett war feucht, weil es seit einem Jahr nicht mehr benutzt worden war, und so verschlechterte sich sein Zustand. Dennoch schrieb er an Arundel, erklärte ihm, was geschehen war, und zitierte die alte Geschichte von Plinius dem Älteren, dem römischen Historiker, den seine Wissbegierde zu nahe an den Vesuv herangeführt hatte, wo er beim Ausbruch des Vulkans getötet wurde. Bacon wusste, dass er sterben würde, doch in dem Brief erwähnte er, dass das Experiment zur Möglichkeit, Fleisch mit Schnee haltbar zu machen, «hervorragend gelungen» sei. Am Ostertag des Jahres 1626, wenige Stunden nachdem er den Brief an seinen Gastgeber geschrieben hatte, starb Sir Francis Bacon an Lungenentzündung.

«In der Bacon nachfolgenden Generation bezeichneten sich viele Männer als Baconisten, die nur einzelne Teile seines Werks begriffen hatten», schreibt der Historiker Hugh Trevor-Roper und zieht den Schluss: «Es ist das Schicksal großer Männer, schnell vereinfacht und vereinnahmt zu werden.» Die Puritaner pochten auf Bacons Forderung, Wissen müsse zur Verbesserung der menschlichen Lebensbedingungen eingesetzt werden, aber sie weigerten sich, seine zweite Forderung, dass Experimente notwendig seien, um den Wissensschatz der Menschheit zu mehren, als genauso wichtig anzuerkennen. In den vierziger und fünfziger Jahren des 17. Jahrhunderts, während der beiden Bürgerkriege und der Herrschaft Oliver Cromwells in England, wurden von den orthodoxen Ansichten abweichende Meinungen kaum geduldet. Erst gegen Ende der Ära Cromwell – in den späten Fünfzigern – tauchte der wahre Baconismus in der Wissenschaft wieder auf. Es bildete sich eine lockere Vereinigung experimentell arbeitender Forscher, die sich ganz den Bacon'schen Idealen verschrieben hatten; einige davon trafen sich erstmals am Gresham College in London und später dann in Oxford.

Diese Männer einte die Überzeugung, dass es notwendig sei, experimentell zu arbeiten und das aristotelisch-augustinisch-aquinische Weltbild zu verwerfen. Ihr philosophisches Denken orientierten sie an Bacon und Kopernikus, in der Interpretation von Galileo Galilei. Aristoteles hatte die Sonne im Osten auf- und im Westen untergehen sehen und deduktiv daraus den Schluss gezogen, dass sich die Sonne um die Erde drehen müsse. Kopernikus und Galileo beobachteten und maßen die Bewegungen einer Vielzahl von Himmelskörpern, wandten die Gesetze der Mathematik an und schlossen induktiv, dass sich die Erde höchstwahrscheinlich einmal am Tag um ihre eigene Achse dreht und im Laufe eines Jahres einmal die Sonne umkreist.

Diese erschütternde Folgerung des Galileo fand die Zustimmung und die Bewunderung des *Invisible College* [1], wie sich das neue «unsichtbare» Kollegium nannte, und es übernahm die überwiegend induktive Methode, mit der er zu diesem Ergebnis gekommen war. Robert Boyle, Robert Hooke, Christopher Wren und andere begannen nach Wegen zu suchen, um richtige von Pseudoexperimenten zu unterscheiden. Damit trieben sie die Aufhebung des tausendjährigen Banns mächtig voran, der auf allen Erklärungen für Naturphänomene gelegen hatte. «Scharlatane sehen es lieber, wenn ihre Entdeckungen bewundert als wenn sie verstanden werden», meinte Boyle und fügte hinzu: «Ich möchte mir viel eher den Dank der Klugen verdienen als den Beifall der Dummen.»

Um sich den Dank der Gebildeten zu verdienen, mussten Wissenschaftler ihre Experimente in einem öffentlichen, aber dennoch begrenzten Rahmen durchführen, vor einem Publikum, dessen Wissensstand groß genug war, um die wissenschaftliche Methode und ihre Ergebnisse richtig einzuschät-

---

[1] Aus dem *Invisible College* ging später die *Royal Society*, die älteste britische Akademie der Wissenschaften, hervor.

zen, das aber nicht bedenkenlos jede Erklärung akzeptierte, die man ihm anbot. Außerdem musste der Experimentator, sollten seine Ergebnisse überzeugen, zunächst seine Vorgehensweise möglichst genau und verständlich aufschreiben, damit andere das Experiment wiederholen und die Ergebnisse bestätigen konnten. Auf der Grundlage dieser Bacon'schen Vorschriften bildeten sich in den sechziger Jahren des 17. Jahrhunderts die idealen Auditorien, Zeugen und Schauplätze für das wissenschaftliche Experiment heraus: die *Royal Society* in England und die *Académie Royale des Sciences* in Frankreich – Orte, an denen die Arbeiten zur Kälte beurteilt werden konnten.

Obwohl die französische Akademie erst nach der britischen entstanden war, arbeitete sie stärker im Sinne Bacons, indem sie an die Auswahl ihrer Mitglieder strengere Maßstäbe anlegte und die Mitglieder von der Regierung Stipendien erhielten, damit sie ihre Kraft ganz und gar der Wissenschaft widmen konnten. Die *Fellows* der *Royal Society* mussten für ihren Lebensunterhalt selbst aufkommen und hatten darüber hinaus die Kosten für die Laborausrüstung zu tragen.

Die verschiedenen Versuche, die Boyle und andere Mitglieder der *Royal Society* durchführten, waren vom Ansatz her bereits sehr viel wissenschaftlicher als die, die Bacon selbst vorgenommen hatte. Bacon hatte die erkenntnisbehindernden Glaubenssätze beseitigt und seinen Nachfolgern damit den Weg geebnet. «Die Werke Gottes haben nichts gemein mit den Tricks von Gauklern und Taschenspielern, die Prinzen unterhalten und bei denen das Verschleiern wie eine Requisite zum Wunder gehört. Je mehr wir über die Werke Gottes wissen, umso größer ist unsere Bewunderung für sie», bekannte Boyle. Ganz ähnlich äußerte sich Hooke, als er begeistert den Augenblick beschrieb, in dem er in seinem Mikroskop natürliche Formen erblickte, «so klein und so kurios und ihr vorbestimmtes Handeln dem menschlichen Auge so weit entrückt, dass umso mehr Besonderheiten und Geheimnisse erscheinen, je stärker wir das Objekt vergrößern. Umso stärker empfinden wir auch die Unvollkommenheit unserer Sinne und die Allmacht und absolute Vollkommenheit des Schöpfers.»

Der Wissenschaftler, der sich im 17. Jahrhundert am intensivsten mit der Erforschung der Kälte beschäftigte, war Robert Boyle. Er kam ein Jahr nach Bacons Tod als jüngster Sohn eines sehr wohlhabenden Mannes, des Earls von Cork, auf die Welt. Boyle besuchte nie eine Universität, sondern studierte mit Privatlehrern zu Hause und auf dem Kontinent. Als Kind immer kränklich, zog er sich später beim Sturz von einem Pferd schwere Verletzungen zu und hatte als Erwachsener unter Nierensteinen, Sehschwäche und Lähmungen zu leiden.

Obwohl er zu den ersten experimentell arbeitenden Wissenschaftlern gehörte, stand Boyle nach modernem Verständnis immer noch stark unter dem Einfluss von Magie und irrationalem Denken. Er setzte sich dafür ein, ein altes Gesetz aufzuheben, das die Alchimie untersagte, weil solche Verbote auch die legale chemische Forschung einschränkten. Andererseits experimentierte er selbst durchaus noch mit den Exkrementen von Pferden und Menschen und rühmte ihre Heilwirkung, er war überzeugt vom medizinischen Wert der Tausendfüßler und glaubte astrologisch begründeten Empfehlungen wie der, dass Flecken von Traubensaft in der Kleidung dann am leichtesten zu entfernen seien, wenn gerade Trauben am Stock reiften.

Seine ersten Forschungen betrieb Boyle auf landwirtschaftlichem und medizinischem Gebiet, dann verschob sich sein Interesse in Richtung Physik und Chemie. Seine Kollegen in Oxford hänselten ihn deswegen, insbesondere weil die Chemie «bekanntlich keine Krankheit heilte außer der Unwissenheit». Boyles chemische Arbeiten empörten den niederländischen Vertreter des Rationalismus, den Philosophen Benedict Spinoza, der Boyle in Briefen an die *Royal Society* aufs schärfste kritisierte, weil dieser die Vernunft dem Experiment untergeordnet habe und glaubte, eine chemische Kombination von

Teilchen könne sich anders verhalten als eine physikalische Mischung.

Boyle verfügte über ein riesiges Privatvermögen, was es ihm ermöglichte, große Summen in seine Studien fließen zu lassen. Kein anderer englischer Naturforscher, so heißt es, hätte das Geld für die Konstruktion und das Testen der ersten – und für einige Zeit einzigen – Vakuumpumpe auf der Insel aufbringen können, die Hooke für ihn baute. Boyles Arbeit über «das Dehnungsvermögen der Luft», die 1660 erschien, begründete seinen wissenschaftlichen Ruf. Über das Vakuum kam er auf die Idee, den Luftdruck zu erforschen, und daraus leitete er das so genannte Boylesche Gesetz ab. Dieses Gesetz besagt, dass das Volumen einer gegebenen Gasmenge bei einer gegebenen Temperatur umgekehrt proportional zum Druck ist, dem das Gas ausgesetzt wird – oder kurz: je höher der Druck, desto kleiner das Volumen. Zu der Zeit, als Boyle das Gesetz formulierte, waren ihm nicht alle Konsequenzen klar, die sich daraus ergaben. Es sollte fast zweihundert Jahre dauern, bis der Zusammenhang zwischen Druck und Volumen, den Boyle beschrieben hatte, zum Dreh- und Angelpunkt für die Kälteforschung wurde.

Fast alle späteren Würdigungen von Boyles Leben und Werk ignorieren seine Arbeiten zur Kälte, obwohl seine Zeitgenossen sie für wichtig erachteten und es sich um die erste eingehende wissenschaftliche Untersuchung dieses Themenbereichs handelte. Boyle merkte, dass es für andere schwer nachvollziehbar war, warum er sich jahrelang mit der Kälte beschäftigt hatte. Als Motto führte er deshalb in solchen Fällen Bacons bildhaften Vergleich von Hitze und Kälte als der rechten und der linken Hand der Natur an. Er drückte sein Bedauern darüber aus, dass die Kälte von den antiken Autoren «beinahe vollständig vernachlässigt» worden sei, und freute sich andererseits, dass ihm diese Unterlassung «die Gelegenheit [bietet], die Lücken in der menschlichen Wissbegierde angesichts eines so beachtlichen Gegenstandes zu füllen». Und das tat er in hervorragender Weise mit seinem 1665 erschienenen Buch *New Experiments and Observations Touching Cold, Or, An Experimental History of Cold Begun, To Which Are Added, An Examen of Antiperistasis, and An Examen of Mr. Hobs's Doctrine about the Cold* (etwa «Neue Experimente und Beobachtungen mit Bezug zur Kälte oder Der Beginn einer Experimentalgeschichte der Kälte, unter Hinzufügung einer Untersuchung der Antiperistasis, und eine Untersuchung von Mr. Hobs' Kältelehre»). Viele seiner Experimente hatte Boyle in dem extrem frostigen Winter von 1662 durchgeführt, doch sein Sekretär – so schrieb der Verleger John Crook in einer Vorrede an den geneigten Leser – setzte sich nach Afrika ab, und Teile des Manuskriptes gingen verloren, was Boyle dazu zwang, einen Teil seiner Versuche zu wiederholen, und die Veröffentlichung des Buches verzögerte. Crook schrieb, er habe sich beeilt, das Buch noch vor dem Winter 1665 in Druck zu geben, damit andere Forscher Boyles Versuche unter den geeigneten Witterungsbedingungen nachvollziehen könnten, sofern sie dies wollten. In seiner eigenen Einleitung verglich Boyle die Erforschung der Kälte mit der Arbeit eines Arztes in einer abgeschiedenen Gegend, wo ihm wenig Instrumente und Medikamente zur Verfügung stünden. In einer weiteren Analogie schrieb er, die Bedingungen in dem entlegenen Land der Kälte kämen dem Leser vermutlich genauso unglaublich vor wie ihm selbst, bevor er sich vor Augen gehalten habe, dass kein Bewohner einer heißen Weltgegend, wie etwa dem afrikanischen Kongo, an die Existenz von Eis glauben könne. Boyle versicherte, das Studium der Kälte sei «das schwierigste und mühsamste Gebiet der Naturforschung», mit dem er sich je beschäftigt habe. Er gestand, dass er so manches Mal beim Durchführen der Experimente gelitten habe, aber er erinnerte seine Leser auch daran, dass Taucher ebenfalls «Nässe und Kälte ertragen und tief tauchen müssen, um Schwämme oder Perlen nach oben zu holen».

Um falsche Vorstellungen aus der Welt zu schaffen, untersuchte Boyle alle nur erdenklichen Fragestellungen zum Thema Kälte: wie ein Material Kälte an ein anderes weitergibt; wie Luftdruck und Kälte zusammenhängen; auf welche Weise Kälte eine Flüssigkeit wie Öl eindickt; wie Kochsalz, Salpeter, Alaun (Kaliumaluminiumsulfat), Vitriol (Eisen- oder Kupfersulfat) und Ammoniumsalze die Kälte verstärken; wie Kälte aus chemischen Lösungen Kristalle oder Salze abscheidet. Er führte Hunderte von Experimenten durch, um den Ursprung der Kälte zu klären. Die bis dahin herrschende Verwirrung darüber führte er auf zwei Vorstellungen von Aristoteles zurück: die Beobachtung mit den naturgegebenen Sinnen allein genüge, um die Welt zu begreifen, und die Quelle aller Kälteerscheinungen sei ein *primum frigidum*, eine «Urkälte».

Hätte er Aristoteles' Behauptung geglaubt, dass es in der Natur keine absolute Leere gäbe, ja, dass es ihr vor der Leere graue *(horror vacui)*, schrieb Boyle, hätte er sich nie die Mühe gemacht, ein Vakuum herzustellen. Danach habe er alle alten Lehren mit Skepsis betrachtet. Um seinen Lesern das Misstrauen gegenüber dem aristotelischen Satz von der Beweiskraft der Sinne zu vermitteln, führte Boyle in seinem Buch das Beispiel an, dass sich lauwarmes Wasser, das über eine heiße Hand rinnt, kühl anfühlt, obwohl es in Wirklichkeit nicht sehr kalt ist. Außerdem nahm er in allen Jahreszeiten Messungen an einem bestimmten See vor, von dem viele behaupteten, er sei im Sommer kälter als im Winter – sicher weil sich das Wasser erfrischend kühl anfühlte, wenn man an einem heißen Tag darin schwamm –, und er konnte zeigen, dass die Wassertemperatur im Winter definitiv niedriger war als im Sommer. Bacon hatte versucht, Aristoteles' Theorien mit philosophischen Argumenten zu widerlegen, Boyle fügte dem den experimentellen Beweis hinzu und kam zu dem Schluss, dass «uns unsere Sinne leicht und oft betrügen».

Die Alten waren drüber uneins, was das *primum frigidum* sei. Aristoteles hielt Wasser für den Ursprung der Kälte; das widerlegte Boyle, indem er zeigte, dass Substanzen wie Gold, Silber oder Kristallglas, die kein Wasser enthalten, ziemlich kalt werden können. Er berichtet auch von Beobachtungen, dass sich dort, wo das Meer mit Luft in Berührung kommt, Eis bildet, nicht aber am Meeresgrund. Wasser war damit für Boyle als *primum frigidum* sehr unwahrscheinlich geworden. Und weil er gerade schon mal bei dem Thema war, widerlegte Boyle noch eine weitere aristotelische Lehrmeinung, eine Theorie mit Namen «Antiperistasis». Aristoteles hatte geschrieben, dass sich erhitztes Wasser schneller abkühle als kaltes Wasser. Das ist zwar richtig, aber nur wenn das Wasser vorher gekocht hat und nur wenn die Temperatur, bei der man mit dem Kühlen beginnt, nicht zu hoch liegt. Ohne die Angaben einer Prüfung zu unterziehen, hatten die Anhänger des Aristoteles aus neuerer Zeit die These, dass Warmes schneller abkühlt als Kaltes, in ein kompliziertes Gedankengebäude integriert, welches das Wirken von Gegensätzen auf spirituellem wie auf materiellem Gebiet erklären sollte. Boyle fegte diese ziemlich alberne Theorie vom Tisch, indem er ein paar Gefäße ins Freie stellte, die mit Wasser unterschiedlicher Temperatur – heiß, lauwarm oder kalt – gefüllt waren. Die Daten, die er dann erhob, zeigten, dass die Geschwindigkeit, mit der das Wasser in den Gefäßen gefror, nicht von der Wassertemperatur zu Beginn des Versuchs beeinflusst wurde.

Mit der gleichen glasklaren Beweisführung kippte Boyle zwei weitere Kandidaten für das *primum frigidum.* Plutarch hatte für die Erde votiert, aber Boyle wies darauf hin, dass die Erde bekanntermaßen an der Oberfläche kälter und fester sei und dass andere Erklärungen ein zentrales Feuer (aber keinen zentralen Kältepunkt) im Erdinneren für wahrscheinlich hielten. Pierre Gassendi, ein Philosoph und Zeitgenosse, schlug Salpeter als *primum frigidum* vor. Diese These lehnte Boyle mit dem Hinweis ab, dass eine Reihe von kalten Substanzen ganz ohne Salpeter oder dessen «Ausdünstungen» auskämen.

Die Peripatetiker, eine Gruppe von Naturphilosophen, unterstützten die Luft als vierten Kandidaten für das *primum frigidum.* Als Gegenbeweis führte Boyle an, dass seine Gewährsleute im Meer in mittlerer Tiefe, also zwischen Grund und Wasseroberfläche, Eis gefunden hätten, womit Luft als Kältequelle nahezu ausgeschlossen sei. Darüber hinaus erinnerte er seine Leser daran, dass er in seinem berühmten luftleeren Fass Wasser gefroren hatte. Aus alledem zog Boyle den Schluss, dass weder Luft noch Erde, weder Salpeter noch Wasser die erste Ursache der Kälte sein konnten und dass das *primum frigidum* «ein unhaltbares Konzept» sei.

Jetzt brachte Boyle seine Erfindungsgabe ins Spiel und stieß mit einer Reihe eleganter und einfacher Experimente weit in Neuland vor. Die meisten Menschen hatten schon einmal erlebt, dass Wasserfässer, die im Winter im Freien standen, gefroren und die eisernen Fassreifen zersprangen. Dafür wurden verschiedene Erklärungen vorgebracht, doch Boyle hielt sie alle für zu nebulös. Die einzig logische war, dass das Wasser beim Gefrieren eine enorme Kraft entwickelt, die schließlich zum Bersten des Fasses führt. Wie konnte er beweisen, dass seine Vermutung der Wahrheit am nächsten kam? Und gleich zwei philosophische Fliegen mit einer Klappe schlagen? Eine weitere von Aristoteles' Theorien besagte, dass das Wesen einer Substanz unveränderbar sei. Daraus leitete er ab, dass ein Stoff bei einer Formänderung – zum Beispiel wenn sich Wasser in Eis verwandelt – weder an Gewicht noch an Größe zu- oder abnehmen kann. Die zweite These stammt von den Anhängern der Idee, das *primum frigidum* sei die Luft. Sie behaupteten, wenn man ein mit Wasser gefülltes Glasrohr über Nacht im Freien lasse und sich am nächsten Morgen Eis auf der äußeren Oberfläche befinde, müsse das Eis von der kalten Luft gebildet worden sein, die das Glas von innen nach außen durchdrungen habe.

Wie kaum ein Experimentator vor ihm hielt Boyle seine Gedankengänge auf Papier fest, sodass die Leser ihnen folgen und sich die Experimente vorstellen konnten, die er sich ausgedacht hatte, um die überholten Lehrmeinungen zu widerlegen. Der Versuch, mit dem er prüfte, ob etwas von innen nach außen «wanderte», hätte nicht einfacher sein können: Er wog das Wasser ab, das er in das Gefäß füllte, und stellte es über Nacht ins Freie. Am nächsten Morgen wog er den Inhalt erneut. Er stellte fest, dass der Inhalt genauso schwer war wie am Abend zuvor, ehe er das Gefäß nach draußen gestellt hatte. Das heißt, dass nichts von drinnen nach draußen gewandert war und den Reif auf der Außenseite gebildet hatte. Boyle hielt es für das Wahrscheinlichste – und er wählte die Worte, die den Grad der Gewissheit ausdrückten, immer sehr sorgsam –, dass das Eis, das sich während der Nacht im Inneren gebildet hatte, die Wand des Glasgefäßes so stark abgekühlt hatte, dass sich außen Wasserdampf niederschlug, der dann zu einer Reifschicht gefror.

Erst nach diesem Vorversuch ging Boyle die eigentliche Aufgabe an: den Beweis, dass Wasser beim Gefrieren tatsächlich an Größe zunimmt. Die einfachste Methode wäre gewesen, das Volumen des Wassers in einem Gefäß vor dem Frieren zu messen und es dann hinterher mit dem Volumen des Eises in dem Gefäß zu vergleichen. Aber Boyle wusste, dass er die Randbedingungen sorgfältig kontrollieren musste; andernfalls würden die Befürworter der verschiedenen *Primum-frigidum*-Kandidaten einwenden, die Volumenzunahme sei auf eingedrungene Luft oder eingewanderte Teilchen aus dem Eisen, dem Ton oder dem Holz des Gefäßes zurückzuführen. Um diese Möglichkeiten auszuschließen, entschied er sich für ein Glasgefäß, das er mit Wasser füllte und danach versiegelte. In anderen Experimenten hatte er die Gefäße zum Gefrieren nach draußen gestellt, doch Glas, so überlegte er sich, könnte in diesem Fall eventuell zerspringen. Um das zu verhindern, führte er den Versuch im Haus durch und tauchte den Boden des Gefäßes in eine Mischung aus Schnee und Salz. Damit stellte er sicher, dass der Gefriervorgang von unten nach oben verlief und er den Prozess abbrechen konnte, sollte sich das Eis zu stark ausdehnen. Nachdem Boyles strenger Versuchsaufbau alle anderen Erklärungen ausgeschlossen hatte, wie er meinte, blieb nur der eine Schluss, dass Eis nichts anderes sein konnte als Wasser in einem ausgedehnten Zustand.

Doch was waren die Parameter für diese Expansion? Um welchen Faktor dehnte sich Wasser bei der Umwandlung in Eis aus? Wie viel Kraft entstand dadurch? Aristoteles und seine Anhänger hatten solche Fragen nicht einmal gestellt, da sie ja nicht glaubten, dass sich Wasser beim Gefrieren ausdehnt. «Bislang hat kein Mensch, soweit uns bekannt ist, irgendeinen Versuch unternommen, auf diesem Gebiet Entdeckungen zu machen», schrieb Boyle. Er kam auf die geniale Idee, Wasser in Metall- und Keramikgefäßen gefrieren zu lassen, auf die er Gewichte legte, um die Ausdehnung aufzuhalten. Zu seiner großen Verwunderung waren vierundsiebzig Pfund nötig, um zu verhindern, dass das sich ausdehnende Eis einen Korken herausdrückte. Mit diesem Ergebnis konnte Boyle weiteren falschen Erklärungen für die Wirkungsweise der Kälte begegnen. René Descartes, der «Meister der ersten Prinzipien», dessen Theorien nach seinem Tod im Jahre 1650 sehr populär waren, hatte behauptet, Kälte sei nichts weiter als die Abwesenheit von Hitze. Diese wiederum definierte er als eine frei bewegliche «ätherische» Substanz, die weder Gewicht noch Masse besitze. Nach Boyles Darstellung glaubten die Kartesianer, Kälte entstünde, «wenn die ätherische Substanz zurückweicht, die ansonsten die aalähnlichen, kleinen Wasserteilchen in Bewegung hält». Dazu bemerkt Boyle nur trocken, er frage sich, wie zurückweichende Ätherteilchen so viel Kraft entfalten könnten, dass sich das Wasser «mit solch unglaublicher Macht» ausdehne. Die Epikureer boten eine ähnliche Erklärung: «Kältekörperchen», die sich – wiederum mit Boyles Worten – «klammheimlich in die Flüssigkeiten hineinstehlen, sich in sie hineinschleichen, ohne das geringste Anzeichen von Ungestüm oder Gewalt». Wenn die Kälte tatsächlich so sanft in die Gefäße eindringen würde, meinte Boyle, würde das Eis sie wohl nicht zum Platzen bringen. Also, schloss er triumphierend, gibt es keine «Schwärme von Frosterzeugenden Atomen». Keine andere Erklärung, außer seiner eigenen, vermochte die Phänomene, die er in seinen geheimnisvollen Experimenten zur Macht der Kälte beobachtet hatte, richtig zu beschreiben und vorherzusagen.

Zu Boyles einflussreichstem Widersacher wurde Thomas Hobbes, der etwa Mitte des 17. Jahrhunderts zu Englands führendem Denker aufstieg. Hobbes verfocht Bacons Forderung, nach Axiomen zu suchen und ein in sich geschlossenes naturphilosophisches Gedankengebäude zu errichten, während für Boyle und die anderen Mitglieder der *Royal Society* Bacons Pochen auf sauber durchgeführte Experimente – Versuche, die Natur zu manipulieren, eingeschlossen – größere Bedeutung besaß. Der Gegensatz zwischen Hobbes und Boyle war fundamentaler Art: Sie hatten zwei grundsätzlich verschiedene Ansätze, die Welt zu sehen und Fakten zu gewinnen. Darin dem Aristoteles näher als Bacon, benutzte Hobbes in seiner Naturphilosophie die deduktive Methode, die Herleitung aus «ersten Prinzipien». Dabei wählte er den gleichen Weg, mit dem er zu seiner außergewöhnlichen Staats- und Gesellschaftslehre gekommen war. Wollte ein Philosoph etwas über die Mechanismen in der Natur herausfinden, musste er nach Hobbes' Auffassung zunächst eine Hypothese der «ersten Prinzipien» aufstellen, davon Phänomene und Regeln ableiten und daraus dann seine Schlüsse ziehen. Diese Form der Erkenntnisgewinnung bedurfte keiner Experimente, denn sie konnten nichts Neues über die Welt enthüllen, was die ersten Prinzipien nicht bereits vorhergesagt hatten.

Eine solche Methode war Boyles Art und Weise, die Welt aus der Sicht des Experimentators zu betrachten, zu befragen und zu testen, diametral entgegengesetzt. Hobbes und er waren sich ihrer gegensätzlichen Positionen wohl bewusst, in zahlreichen Büchern, die im Verlauf einiger Jahrzehnte erschienen, attackierten sie die Behauptungen, Methoden und Schlussfolgerungen des jeweils anderen. In seinem *Dialogus physicus* und in *De corpore* («Lehre vom Körper») übte Hobbes scharfe Kritik am Experimentieren im Allgemeinen und an Boyles Vakuumpumpe im Besonderen. Er behauptete, Experimente seien nicht in der Lage, Fakten zu «schaffen». Zum Beispiel brachte er vor, Boyles Luftpumpe habe geleckt, aus diesem Grund müssten alle Ergebnisse, welcher Art sie auch seien, als falsch betrachtet und könnten nicht als Grundlage für Erklärungen herangezogen werden. Darüber hinaus, so Hobbes, ließen sich die erhaltenen Resultate auch anders erklären und begründen, als Boyle es getan hatte.

Die Kritik an seinem berühmten Apparat und an seiner Methode stachelte Boyle an, und er ergriff Maßnahmen, um sie auszuräumen. Vor der nächsten Versuchsreihe behob er einige Unzulänglichkeiten an seiner Pumpe und nahm folgende Bedingung in die Definition der experimentellen Methode auf: Die Hypothese soll mit allen bekannten Tatsachen über die Natur in Einklang stehen. Das heißt, sie soll nicht nur die Ergebnisse des fraglichen Experiments erklären, sondern auch die von ähnlichen und die von Versuchen, die erst zu späterer Zeit durchgeführt werden. Hobbes' Kritik hatte also den positiven Effekt, dass der führende englische Vertreter der experimentellen Methode gezwungen war, ebendiese Methode noch strenger zu formulieren.

Doch Hobbes hatte sich selbst eine Blöße gegeben, die Boyle einen heftigen Gegenangriff ermöglichte. Er hatte nämlich auf einem Gebiet Behauptungen aufgestellt, in dem sich Boyle weit besser auskannte als er: der Kälte. Boyle begründete seine Erwiderung damit, er fühle sich verpflichtet, Hobbes zu antworten, weil dessen «Ruhm und selbstgewisse Art zu schreiben die experimentelle Naturforschung bei Personen in Verruf bringen könnte, für die sie noch neu und ungewohnt ist» und die «die Selbstgewissheit irrtümlich für die Wahrheit halten könnten». Nach Boyles Auffassung war Hobbes' Theorie zur Kälte so «wenig durchdacht und leicht durchschaubar», dass sie eigentlich keine besondere Erwähnung verdient hätte. Da sie jedoch recht populär war, musste sie widerlegt werden. Boyle zitierte also Hobbes' Überlegungen zur Eisbildung, in denen Hobbes schrieb, der Ursprung aller Kälte sei der Wind, der

> über die Oberfläche der Erde fegt, und das mit einer Bewegung, die umso machtvoller ist, je kleiner die parallelen Kreise zu den Polen hin werden. Von daher muss ein Wind aufsteigen, der die an der Oberfläche des Wassers gelegenen Teilchen gewaltsam zusammenpresst. Obendrein hebt er sie ein wenig an und schwächt ihre Hinwendung zum Erdmittelpunkt ab.

Zu dieser geschraubten Argumentation merkte Boyle an, dass Hobbes seine Theorien weder bewiesen noch demonstriert habe und seine Erklärungen «teils anfechtbar, teils ungenügend und zum Teil kaum nachvollziehbar» seien.

Hobbes' Behauptung, kalte Winde brächten die äußeren Bereiche eines Körpers dazu, zu verschmelzen und nach innen zu gehen und auf diese Weise die Kälte zu übertragen, war, wie Boyle schrieb, in nahezu jeder Hinsicht falsch.

Boyle hatte lebende Tiere in seinen Vakuumapparat gesetzt, die Luft entfernt und die Tiere dann in Abwesenheit von Luft gefroren. Damit widerlegte er Hobbes' These, es sei der Wind, der die Kälte auf einen Körper übertrage. Außerdem zeigte er, dass der Gefrierprozess in den Fällen, in denen eine Eisschicht in einem Gefäß das verbliebene Wasser von der Luft und dem Wind draußen trennt, trotz der Abwesenheit von Wind weitergeht. Mit Hobbes' Theorie vom Wind als Quelle der Kälte ließen sich Boyles Versuchsergebnisse nicht erklären.

Mit diesen und ähnlichen Kontern zu verschiedenen physikalischen und chemischen Fragen stellte Boyle Hobbes auf dem Gebiet der Naturphilosophie hoffnungslos in den Schatten, und dessen Beiträge zur Naturwissenschaft verschwanden im Mülleimer der Geschichte. Hobbes wurde nie in die *Royal Society* aufgenommen – vermutlich auf Betreiben von Boyle und einigen anderen –, obwohl er mit vielen der alten Mitglieder der *Royal Society* in gutem Einvernehmen stand. Hobbes starb 1679 im Alter von neunzig Jahren, und schon wenig später erinnerte man sich nur noch wegen seiner Beiträge zur Staatsphilosophie, zu Moral und Ethik an ihn, für die er im Wesentlichen auch heute noch berühmt ist.

1665, noch lange bevor Boyle Hobbes in Sachen Naturphilosophie kaltstellen sollte, ließ sich Boyle von Hobbes' Argumenten gleichsam durch seine eigene überbordende Gedankenfülle lenken. Am deutlichsten wird das in einem der letzten Kapitel seines Buches über die Kälte, einem «skeptischen Dialog». Eine der daran beteiligten fiktiven Gestalten ist Karneades, der die Rolle von Boyle spielt. In diesem Dialog pflichtet Karneades Bacon bei, dass es sich bei der Kälte «um einen Mangel an irgendeiner Art von Bewegung» handeln muss. Gleichzeitig gibt er zu, dass er nicht genau zeigen kann, wie das funktioniert, und dass er nicht alle anderen Erklärungen zu widerlegen vermag, zum Beispiel dass die Kälte die Gefäßwände auf ähnliche Weise durchdringt, wie Sonnenstrahlen das tun. In der Tat macht Boyle hier ein Zugeständnis an Hobbes, indem er einräumt, es könnte noch andere Erklärungen für manche seiner Versuchsergebnisse geben. Zwar konnte Boyle nicht beweisen, dass seine Theorie, ein Mangel an Bewegung sei die Ursache der Kälte, die einzig richtige Erklärung darstellt, doch es gelang ihm, alle anderen Erklärungsversuche zu widerlegen. Damit erreichte er Huygens' Schwelle des «ziemlich Wahrscheinlichen», und das war das beste Ergebnis, das sich zu dieser Zeit erzielen ließ.

«Zukünftige Technik», so sagte Boyle voraus, würde in der Lage sein, auf seiner Arbeit aufzubauen. Dann würden die Grenzen überschritten, um das Land der Kälte auszumessen und zu erklären. Für diese zukünftige Forschungsreise, so schrieb ihr Kolumbus, brauche man nichts dringlicher als ein gutes und verlässliches Thermometer. Dass er keines besaß, hatte Boyle dazu gezwungen, auf einige wichtige Kälteexperimente zu verzichten.

[3] Krieg der Thermometer

Die wissenschaftshistorische Kurzversion lautet: In einem Geniestreich erfand Galileo Galilei 1592 das Thermometer. Die wahre Geschichte ist allerdings etwas komplizierter. Zu jener Zeit war in Norditalien gerade eine wundersame, J-förmig gebogene Röhre in aller Munde. In dieser am einen Ende geschlossenen und mit Wasser gefüllten Röhre stieg und fiel das Wasser im Laufe des Tages wie bei den Gezeiten, und man vermutete den Mond als Ursache der Bewegung. *Scherzo*, ein Trick, schäumte Galileo und nahm sich vor zu zeigen, was das Wasser wirklich bewegte – steigende bzw. fallende Temperaturen. Er füllte eine Glasflasche mit einem dünnen Hals zur Hälfte mit gefärbtem Wasser und hängte sie umgekehrt in eine ebenfalls mit gefärbtem Wasser gefüllte Schüssel. Stieg die Temperatur, dehnte sich die Luft in der Flasche aus, fiel die Temperatur, zog sie sich zusammen: Dadurch bewegte sich die Wassersäule im Flaschenhals nach unten oder nach oben.

Galileos Gerät war kein Thermometer, sondern ein Thermoskop. Es zeigte zwar Wärme an, besaß aber keine Skala, auf der man die relative Wärme ablesen konnte. Außerdem hat er dieses Thermoskop vermutlich nicht erfunden, sondern nur ein Gerät von Santorio, einem Kollegen und Professor für Medizin in Padua, für seine Zwecke umfunktioniert. Die beiden versuchten damals ein Experiment nachzuvollziehen, das Heron von Alexandria im 1. Jahrhundert v. Chr. durchgeführt hatte, das allerdings seinerseits an eine Arbeit von Philon von Byzanz aus dem 3. Jahrhundert v. Chr. angelehnt war. Es gibt Dokumente, aus denen hervorgeht, dass Galileo 1589 die italienische Übersetzung von Herons *Pneumatika* gelesen hatte.

Auf dem Gebiet von Kälte und Hitze gab es noch viel zu entdecken, und wie Bacon es formulierte: «Es wäre im höchsten Maße töricht – und fahrlässig – zu glauben, dass Dinge, die bis dato nicht getan wurden, ohne Mittel zu bewerkstelligen wären, die bis dato niemand versuchte.» In der Geschichte der Kälte hatten der Magier wie der Naturphilosoph und der beharrliche Experimentator ihren Auftritt. Jetzt war die Zeit des Werkzeugmachers gekommen, um die Mittel an die Hand zu geben, «die bis dato niemand versuchte» – Geräte, die es den Möchtegernerforschern der extremen Temperaturen erlauben sollten, weiter vorzudringen, viel dazuzulernen und Dinge zu bewerkstelligen, «die bis dato niemand getan hatte».

Die Naturforscher des 17. Jahrhunderts träumten mathematische Träume. Diejenigen, die um ein besseres Verständnis von Hitze und Kälte rangen, wollten diese einer mathematischen Analyse unterziehen. Welchen Zusammenhang gibt es zwischen der Temperatur von schmelzendem Eis und der von kochendem Wasser? Um wie viel kälter ist Eis als Schnee *genau*? Wie heiß muss Holz werden, um sich zu entzünden?

Mit Thermoskopen ließen sich diese Fragen nicht beantworten. Doch von einer damit verknüpften mathematischen Einteilung konnte man vielleicht einige Antworten erwarten; das hinge von der Zuverlässigkeit der Kraft ab, die einen Zeiger auf der Skala hinauf- bzw. hinunterbewegen müsste. Freunde schwärmten Galileo Galilei von Cornelis Drebbels 1598 gebautem Perpetuum mobile vor, das vermutlich von Luft in Bewegung gehalten wurde, die sich ausdehnte und zusammenzog. Galileos erstes richtiges Thermometer, das er in der ersten Dekade des 17. Jahrhunderts baute, verwendete erwärmte Luft, um den Zeiger zu bewegen. Diese Tatsache veranlasste spätere Autoren, die Erfindung des Thermometers Cornelis Drebbel zuzuschreiben. Doch das ist relativ unwahrscheinlich, zumal andere zeitgenössische Thermometer ebenfalls mit erwärmter Luft arbeiteten. Santorio kann einen größeren Anteil an der

Erfindung des Thermometers für sich beanspruchen. Er veröffentlichte einen bedeutenden Kommentar, in dem er einen Versuch zur Messung von Hitze und Kälte beschrieb, den der griechische Arzt Galen im 2. Jahrhundert n. Chr. durchgeführt hatte. Außerdem gab er einen eigenen Entwurf für ein Thermometer an den Werkzeugmacher Sagredo, der mehrere Exemplare herstellte und dann ganz aufgeregt an seinen Lehrer Galileo schrieb, dass man sie dazu benutzen könne, «wunderbare Dinge [zu entdecken], wie zum Beispiel, dass die Winterluft kälter sein könne als Eis oder Schnee; dass das Wasser gerade kälter zu sein scheint als die Luft; dass kleine Wasserkörper kälter sind als große».

Sagredos Notiz für Galileo bestätigt, dass die Grenzen des Landes der Kälte damals noch nie genau vermessen worden waren, denn bis dahin war niemand in der Lage zu beweisen, dass die Luft im Winter physikalisch kälter sein kann als Eis und Schnee.

Zwar besaßen diese ersten Thermometer eine Skala, doch um besser verwertbare Informationen zu erhalten, brauchten die Wissenschaftler eine geeignete Einteilung – eine, bei der die angegebenen Intervalle eine Bedeutung hatten, eine, die die Temperaturen in Relation zu einem oder mehreren Fixpunkten angab. Welche Intervalle sollte man nehmen? Welches könnten die Fixpunkte sein? Welche Bedeutung hätte der Punkt Null? Würde ein Thermometer A am Ort B den gleichen Wert anzeigen wie ein Thermometer C am Ort D?

Diese Fragen mussten auf eine Antwort warten, bis das Problem der bewegenden Kraft gelöst war. In den vierziger Jahren des 17. Jahrhunderts bewiesen Otto von Guericke in Deutschland, Boyle in England und Torricelli in Italien, dass sich der Luftdruck in Abhängigkeit von der Höhe über dem Meeresspiegel und je nach Wetterlage verändert. Damit musste man die Luft als bewegende Kraft in den Thermometern aufgeben. Großherzog Ferdinand II. und seine *Accademia del Cimento* in

Florenz griffen das Problem auf und begannen nach einer Alternative zu Luft als bewegender Kraft in einem Thermometer zu suchen.

Wie die *Royal Society* in London und die *Académie des Sciences* in Paris wurde auch die *Accademia del Cimento* von herausragenden Wissenschaftlern gegründet und von höchster Stelle gefördert. Doch die *Accademia* existierte gerade mal zehn Jahre, und vielleicht ist diese kurze Spanne der Grund dafür, dass sie von späteren Generationen nicht in ähnlicher Weise gewürdigt wurde wie ihre Schwestern – dabei hatte sie entscheidenden Anteil an der Entwicklung des Thermometers. Wie schon ihr Name besagt, der übersetzt «Akademie des Experiments» bedeutet, hatte sich die Institution ganz dem Experimentieren verschrieben, und auch ihr Motto *Provando e Riprovando* («Beweisen und wieder Beweisen») legt davon Zeugnis ab. Der Vater Ferdinands II. und Leopold Medicis war ein Schüler von Galileo, und seine Söhne ließen sich von Torricellis Werk begeistern. Als sie Ende der fünfziger Jahre des 17. Jahrhunderts den Palazzo Pitti in Florenz mit Arbeitsmöglichkeiten für zehn Wissenschaftler ausstatteten, hatten sie diese Vorbilder vor Augen. Zu dem Zeitpunkt, als das positive Votum einer wissenschaftlichen Einrichtung größten Einfluss auf die Erforschung der Kälte haben konnte – weil dadurch die Akzeptanz der alles entscheidenden Messwerkzeuge beeinflusst wurde –, stand die Akademie der Medici in voller Blüte.

Im Gegensatz zu den englischen und französischen Förderern der Wissenschaft beteiligten sich die Medici aktiv an der experimentellen Arbeit der Einrichtung. Ferdinand war ein korpulenter Mann mit einer Knollennase und einem schwarzen Schnurrbart, dessen Enden bis unter die Augen reichten. «Der Großherzog ist zu allen Menschen freundlich, er lässt sich leicht zum Lachen bringen und ist immer zu einem Scherz aufgelegt», liest man in einem zeitgenössischen Bericht. Das Einzige, was ihm Kummer bereitete, war, dass er seinen Sohn nicht für die Wissenschaft interessieren konnte; der «melancholische» Jüngling entwickelte «alle Zeichen einer einzigartigen Frömmigkeit» und hielt das Experimentieren für unvereinbar mit dem Glauben. Ferdinands Bruder Leopold war zwar auch recht fromm, aber das hielt ihn von ernsthafter wissenschaftlicher Arbeit nicht ab. Vier Stunden täglich widmete er der Lektüre von Büchern über Literatur, Geographie, Naturwissenschaft, Architektur und anderem Wissenswertem. Man sagte Leopold nach, so wie kleine Jungs immer ein Stück Brot in der Tasche hätten, um daran zu knabbern, trüge er stets ein Buch bei sich, in das er sich vertiefte, sobald sich die Gelegenheit dazu bot.

Die Pseudowissenschaft der Aristoteles-Nachfolger zu diskreditieren, war ein gemeinsames Anliegen von *Accademia* und *Royal Society*. Die Medici korrespondierten mit der *Royal Society* und beschäftigten einen Sekretär, der die Experimente der *Accademia* sorgfältig aufzeichnete, so zum Beispiel die Versuche zur Inkompressibilität von Wasser, zur Schwerkraft und zur Leitfähigkeit von Metallen und Flüssigkeiten. Am intensivsten jedoch widmeten sich die Männer im Palazzo Pitti der Aufgabe, alle möglichen damals gebräuchlichen Instrumente leistungsfähiger und genauer zu machen – Barometer, Hygrometer, Fernrohre (Ferdinand schliff seine Linsen selbst), Astrolabien, Quadranten, Kalorimeter, Mikroskope, magnetische Geräte und Thermometer. Ein Besucher berichtete, er habe sogar im Schlafgemach des Großherzogs «Wettergläser» (Barometer und Thermometer) gesehen, und ein anderer staunte, weil die Thermometer eher wie Kunstwerke aussahen denn wie wissenschaftliche Geräte. Es gab Thermometer, mit denen man die Lufttemperatur maß, andere, um Wärme und Kälte in Flüssigkeiten zu bestimmen, und wieder andere für das Badewasser. Während des Winters hingen die *strumentini*, die kleinen Temperaturmessgeräte, in jedem Raum des Palastes.

Einige Mitglieder von Ferdinands Hofstaat waren – wenn

man den Worten eines Ernährungshistorikers Glauben schenkt – «eisversessen», so etwa der Sekretär, der Schnee ehrfürchtig als das «fünfte Element» bezeichnete und Romane schrieb, in denen die Protagonisten einander um Leckereien aus Eis anbettelten. Andere Höflinge ergötzten sich an Pokalen und Obstschalen aus Eis, Eispyramiden oder den tischgroßen eisbedeckten Bergen, die die berühmten Gastmähler der Medici zierten.

Ferdinand II. war der Erfinder des geschlossenen Glasthermometers. Als die Medici-Werkstatt eines entwickelte, bei dem auf dem Glasgefäß, das die Flüssigkeit enthielt, eine Skala von fünfzig Einheiten aufgetragen war, übernahm Sagredo die Neuerung als Idee und unterteilte seine neuen Thermometer noch weiter. Er trug dreihundertsechzig Einheiten auf ihnen ab, analog der Gradeinteilung des Kreises. Seit dieser Zeit werden die Temperatureinheiten von den Wissenschaftlern als «Grad» bezeichnet.

Die meisten der geschlossenen florentinischen Thermometer enthielten «Weingeist», also destillierten Alkohol. In der Flüssigkeit schwebten kleine, mit Luft gefüllte Glasblasen, die ihre Position veränderten, je nachdem, ob die Temperatur stieg oder fiel. Später spielte die *Accademia* mit dem Gedanken, Quecksilber zu verwenden, verwarf ihn – aus Gründen, die bis heute unbekannt sind – aber bald wieder und blieb beim Weingeist. Allerdings arbeiteten die Weingeistthermometer am oberen Ende der Skala ungenau, weil Alkohol schon bei niedrigerer Temperatur siedet als Wasser. Erschwerend kam hinzu, dass die Dichte der Destillate von Partie zu Partie schwankte, sodass die Weingeistthermometer untereinander oft nicht kompatibel waren. Die von der *Accademia del Cimento* hergestellten Thermometer waren von hoher Qualität und glichen diese Unzulänglichkeiten aus. Schon bald wurden Thermometer aus dieser Werkstatt in ganz Europa nachgefragt und verwendet.

Gerade als die *Accademia* genug Expertenwissen angehäuft

hatte und auf dem besten Weg war, die letzten technischen Probleme des Thermometers zu lösen, spitzten sich die Auseinandersetzungen unter den Mitgliedern auf absurde Weise zu. 1657 hatte ein Mitglied geschrieben, an der *Accademia* «herrsche das reine Chaos». Im Jahr 1666 konnten manche Mitglieder nur dann dazu bewegt werden, bei den regelmäßigen Treffen zu sprechen, wenn bestimmte Kollegen abwesend waren. Die Einrichtung zerfiel. Dem Sonnenkönig Ludwig XIV. von Frankreich gelang es, Christiaan Huygens für die Leitung seiner *Académie Royale* zu gewinnen, und er warb ein bedeutendes Mitglied der *Accademia del Cimento* an, indem er ihm eine Pension und das Vorrecht versprach, die Ergebnisse seiner Experimente unter seinem eigenen Namen zu veröffentlichen. Zwei weitere Mitglieder suchten sich eine neue Wirkungsstätte, angeblich weil sie aus gesundheitlichen Gründen einen Klimawechsel brauchten.

Leopold war von den internen Querelen entmutigt, die etwa in die gleiche Zeit fielen wie der Wunsch der katholischen Kirche, die Medici mögen einen Kardinal stellen. In den Memoiren eines früheren Akademiemitglieds wird die Vermutung geäußert, das Schließen der *Accademia del Cimento* könnte die Bedingung gewesen sein, um Leopold mit dem Kardinalshut zu beehren; gleichwohl bestreiten andere zeitgenössische Berichte diesen Zusammenhang. Tatsache ist, dass das Buch, in dem alle Experimente der *Accademia* verzeichnet sind, abrupt mit Leopolds Berufung nach Rom endet. An Constantijn Huygens schrieb Leopold einen Übergabebrief, in dem er ihn bat, sich «mit den Mitteln des Experiments in das große Buch der Natur zu vertiefen, neue Dinge zu entdecken, von denen noch nie jemand gehört hat, und Bücher von den experimentellen Fehlern zu reinigen, die allzu gerne geglaubt werden, selbst von den geschätztesten Autoren». Im März 1668 reiste Leopold von Florenz nach Rom, um in den Kirchenadel aufgenommen zu werden. Und als ob er sich weigerte, die Wissenschaft ganz hinter sich zu lassen, nahm er eines der letzten *strumenti* der *Accademia* mit in die Kutsche und vertrieb sich die Zeit damit, seine verschiedenen Beobachtungen zu notieren.

Boyle besaß – wie andere englische Forscher auch – ein Florentiner Thermometer, und Hooke unternahm verschiedene Versuche, Boyles Gerät zu verbessern, nicht zuletzt den, Quecksilber als Flüssigkeit in die Glasröhre zu füllen. Aber auch in diesem Fall wurde das Quecksilber schon bald wieder zugunsten von Weingeist verworfen. Die Gründe dafür sind nicht bekannt. Hooke modifizierte mehrere Florentiner Thermometer für sich und seinen Freund Christopher Wren. Es gab sogar einen Versuch, für eines der nach Hookes Vorschlägen abgewandelten Geräte die Empfehlung der *Royal Society* zu erhalten. Politische Überlegungen verhinderten dies, doch Hookes Neuerungen brachten die Forschung voran.

Hooke kam in den sechziger Jahren des 17. Jahrhunderts als Sohn eines anglikanischen Hilfsgeistlichen zur Welt. Er war noch keine dreißig Jahre alt, als er aus dem Schatten Boyles heraustrat (dessen Assistent er gewesen war) und zu einem der erfindungsreichsten und mechanisch geschicktesten Mitglieder der *Royal Society* wurde. Zu diesem Zeitpunkt hatte er auf mikroskopischem, astronomischem, geologischem, chemischem und meteorologischem Gebiet bereits Bedeutendes geleistet. Außerdem half er Wren dabei, London nach dem Brand von 1666 wiederaufzubauen. Im Tagebuch von Samuel Pepys ist nachzulesen, dass ihm der Präsident der *Royal Society* an dem Tag, an dem er in die Akademie aufgenommen wurde, sagte, von allen Mitgliedern tue Hooke am meisten und verspreche am wenigsten. Hookes extrem gekrümmte Erscheinung wurde als «furchtbar hässlich, sehr bleich und sehr dünn» beschrieben. Gleichzeitig galt er als sanft und gütig. Später sollte Hooke zuerst mit Isaac Newton und dann mit Henry Oldenburg, dem Sekretär der *Royal Society*, aneinander geraten. Die beiden taten sich zusammen, spielten erfolgreich seine Leistungen herab und verhinderten, dass sein Werk einer breiteren Öffentlichkeit bekannt wurde.

Dabei waren Hookes Leistungen wirklich bedeutend, besonders im Hinblick auf die Geschichte der Kälte. Als Erster unternahm er eine Feineinteilung der Thermometerskala, bei der jeder Strich einer genau festgelegten Volumenmenge entsprach, nämlich einem Tausendstel der Weingeistmenge in dem Glasgefäß. Er gehörte auch zu den Ersten, die die Vermutung äußerten, die Ausdehnung beim Erhitzen könnte eine grundlegende Eigenschaft der Materie sein. «Diese Eigenschaft, sich bei Wärme auszudehnen und bei Kälte zusammenzuziehen, ist keine Besonderheit von Flüssigkeiten, sondern bei allen festen Stoffen zu finden, vor allem bei Metallen», schrieb er und hob seine Schlussfolgerung in Kursivschrift hervor: *«Wärme ist eine Eigenschaft eines Stoffes und wird von den aktiven oder passiven Bewegungen hervorgerufen.»* Zweihundert Jahre sollten verstreichen, bis James Joule zur gleichen Schlussfolgerung kam, sie experimentell bewies und daraus die – für die weitere Erforschung der Kälte zentrale – Vorstellung ableitete, dass Wärme eine Form von Energie ist, die in engem Zusammenhang mit der Bewegung der Atome steht. Außerdem gehörte Hooke zu den Ersten, die vorschlugen, gleichsam eine Fahne im Land der Kälte aufzupflanzen, die unverrückbar stehen bleiben und allen späteren Forschern als Orientierungspunkt dienen sollte: Er wollte den Gefrierpunkt von Wasser zum Fixpunkt auf dem Thermometer machen.

Heute erscheint uns die Notwendigkeit eines Fixpunktes auf einem Thermometer ganz selbstverständlich, aber damals, Ende des 17. Jahrhunderts, wurde das Thema kontrovers diskutiert. Einige Forscher glaubten, der Gefrierpunkt von Wasser variiere mit der Tageszeit, mit der geographischen Breite oder der Jahreszeit. In Übereinstimmung mit Hobbes, der ja erklärt hatte, der Zustand der Atmosphäre ändere sich, je näher man den Polen komme, meinte selbst ein so scharfsinniger Mann wie der englische Astronom Edmund Halley, der Gefrierpunkt von Wasser könne in London nicht derselbe sein wie in Paris. Diese Auffassung wurde erst in den dreißiger Jahren des 18. Jahrhunderts endgültig widerlegt.[1]

In der zweiten Hälfte des 17. Jahrhunderts gab es aber noch weitere Vorschläge für die Thermometerfixpunkte, zum Beispiel – am unteren Ende der Skala – Mischungen aus Eis und Salz, Eis und Wasser oder Wasser, das kurz vor dem Gefrieren stand. Im mittleren Bereich wurde der tiefste Keller von Paris vorgeschlagen (von dem man glaubte, er sei sommers wie winters gleich temperiert), der Punkt, an dem Anis-, Lein- oder Olivenöl erstarrt, der Schmelzpunkt von Butter oder der von Wachs. Im oberen Bereich der Skala diskutierte man die Körpertemperatur des gesunden Menschen, gemessen unter der Achsel oder im After, die Körpertemperatur bestimmter Tiere, die höchsten Temperaturen in Italien, Syrien oder im Senegal, die Siedepunkte von reinem Alkohol, Weingeist oder Wasser, die Herdtemperatur, die man mindestens benötigt, um Lebensmittel zu braten, oder die vermutete Temperatur der Sonnenstrahlen. Halley, ebenfalls Mitglied der *Royal Society*, empfahl den Siedepunkt von reinem Alkohol, aber er sagte auch, warum es grundsätzlich so schwierig ist, einen Fixpunkt festzulegen: «Will man Weingeist für diesen Zweck verwenden, so muss er höchst rein oder dephlegmiert sein, im anderen Fall lässt ihn die unterschiedliche Güte des Spiritus früher oder später sieden und macht so die vorgebliche Genauigkeit zunichte.»

Die Frage nach den definierten Fixpunkten und den thermometrischen Flüssigkeiten rief sogar Isaac Newton auf den Plan,

---

[1] Für viele Jahre blieb der Gefrierpunkt von Wasser der von Wissenschaftlern und Instrumentenbauern anerkannte Fixpunkt. Erst im 19. Jahrhundert ging man zum Schmelzpunkt von Eis über; dieser Punkt ist nicht ganz derselbe, lässt sich aber genauer bestimmen.

was ein Historiker aus dem 18. Jahrhundert folgendermaßen kommentierte: «Alles, womit sich Newton befasste, trieb er weiter als jeder andere vor ihm, und das im Allgemeinen mit größerer Präzision und Genauigkeit. Auch für das Thermometer fand er eine Justiermethode, die exakter war als jede bis dahin bekannte.»

Newton legte seinen Nullpunkt ohne Umschweife auf den Gefrierpunkt von Wasser, aber an seiner Beschreibung der Lage dieses Nullpunktes erkennt man die Schwierigkeit, den Ort wirklich genau anzugeben. Er beschrieb den Punkt als «die Lufttemperatur im Winter, wenn das Wasser anfängt zu frieren; und man erhält den Punkt, indem man das Thermometer genau dann in zusammengepressten Schnee steckt, wenn dieser zu tauen beginnt». Mit vielen seiner Vorstellungen zum Thermometer lag Newton falsch. Zum Beispiel war seine Skala selbstreferentiell, das heißt, die Punkte, die er festgelegt hatte, konnten nur auseinander, aber nicht aus anderen, anerkannten festen Größen hergeleitet werden. Zudem eignete sich seine Einteilung weniger gut für Messungen im unteren Temperaturbereich. Je weiter er auf der Skala nach oben kam, desto ausführlicher und genauer wurden seine Beschreibungen. Für Nummer siebzehn lesen wir: «Die höchstmögliche Temperatur eines Bades, die ein Mensch für einige Zeit aushalten kann, ohne die Hand darin zu bewegen.» Darüber hinaus verwandte er für seine Festlegungen meistens Materialien, mit denen gewöhnliche Menschen selten in Berührung kamen, etwa die Siedepunkte von Mixturen aus Wasser und Metallen. Und schließlich arbeitete er mit Faktoren, die einen «magischen Beigeschmack» hatten: So beharrte er etwa darauf, dass die Temperatur von kochendem Wasser dem Dreifachen der Körpertemperatur, dem Sechsfachen der Temperatur schmelzenden Zinns und dem Achtfachen der Temperatur schmelzenden Bleis entspreche und die Hitze eines Herdfeuers aus geschichteten Kohlen sechzehn- bis siebzehnmal so hoch sei wie die Körpertemperatur.

Für die Wahl des Temperaturbereichs, in dem das Thermometer arbeiten sollte, lieferte Newton einen wesentlich brauchbareren Beitrag, indem er Leinöl als Thermometerflüssigkeit empfahl. Der Extrakt aus Flachssamen war eine ausgezeichnete Wahl, weil er die wichtigste Voraussetzung für eine thermometrische Flüssigkeit erfüllte: Die Messgenauigkeit war am oberen Ende der Skala genauso groß wie am unteren. Aufgrund seiner außerordentlichen Zähigkeit (Viskosität) blieb Leinöl sowohl bei Temperaturen oberhalb des Siede- wie auch unterhalb des Gefrierpunktes von Wasser flüssig. Doch eben wegen seiner Zähigkeit konnte Leinöl nur langsam auf Veränderungen reagieren: Wenn die Temperatur nur um einige wenige Grad sank, lief das Öl in zähen Streifen an den Wänden des Glasrohrs hinab, auf dem die Skala aufgetragen war. Es dauerte lange, bis sich das Leinölthermometer auf einen neuen Wert eingestellt hatte. Das erschwerte seine Benutzung und ist vermutlich auch der Grund dafür, dass Newtons Artikel, der 1701 in den Berichten der *Royal Society* erschien, nicht signiert war und ihm erst später zugeordnet werden konnte.

Die nächsten Verbesserungen in der Temperaturmessung verdanken wir dem Franzosen Guillaume Amontons. Heute erinnert sich kaum noch jemand an ihn, doch seine Arbeit schuf bis ins 20. Jahrhundert hinein die Grundlage für viele andere Kälteforscher. Amontons kam als Sohn eines Provinzrechtsanwalts zur Welt. Er war von Geburt an taub und hatte sich seine naturwissenschaftlichen Kenntnisse weitgehend im Selbststudium angeeignet, als er seine Arbeit im Jahr 1687 erstmals der *Académie Royale* vorstellte. Der Vierundzwanzigjährige führte ein Hygrometer vor, das zwei Messflüssigkeiten enthielt, eine davon war Quecksilber. Ein Jahr später präsentierte er als Fortentwicklung die Ideen für Barometer und Thermometer mit mehreren verschiedenen Flüssigkeiten. Die Verbesserungen gingen weit über die eines guten Handwerkers hinaus, die Entwürfe zeigten, dass ihr Schöpfer die grundlegenden Prinzipien verstanden hatte und sie anzuwenden wusste. Dem Instrumentenbauer des Pariser Observatoriums erschienen Amontons Ideen so bedeutsam, dass er sie bei einem Besuch in London mit den Mitgliedern der *Royal Society* diskutierte. 1695, nachdem er seine Gedanken in einem Buch niedergelegt hatte, wurde Amontons in die *Académie Royal* aufgenommen.

Seine wichtigsten Beiträge zur Temperaturmessung und zur Kälteforschung kamen allerdings auf einem Umweg zustande. Amontons wollte ein «Feuerrad» erfinden. Dabei sollte Luft durch die Hitze eines Feuers ausgedehnt werden und ein Rad antreiben. Amontons selbst scheiterte, aber auf den Mechanismen, die er entdeckte, konnten später andere Forscher aufbauen, die sich mit Wärmekraftmaschinen, Pferdestärken und Reibung beschäftigten. Einige seiner «Feuerrad»-Erkenntnisse nutzte er aber, um bessere Thermometer herzustellen. Er füllte drei Glaskolben mit unterschiedlichen Mengen Wasser und Luft, tauchte sie in kochendes Wasser und konnte zeigen, dass in allen Gefäßen «die dehnende Kraft bei gleicher Temperatur im gleichen Maße ansteigt» – nämlich um ein Drittel einer Atmosphäre (der Luftdruck in Meereshöhe beträgt eine Atmosphäre oder ein Kilopond pro Quadratzentimeter).

Aus diesen Druckversuchen zog Amontons zwei wichtige Schlüsse. Erstens, selbst wenn er der erwärmten Luft erlaubt hätte, «sich nach Belieben auszudehnen», statt sie in den Kolben einzuschließen, hätte sie ihr Volumen nicht um mehr als ein Drittel vergrößert.[2] Zweitens, da das Wasser in allen drei Kolben bei derselben Temperatur kochte – obwohl sie unterschiedliche Mengen Wasser und Luft enthielten –, war der Beweis erbracht, dass der Siedepunkt des Wassers eine Konstante

[2] Es sollten noch hundert Jahre vergehen, bis der französische Physiker und Chemiker Joseph-Louis Gay-Lussac diese Feststellung abschließend in ein Gesetz fasste: Bei konstantem Druck haben alle Gase den gleichen Ausdehnungskoeffizienten.

darstellt, die man getrost als Fixpunkt für das Thermometer verwenden kann. Auf diesen Ergebnissen aufbauend, entwarf Amontons ein neues, luftgefülltes Thermometer mit einer geschlossenen Röhre, die verhinderte, dass Luftdruckschwankungen die abgelesenen Werte verzerrten.

Auch mit seiner harschen Kritik an dem Artikel über das Leinölthermometer, der 1701 anonym in den Berichten der *Royal Society* erschienen war, brachte Amontons die Temperaturmessung voran – nicht ahnend, dass der Urheber des Artikels Newton hieß. Er geißelte die Behauptung des Autors, dass ein Körper, der auf dessen selbstreferentieller Skala eine Temperatur von 64 hat, doppelt so warm sein sollte wie ein Körper mit einer Temperatur von 32 auf der gleichen Skala. Für solche Annahmen, so Amontons, sei zum gegenwärtigen Zeitpunkt noch nicht genug über Hitze und Kälte bekannt.

Wie seine Kritik an Newtons Temperaturmessmethode ahnen lässt, war Amontons ein Purist, der sich nur selten an den Spekulationen beteiligte, die damals unter seinen Forscherkollegen kursierten. Aber er war ein Mann, der die Konsequenzen, die sich aus seinen mathematischen Berechnungen ergaben, durchdachte. Nachdem er also bewiesen hatte, dass sich Luft beim Abkühlen zusammenzieht, konnte er es sich nicht verkneifen, auszurechnen, was *unter Umständen* geschehen würde, wenn man die Temperatur von Luft radikal – weit unter den Gefrierpunkt von Wasser – abkühlte. Würde die Luft dichter oder gar flüssig, wenn die Temperatur noch weiter sänke? Wäre diese Flüssigkeit dann Wasser – damals war dies die gängigste Vermutung – oder etwas anderes? Könnte es bei der vollkommenen Abwesenheit von Wärme überhaupt einen Luftdruck geben? In einem Artikel, den Amontons 1703 schrieb, entwickelte er eine einfache Gleichung, die zeigt, dass die vollkommene Abwesenheit von Wärme theoretisch möglich ist.

In dieser Gleichung ist das Produkt aus Druck und Volumen gleich dem Produkt aus Temperatur und einer unbekannten

Konstante. Daraus leitete Amontons den eindeutigen Schluss ab, dass die Temperatur auf einen «absoluten Nullpunkt» fallen müsste, sollte das Produkt aus Druck und Volumen aus irgendeinem Grund gleich null werden. Trotzdem stellte sich Amontons nicht hin und verkündete, es gebe einen absoluten Nullpunkt, denn er hielt etwas Derartiges für unvereinbar mit dem damaligen Wissen über die Natur und mit dem, was er glaubte.

Für Amontons war der absolute Nullpunkt etwas, was man sich zwar theoretisch vorstellen konnte, man aber nicht ernsthaft verfolgte. Zwei Jahre nach der Veröffentlichung dieses Artikels starb er im Alter von zweiundvierzig Jahren an einer Infektion. Zentraler Punkt seines Vermächtnisses ist die Vorstellung, dass die Menschen und die anderen Lebensformen auf der Erde – temperaturmäßig gesehen – ganz in der Nähe des Gefrierpunktes von Wasser leben und dass das Land der Kälte, das an diesem Punkt beginnt, viel, viel größer und weitläufiger ist, als die Menschen bislang geglaubt hatten. Offenbar gab es Temperaturen weit unter denen, die zur damaligen Zeit – mit welcher Skala auch immer – erfasst werden konnten, bis hinab zu einem schon beinahe mystischen Punkt, dem Ende von allem, dem absoluten Nullpunkt.

Um 1702, als Amontons seine besten Arbeiten in Paris anfertigte, brach sich Ole Rømer in Kopenhagen ein Bein. Der Astronom, der errechnet hatte, dass die Geschwindigkeit des Lichts endlich ist, war dadurch für einige Zeit ans Haus gefesselt, und er nutzte die erzwungene Muße, um ein Thermometer mit zwei Fixpunkten zu bauen. Den Schmelzpunkt von Eis bezeichnete er auf seiner Skala mit 7,5 und den Siedepunkt von Wasser mit 60. Der Nullpunkt lag bei ihm also deutlich unter dem Gefrierpunkt und entsprach vermutlich der Temperatur einer Mischung aus Eis und Salz. Die Bluttemperatur fiel auf die Marke von 22,5 und war damit dreimal so hoch wie der Schmelzpunkt von Eis. Über das obere und das untere Ende seiner Skala machte sich Rømer wenig Gedanken, weil er sich vor allem mit Meteorologie beschäftigte, für die der mittlere Temperaturbereich genügte. Sechs Jahre nach dem Beinbruch stattete ihm Gabriel Daniel Fahrenheit in Kopenhagen einen Besuch ab. Der junge Mann war von wissenschaftlichen Instrumenten fasziniert, und er wollte Tipps für ihre Konstruktion. Aber er hatte vermutlich noch einen anderen wichtigen Grund für seinen Besuch bei Rømer.

Fahrenheit war 1686 in Danzig auf die Welt gekommen, mit fünfzehn verlor er am selben Tag beide Eltern infolge einer Pilzvergiftung. Von seinem Vormund wurde er nach Holland in eine Kaufmannslehre geschickt, doch er lief seinem Lehrherrn so oft weg, dass dieser ihn per Haftbefehl suchen ließ. Fahrenheit zog von Stadt zu Stadt, entwickelte ein Interesse an wissenschaftlichen Instrumenten, besuchte verschiedene Laboratorien, um sich entsprechendes Wissen anzueignen, und weigerte sich, irgendwo länger zu bleiben – vielleicht aus Furcht, verhaftet und zu seinem Lehrherrn zurückgebracht zu werden. Rømer könnte mehr für Fahrenheit getan haben, als sein Interesse an Thermometern zu wecken. Möglicherweise erwirkte er die Aufhebung des Haftbefehls, eine Gefälligkeit, die die dänischen Behörden ihm, dem Bürgermeister von Kopenhagen, sicher erwiesen hätten.

Bis 1716 zog Fahrenheit umher, arbeitete an seinen Thermometern, löste technische Probleme und entwickelte sich zu einem guten Glasbläser. Der deutsche Philosoph und Mathematiker Gottfried Wilhelm Leibniz förderte ihn einige Jahre, und nach dessen Tod beschloss er, sich dauerhaft in den Niederlanden niederzulassen und sich um den berühmten Physiker, Chemiker und Botaniker Hermann Boerhaave als Gönner zu bemühen. (Boerhaave besaß einen solchen Ruf, dass ihn ein Brief aus China erreichte, obwohl er lediglich mit «Boerhaave, Europa» adressiert war.)

Fahrenheit schickte Boerhaave und anderen führenden Wissenschaftlern Muster seiner Thermometer und warb um Aufträge für weitere. Boerhaave bestellte mehrere Exemplare und bat Fahrenheit, einige Experimente für ihn durchzuführen. In diesen Experimenten fand Fahrenheit, dass der Siedepunkt von Wasser vom Luftdruck abhängt und für jeden Luftdruck ein fester Wert ist. Aus diesen Ergebnissen schloss er, dass es möglich sein müsste, Höhe bzw. Tiefe mit einem Thermometer zu bestimmen, sofern dieses den Siedepunkt von Wasser exakt anzeigen konnte. In seinem einflussreichen Lehrbuch *Elementa chemiae* («Elemente der Chemie») berichtete Boerhaave über Fahrenheits Experimente.

Für seine Thermometer übernahm Fahrenheit Rømers Skala, allerdings mit einigen wichtigen Änderungen. Die Zahlen 7,5 und 22,5, mit denen Rømer den Schmelzpunkt von Eis und die Bluttemperatur bezeichnet hatte, erschienen ihm «aufgrund der gebrochenen Zahlen unhandlich und wenig elegant». Er senkte den Nullpunkt, indem er den Wert für die Bluttemperatur auf 24 anhob und den Schmelzpunkt für Eis auf 8 festlegte. Zwar konstruierte er ein paar Thermometer mit dieser Einteilung, aber die Zahlen genügten ihm ästhetisch immer noch nicht. Er wollte eine Skala, auf der jedes Grad einer bestimmten prozentualen Veränderung der thermometrischen Flüssigkeit entsprach – so wie bei den Instrumenten von Boyle, Newton und Hooke. Trotz ungenauer Geräte gelang es ihm, eine Skala zu schaffen, bei der eine Temperaturänderung von einem Grad eine Volumenänderung von einem Fünfhundertstel der Thermometerflüssigkeit – Weingeist – hervorbrachte; das Ausgangsvolumen war das am Nullpunkt der Skala.

Das hätte das Ende von Fahrenheits thermometrischen Neuerungen bedeuten können, wäre er nicht von so ungeheurem Forscherdrang beseelt und willens gewesen, auch neue Sprachen zu lernen, um sein Wissen zu vergrößern: Französisch, um Amontons und andere Autoren der Berichte der *Académie Royale* zu verstehen, und Englisch, damit er Boyle, Newton und

Hooke im Original lesen konnte. Nachdem er Amontons' Artikel studiert hatte, ging Fahrenheit dazu über, Quecksilber zu benutzen, und er teilte seine Skala neu ein. Auf seinen neueren Thermometern entsprach jedes Grad einem Zehntausendstel des ursprünglichen Quecksilbervolumens. Das gleiche Verhältnis verwandten auch Boyle und Newton bei ihren Thermometern. Um das zu erreichen, musste er die Werte seiner Skala vervierfachen – das erwies sich als günstig, denn mit einem Schmelzpunkt von Eis bei 32 Grad und einer Bluttemperatur von 96 Grad verfügte er jetzt über eine Einteilung, auf der die Schlüsselzahlen immer noch durch vier teilbar waren, mit der sich aber besser arbeiten ließ, weil sie eine größere Spanne umfasste. Für Fahrenheit war es wichtig, die Bluttemperatur mit größerer Genauigkeit angeben zu können, denn er wusste, dass sich Boerhaave sehr für die Messung der Körpertemperatur interessierte, und er wollte natürlich, dass sein einflussreicher Gönner seine Thermometer benutzte und weiterempfahl.

Die Berechnungen, die seiner Skala zugrunde lagen, veröffentlichte Fahrenheit nicht, vielleicht um sicherzustellen, dass niemand außer ihm diese Thermometer herstellen konnte. Knowles Middleton, eine Autorität auf dem Gebiet der Geschichte der Thermometer, vermutet, dass alle Instrumentenbauer solche Angaben zurückhielten oder verschleierten, um zu verhindern, dass andere ihre Instrumente kopierten, ohne dafür zu zahlen. Und obwohl Fahrenheit Boerhaave versprochen hatte, ihm «genaue Beschreibungen aller Thermometer [zu liefern], die ich baue, sowie den Weg, wie ich versuche, sie von ihren Mängeln zu befreien, und auf welche Art es mir gelang, dies zu erreichen», behielt er doch das Geheimnis der Volumenmessungen für sich, durch die er auf die wichtigen Zahlen 32 und 96 gekommen war. Unbeabsichtigte Folge dieser Verheimlichungsstrategie war, dass Wissenschaftshistoriker noch Jahrhunderte später schrieben, Fahrenheits Temperaturskala sei ein Zufallsprodukt.

1724 wurde Fahrenheit als auswärtiges Mitglied in die *Royal Society* aufgenommen und ging nach London. Kurz vor dieser Reise führte er einige Experimente durch, um weitere Fixpunkte für seine Thermometer zu bestimmen; diese Versuche, die er mehr oder weniger aufs Geratewohl angelegt hatte, sollten sich als bedeutsam erweisen. In einem Brief an Boerhaave aus dem Jahr 1729 entschuldigte sich Fahrenheit mit den Worten «ich habe mich auf Freiersfüße begeben, Ihr versteht gewiss, dass dies viel Zeit in Anspruch nimmt» zuerst für die verspätete Lieferung der Thermometer und berichtete dann von seinen Versuchen zur künstlichen Erzeugung von Kälte, die er noch vor seiner Abreise durchgeführt hatte.

Diese Experimente könnte man mit einem Zufallsbesuch in einem unbekannten Land vergleichen. Der Besucher ist kein wohlvorbereiteter Forschungsreisender, sondern jemand, der bei einem ungeplanten Landgang die Gelegenheit nutzt, einen Berg zu ersteigen, von dort einen Blick auf die Landschaft wirft und ein paar ungewöhnliche Beobachtungen notiert. Fahrenheit hatte Aquafortis (konzentrierte Salpetersäure) mit Eis vermischt; die Temperatur dieser Mischung fiel so stark ab, dass die längste Röhre, die Fahrenheit besaß, nicht ausreichte, um sie zu messen. Daraufhin konstruierte er ein Thermometer, das Werte bis 76 unter dem Nullpunkt seiner Skala anzeigen konnte, und es gelang ihm, die Temperatur einer Aquafortis-Eis-Mischung auf −29 zu senken.

Als Nächstes probierte er etwas, das später als Kaskadenmethode bezeichnet werden sollte: Er nahm eine Anzahl von Biergläsern und füllte das erste Glas mit seiner Aquafortis-Eis-Mischung. Als die Temperatur am tiefsten Punkt angekommen war, goss er die Flüssigkeit ab und nahm den festen Bodensatz als Starter für das zweite Glas. Darauf füllte er seine Kältemischung und kam so auf eine Temperatur von −32. Dieses Verfahren wiederholte er mehrfach und erreichte nach und nach die Werte 37 und 40 unter seinem Nullpunkt. Boerhaave gegenüber verkündete er stolz, wenn er reinere Chemikalien gehabt hätte, hätte er auch noch tiefer kommen können. Bei seinen Vorstößen in die Tiefe erhielt Fahrenheit von einigen Flüssigkeiten Kristalle. Aber er war nicht ausreichend geschult, um weitergehende wissenschaftliche Schlussfolgerungen aus seinen Experimenten zu ziehen, und so schrieb er «ergebenst» an Boerhaave, dass «wir ... über den Anfang der Wärme ebenso wenig [wissen] wie über ihr äußerstes Ende».

Nach seinem einzigen Ausflug in das Land der Kälte kehrte Fahrenheit zu dem zurück, was er am besten konnte: dem Herstellen von Messgeräten. Und in seinem nächsten Brief vertraute er Boerhaave an, dass die junge Dame, der er den Hof gemacht hatte, seinen Antrag zurückgewiesen habe. Dies sei dem Einfluss von Freunden der Lady zu verdanken, die es nur auf ihr Geld abgesehen hätten. Ohne die Ablenkungen, die die Brautwerbung mit sich brachte, vertiefte er sich wieder in technische Probleme. Ihn beschäftigte die Messgenauigkeit seines Thermometers und die Vergleichbarkeit der Werte, die mit verschiedenen Geräten ermittelt worden waren. Es machte ihn rasend, dass die verschiedenen Glasarten, aus denen die Röhren hergestellt wurden, unterschiedliche Ergebnisse lieferten und dass das Quecksilber, das er kaufte, im Reinheitsgehalt so stark schwankte, dass es fast unmöglich war, zwei Thermometer mit exakt der gleichen Menge des flüssigen Metalls zu füllen – denn er tolerierte nur einen Fehler von fünf Teilen auf 11,520 (das entspricht 0,05 Prozent).

Obwohl seine Thermometer in ganz Europa gekauft und benutzt wurden, starb Fahrenheit 1736 ohne einen Penny: Alles Geld, das er mit seinen Instrumenten verdiente, hatte er in die Forschung und in Material für neue Geräte gesteckt. Doch seine Thermometer konnten so gut sein, wie sie wollten, sie fanden nur in nicht französischsprachigen Ländern breite Anwendung. Gleich ob Astronomie, Agronomie oder Meteorologie, die Franzosen bevorzugten auf allen Feldern ihre eigenen

Maße; so gab es beispielsweise achtzehn verschiedene Längenmaße mit dem Namen *aune* und in einem Distrikt hundertzehn Maßeinheiten für Korn. Für die Franzosen war Fahrenheit ein aus Polen stammender Holländer, dessen Thermometer sie nicht benutzten. Stattdessen verwendeten sie Thermometer mit einer Einteilung, die auf René-Antoine Ferchault de Réaumur zurückgeht. Der adlige Gelehrte hatte höchst Respektables auf den Gebieten Botanik, Embryologie und Metallurgie geleistet und hielt seine thermometrischen Arbeiten für weniger bemerkenswert als seine sonstigen wissenschaftlichen Werke. Damit hatte er Recht, denn seine Temperaturskala stellte keine Neuerung dar, sondern übernahm einfach unverändert Hookes Einteilung. Aber Réaumur schrieb so viel über seine Temperaturskala, dass seine wissenschaftlichen Memoiren den Effekt einer Werbekampagne hatten und die Franzosen dazu brachten, sie zu benutzen, obwohl Réaumur-Thermometer bei niedrigen Temperaturen einfroren und erst nach einigen Modifikationen brauchbar waren. Außerdem beförderte der Gelehrte seine Schöpfung, indem er Experimentatoren ausdrücklich von Thermometern mit Fahrenheit-Skala abriet; und als auf dem Kontinent Thermometer mit Hundert-Grad-Einteilung auftauchten, machte er auch diese schlecht und versuchte, sie zu unterdrücken.

Allerdings gelang ihm das nicht. Die Hundert-Grad-Skala war die logischste und die sinnvollste Neuerung der ersten hundertfünfzig Jahre Thermometergeschichte, und mit der Zeit ersetzte sie die von Réaumur und außerdem fast alle anderen. Was die Genauigkeit, die Fixpunkte und die wissenschaftlichen Anwendungen anging, hatten die Thermometer mit Hundert-Grad-Skala die technischen Möglichkeiten ihrer Zeit voll ausgeschöpft. Sie wurden zu den wichtigsten Instrumenten bei der Erforschung der Kälte.

1948 beschloss die 9. Generalkonferenz für Maße und Gewichte, dass die Einheiten der Hundert-Grad-Skala zu Ehren von Anders Celsius in Zukunft als «Grad Celsius» bezeichnet werden sollten. Der Erfolg hat viele Väter, und obwohl Celsius offiziell als Erfinder der Hundert-Grad-Skala gefeiert wird, bleibt ein Hauch von Zweifel, ob ihm dieser Titel zu Recht gebührt.

1740, ein Jahr bevor Celsius die nach ihm benannte Einteilung erfunden haben soll, vertraute Réaumur seinem Tagebuch einige mürrische Sätze über Hundert-Grad-Skalen an. Zudem gibt es Hinweise, dass außer Celsius noch ein paar andere Schweden den Ruhm für sich beanspruchen könnten, die Hundert-Grad-Skala entwickelt zu haben. Der Instrumentenbauer Daniel Ekström hatte in England mit dem Thermometermacher der *Royal Society* zusammengearbeitet, und ein von Ekström modifiziertes Londoner Thermometer war offenbar seit 1726 an der Universität von Uppsala in Gebrauch – ein Thermometer, bei dem der Eispunkt mit 0° und der Siedepunkt von Wasser mit 100° verzeichnet war. Zwei weitere Anwärter auf den Titel «Vater der Hundert-Grad-Skala» sind Märten Strömer und der berühmte Botaniker Carl von Linné.

Das Besondere an Anders Celsius' Einteilung war, dass sie in direktem Zusammenhang mit einem Besuch im geographischen Land der Kälte entstand. Celsius' Vater und Großvater waren beide Astronomen, und auch er selbst arbeitete vornehmlich auf diesem Gebiet: Er sammelte Beobachtungen zum Nordlicht, studierte das Mondlicht, befürwortete die Ablösung des julianischen durch den gregorianischen Kalender in Schweden und nahm an einer internationalen wissenschaftlichen Expedition bis tief ins Innere des Polarkreises teil, um Newtons Theorie zu beweisen, dass die Erde an den Polen abgeflacht ist. Diese Reise fand in den dreißiger Jahren des 18. Jahrhunderts statt, und Celsius war mit den damals verfügbaren Instrumenten, mit denen er die starke Kälte in der Luft und im Boden messen wollte, alles andere als zufrieden.

Anders Celsius war ein außergewöhnlicher Mensch: gelehrt,

mehrerer Sprachen mächtig, interessiert an alten Schriftzeichen, ein Mann mit einer «harmonischen» Persönlichkeit und großem Weitblick, aber auch ein Ehrenmann, der Ideen verteidigte, die er für richtig hielt, seien es nun die eigenen oder die Newtons. Das jedenfalls berichteten Zeitgenossen. Der letzte Punkt bezieht sich auf eine Auseinandersetzung, in der Celsius' astronomische Beobachtungen, die die von Newton bestätigten, von führenden europäischen Wissenschaftlern heftig attackiert wurden, bis sie sich letztendlich doch als korrekt herausstellten.

Im Jahr 1741 erhielt Celsius ein Thermometer aus St. Petersburg, und er ritzte in die der Skala gegenüberliegende Seite eine eigene Einteilung. Diese besaß zwei Fixpunkte, den Eispunkt und den Siedepunkt von Wasser, die er mit 100° bzw. 0° bezeichnete. Wie seinem Kollegen, dem Astronomen Rømer, kam es Celsius mehr auf die Genauigkeit bei den Temperaturen in Gefrierpunktnähe an als auf die in der Nähe des Siedepunktes. Dieses Thermometer benutzte er am Weihnachtstag des Jahres 1741 zum ersten Mal, wie er in einer Veröffentlichung berichtete, die 1742 erschien. Darin betonte er, wie angenehm es für Berechnungen sei, über eine Hunderter-Einteilung zwischen zwei Fixpunkten zu verfügen. Zwei Jahre später starb Celsius. Er wurde nur zweiundvierzig Jahre alt.

1750 fertigte Strömer ein Thermometer mit einer Hundert-Grad-Skala an, bei dem er die von Celsius schlicht auf den Kopf stellte, sodass die 100° oben waren und die 0° unten. Als Celsius' Nachfolger an der Universität von Uppsala konnte Professor Strömer die von seinem Vorgänger entwickelte Neuerung schlecht für sich reklamieren, aber Carl von Linné konnte, und er tat es auch. 1758 behauptete Linné, er sei der Urheber der Hundert-Grad-Skala.

Dass Linné diesen Versuch überhaupt unternahm, zeigt, welche Bedeutung diese Einteilung binnen weniger Jahre der Anwendung für die Wissenschaft gewonnen hatte. 1758 war

Linné der berühmteste Botaniker seiner Zeit, ein Mann, dessen Ruf als Wissenschaftler den aller anderen überragte, und gewiss einer der eingebildetsten Gelehrten, die es je gab. Ein Mann, der anderen sagte, Gott habe ihn auserwählt, die Regeln der wissenschaftlichen Systematik zu verkünden, und der glaubte, alle seine Veröffentlichungen seien Meisterwerke. Linné duldete keine Kritik an seiner Person, selbst wenn er zwischen überschwänglicher Begeisterung und abgrundtiefer Verzweiflung über sein Werk und dessen Bedeutung schwankte.

Knowles Middleton vertritt die Ansicht, Linné habe seinen Anspruch auf die Erfindung der Hundert-Grad-Skala vermutlich aus einem Ereignis im Jahr 1735 abgeleitet. Damals hatte er eine Zeit lang auf dem Anwesen eines holländischen Großgrundbesitzers gelebt und über die dortigen Gärten geschrieben. Eine der Illustrationen zeigt eine Putte, die etwas Thermometerähnliches hält. Das Gerät hat eine Skala, die von 100 am oberen Ende bis 1 (nicht 0!) in der Mitte und dann wieder bis 100 am unteren Ende reicht und in Zehnerschritte unterteilt ist. Wie Middleton erklärt, nimmt Linnés Text zwar keinen Bezug auf die Abbildung, aber er erwähnt ein Gewächshaus, in welchem Usambaraveilchen bei einer Temperatur von 70 gehalten würden. Bei 70° auf einer Hundert-Grad-Skala wären diese Pflanzen verbrannt – mehr als 40° vertragen sie nicht –, deshalb ist anzunehmen, dass sich Linne auf eine andere Temperaturskala bezog. Daher kann ihm bestenfalls die Umkehrung der Celsius-Skala zugeschrieben werden.

[4] Abenteuer Eishandel

Während des extrem kalten Winters von 1740 schnitten Arbeiter in St. Petersburg riesige Eiswürfel aus der Newa und hievten sie mit Kränen und Flaschenzügen ans Ufer. Manche Blöcke waren so groß, dass gerade einer auf einem Pferdefuhrwerk Platz fand, und für die Betrachter hatte es den Anschein, als sei der Wagen mit einem gigantischen Diamanten oder Saphir beladen. Die Arbeiter sollen wie Märchen- oder Sagengestalten ausgesehen haben: Haare und Bärte voller Eiszapfen, die Gesichter von der Plackerei in der klirrenden Kälte grimassenhaft verzerrt. Sie verbanden die Eisblöcke mit Wasser und errichteten daraus für Kaiserin Anna einen durchscheinend schimmernden Palast von 16,8 Meter Länge, 6,3 Meter Höhe und 5,4 Meter Breite. Die Fensterrahmen strichen sie so, dass sie wie grüner Marmor aussahen, und des Nachts stellte man brennende Kerzen hinein, die ihr Licht durch die Fenster warfen. Der Eispalast «übertraf jeden anderen – und wäre er aus noch so wertvollem Marmor gebaut – an Schönheit, seine Transparenz und die blaugrüne Farbe gaben ihm das Aussehen eines Edelsteins», schrieb ein Beobachter.

Doch der Palast war mehr als ein staunenswertes Juwel: Kurze Zeit später benutzte man ihn als Kulisse für eine ungewöhnliche Inszenierung. Ein junger Mann und ein junges Mädchen wurden in die farbenprächtigen Gewänder russischer Bauern gesteckt – die Trachten entstammten einer ethnographischen Sammlung, die schon die letzten Zaren begonnen hatten –, und dann inszenierte man eine Eishochzeit, um den Hof zu unterhalten. Das Hochzeitspaar wurde mit Wasser besprengt, sodass es für die Dauer der Aufführung mit einer dünnen Eisschicht überzogen war. Nachdem man sich eine Weile an dem Eispalast ergötzt hatte, zerlegten Arbeiter die Eisblöcke und brachten sie in die Eiskeller des kaiserlichen Palastes, damit man sie im Sommer zur Kühlung von Getränken und Lebensmitteln verwenden konnte.

In Erbmonarchien, wie Russland und Frankreich, wurde so gut wie jede Form Gewinn bringenden Handels von der Krone kontrolliert. Daher war auch der Handel mit Eis ein königliches Privileg, und die Monopole für das Sammeln und das Verkaufen von Eis lagen bei Günstlingen des Hofes. Um einen Höfling angemessen zu versorgen, waren zu Zeiten Ludwigs XIV. fünf Pfund Eis am Tag erforderlich. Doch selbst in Ländern, in denen der Eishandel nicht der Kontrolle durch ein Königshaus unterstand, blieb dieses Vergnügen den Reichen vorbehalten. Nur so wohlhabende virginische Plantagenbesitzer wie George Washington, Thomas Jefferson und James Madison konnten sich auf ihren Gütern Eishäuser leisten. In Philadelphia schnitten Sträflinge Eis aus dem zugefrorenen Schuylkill; das wurde zwar an jedermann verkauft, aber nur wenige Bürger konnten sechs Cents für das Pfund zahlen. Darüber hinaus gab es weiterhin religiöse Widerstände gegen eine Beeinflussung der Temperatur mit Hilfe von Eis. Ein Zeitgenosse berichtete: «Einige glaubten, das Gericht würde über sie kommen, wenn sie es wagten, der göttlichen Vorsehung zuwiderzuhandeln, indem sie im Winter Blumen im Gewächshaus zogen oder im Sommer Eis in unterirdischen Kellern aufhoben.»

Eis war das Vorrecht der Vornehmen und der Reichen. Eis war teuer, und es gab religiöse Vorbehalte gegen seine Verwendung: All das spiegelt sich in der ausgesprochenen Abneigung, die in Wissenschaftlerkreisen gegenüber den praktischen Konsequenzen aus den Experimenten zur Kälteerzeugung herrschte. Im ersten Chemielabor Schottlands an der Universität von Glasgow tat William Cullen, seines Zeichens Professor der

Medizin, 1748 etwas höchst Bemerkenswertes: Er stellte Kälte künstlich her. Es war bekannt, dass beim Verdunsten von Flüssigkeiten Kälte entsteht, darauf baute er auf und versuchte, die Kälte durch ein Vakuum zu verstärken. Cullen entfernte die Luft aus einem Gefäß, in dem sich Salpetrigsäureäthylester befand, wodurch das Wasser in einem zweiten Behälter gefror, der den Versuchsaufbau umgab. Zufrieden damit, seinen Artikel *Cold Produced by Evaporating Fluids* («Durch das Verdampfen von Flüssigkeiten Kälte erzeugt») für eine schottische Zeitschrift schreiben zu können, unternahm er keinen Versuch, das Prinzip kommerziell zu nutzen.

Desgleichen der englische Physiker Edward Nairne, der 1777 Cullens Arbeit verbesserte, indem er den Prozess noch um eine Stufe erweiterte. Wie Cullen nahm Nairne ein Vakuum, um Wasser durch eine Verminderung des Luftdrucks zu verdampfen, aber er verwendete Schwefelsäure, um den Wasserdampf zu binden. Dieser (Absorptions-)Vorgang beschleunigte das Abfallen der Temperatur in dem umgebenden Behältnis, und das Wasser wurde viel schneller zu Eis als bei Cullens einfacherem Aufbau. Doch die Arbeit mit Schwefelsäure war so gefährlich und bei Nairnes Versuchsaufbau entstand so wenig Eis, dass das Experiment zwar in den nächsten fünfzig Jahren häufig in Lehrveranstaltungen vorgeführt wurde, niemand jedoch an eine praktische Anwendung dachte. Es war nichts anderes als eine Methode, die «Affinität» von Schwefelsäure und Wasser zu demonstrieren; dass dabei Eis entstand, war ein hübscher Nebeneffekt, der den Studenten half, sich an das allgemeine Prinzip zu erinnern.

Den nächsten wichtigen Schritt bei der künstlichen Erzeugung von Kälte tat ein Mann, dem noch viel weniger an einer kommerziellen Verwendung lag. Ursprünglich wollte Martinus van Marum Botaniker werden, doch als man seine Bewerbung auf einen entsprechenden Lehrstuhl in Leiden ablehnte, wandte er sich erst der Elektrizität und dann der Chemie zu. Letztere studierte er bei dem anerkanntermaßen größten Chemiker seiner Zeit: Antoine Lavoisier in Paris. 1787 wollte van Marum, wie es Wissenschaftler immer gern tun, einen altehrwürdigen Lehrsatz aus einer vergangenen Epoche auf die Probe stellen. Er hatte sich Robert Boyles berühmtes Gesetz ausgesucht und nahm sich vor zu prüfen, ob sich das Volumen eines Gases und der auf das Gas ausgeübte Druck unter allen Bedingungen umgekehrt proportional verhalten. Das traf zwar zu, wenn es sich bei dem Gas um Luft handelte, fand van Marum, doch wenn er Ammoniak verwendete, das erst kurz zuvor von Joseph Priestley isoliert worden war, sah das Ergebnis anders aus. Nachdem ein Druck von fünf Atmosphären erreicht war, brachten die weiteren Drehungen der Kompressionsmaschine keine weitere Verringerung des Ammoniakvolumens. Nicht einmal sieben Atmosphären vermochten das Volumen weiter zu verkleinern; stattdessen brachten sie das Gas dazu, sich in eine Flüssigkeit zu verwandeln.

Mit der Verflüssigung von Ammoniak hatte van Marum gezeigt, dass Boyles Gesetz nicht unter allen Bedingungen gilt. Er zog den richtigen Schluss, dass «der gasförmige Zustand jeglicher Substanz aufhört zu existieren und diese in den flüssigen Zustand übergeht, wenn der Druck, der auf sie ausgeübt wird, hoch genug ist», aber er überprüfte die Richtigkeit seiner Schlussfolgerung nicht durch die Verflüssigung anderer Gase als Ammoniak. Er hätte das Experiment mit dem von ihm entdeckten Kohlenmonoxid wiederholen sollen oder mit Kohlendioxid; die Ergebnisse dieser Versuche hätten es ihm ermöglicht, das Boylesche Gesetz durch eine Formel zu ersetzen, die die Eigenschaften von Gasen bei niedrigen Temperaturen und hohen Drücken besser beschreibt.

Ähnliche Folgen für die Erforschung der Kälte hatte es, dass van Marum das flüssig gewordene Ammoniak nicht weiter untersuchte, obwohl dieses deutlich kälter war als das ursprüngliche Gas. Hätte er das getan, wäre ihm sicher bald aufgefallen, dass man die ausgeprägte Kälte leicht zur Herstellung von Eis und tiefen Temperaturen nutzen könnte. Später verbesserten mehrere französische Forscher van Marums Werk, indem sie Ammoniak mit weniger Druck und unter stärkerer Kühlung des Gases verflüssigten, aber auch sie testeten weder andere Gase noch erforschten sie die aus der Verflüssigung entstehende Kälte.

Der wichtigste Hemmschuh für diese Forschungsrichtung – der damit auch verhinderte, dass sich die Erkenntnisse in kommerziellen Anwendungen niederschlugen – war Lavoisiers Theorie über die Natur der Wärme. Seine «Wärmestoff»-Theorie lässt sich geradewegs von der Vorstellung der Kartesianer herleiten, Wärme seien ätherische, aalähnliche Partikel, über die sich bereits Robert Boyle echauffiert hatte. Hundert Jahre nach ihm war das Konzept so ausgeweitet worden, dass selbst sein Gasgesetz damit erklärbar sein sollte, zumal Newton in seinen *Principia* behauptet hatte, mit der Vorstellung einer solchen dehnbaren Substanz sei das möglich. 1787 beschrieb Lavoisier die dehnbare Substanz, die er als «Caloricum» bezeichnete, im Detail. Es sollte sich um einen feinen gewichtslosen und außerordentlich dehnbaren Stoff handeln, der sich zwischen den Gaspartikeln bewegt und diese mit Hilfe abstoßender Kräfte an ihrem Platz hält. Mit dem «Caloricum»-Konzept versuchte man unterschiedliche Vorgänge, wie das Verbrennen von Holz in einem Feuer, das Erhitzen von Wasser in einem Kessel, die Tätigkeit der Sonnenstrahlen und die bei chemischen Prozessen entstehende Wärme zu erklären. Weil die Theorie das Phänomen Wärme vollständig zu erfassen schien, betrachteten viele Wissenschaftler – allen voran die französischen – das Problem als gelöst. Man glaubte, alles über Hitze zu wissen, und sah keine Notwendigkeit für weitere Forschungen auf diesem Gebiet. Allerdings stießen Wissenschaftler, die die grundlegenden Kenntnisse über Wärme und Kälte erweitern wollten, in den nächsten fünfundsiebzig Jahren auf beträchtliche Schwierigkeiten – bis es gelang, die Wärmestofftheorie zu widerlegen und die Quelle und die Übertragung von Wärme anders zu erklären.

Zu den Ersten, die die Wärmestofftheorie direkt angriffen, zählte Benjamin Thompson, der Graf von Rumford. Während seiner Zeit als militärischer Berater in Bayern hatte von Rumford beobachtet, dass eine starke Hitzeentwicklung auftrat, wenn man ein gusseisernes Kanonenrohr mit einem Stahlbohrer aufbohrte. Seiner Meinung nach hatte das weniger mit Wärmestoff als vielmehr mit Reibung zu tun. Von Rumford brachte sogar einen Wasserkessel zum Kochen, den er während des Bohrvorgangs auf dem Kanonenrohr abgestellt hatte. Die Anhänger der Wärmestofftheorie wehrten seinen Angriff mit Argumenten ab, die schon sechzig Jahren früher gegen die Reibungsthese und für die Existenz einer gewichtslosen Substanz aus «Feuerteilchen» ins Feld geführt worden waren.

Rumford ließ sich dadurch nicht davon abhalten, in seinen Artikeln weiterhin in einfachen Worten, wenn auch etwas ungenau, zu erklären, wie er sich das Prinzip der Wärmeübertragung vorstellte. Etwa um das Jahr 1800 beflügelten seine Artikel die merkantile Phantasie eines Ingenieurs in Maryland, USA. Dieser Ingenieur hieß Thomas Moore und war außerdem Mitglied der *American Philosophical Society*. Thomas Moore erfand und baute etwas, das er als «Kühlschrank» bezeichnete, und brachte seine Butter darin zum Markt von Georgetown, der damals noch kleinen Hauptstadt von Washington, D.C. Der Prototyp des Kühlschrankes war zwar recht primitiv – eine Wanne aus Zedernholz, die zum Isolieren mit Kaninchenfell ausgelegt war, darin befand sich Eis, das einen in der Mitte stehenden luftdichten Blechkasten umgab –, aber er sorgte dafür, dass sich die Luft in dem Blechkasten nicht erwärmte und die Butter kühl blieb. Die Hausfrauen auf dem Markt waren gern bereit, mehr für Moores feste Butter zu bezahlen, und ließen die ungekühlten und zerlaufenen Produkte anderer Anbieter links liegen, obwohl sie billiger waren. Moore ließ sein Gerät patentieren und brachte 1803 eine Broschüre mit dem Titel *An Essay on the Most Eligible Construction of Ice-Houses; also a Description of the Newly Invented Machine Called the Refrigerator* («Über die geeignetste Bauweise für Eishäuser; dazu eine Beschreibung der kürzlich erfundenen Maschine mit Namen Kühlschrank») heraus. Sein Patent brachte ihm nichts ein, da jeder Schreiner in der Lage war, einen solchen Kühlschrank zu bauen, und so verdiente Moore nur wenig am Eishandel. Seine Broschüre jedoch erwies sich als einflussreich, sie regte unter anderem den Erfinder Oliver Evans aus Delaware und den Kaufmann Frederic Tudor aus Massachusetts zu Weiterentwicklungen an.

In den noch jungen Vereinigten Staaten von Amerika mussten wissenschaftliche Forschungen und technische Neuerungen unbedingt praktisch ausgerichtet sein, sonst interessierte sich niemand für sie. Oliver Evans hatte schon die Maschinen für Müllereibetriebe verbessert, Dampfmaschinen für Fabriken und Schwimmbagger gebaut, als er im Jahr 1805 die Arbeiten von Moore, Cullen und Nairne aufgriff und ein Kühlgerät entwarf, das mit Äther statt mit Schwefelsäure funktionierte. Darüber schrieb er ein kleines Buch, in dem er sich zuversichtlich zeigte, dass der Kühlschrank in den Vereinigten Staaten Fuß fassen würde. Doch Evans bemühte sich nie darum, dieses Gerät zu bauen, weil er glaubte, damit nicht reich werden zu können – ganz im Gegensatz zu seinen Dampfmaschinenbasteleien. Aber auch dieses Feld musste er schließlich einem anderen, finanziell besser gestellten Erfinder überlassen, obwohl Evans seinen Entwurf für ein Dampfschiff noch vor Robert Fulton präsentierte und seine Maschine effizienter arbeitete.[1]

---

[1] Evans regte noch zwei weitere Erfinder auf dem Gebiet der Kühlung an. Mit dem Engländer Richard Trevithick stand er in Briefkontakt; dieser schlug 1828 ein Kühlgerät vor, das sich an Evans' Entwurf anlehnte, aber auch dieser Apparat wurde nie gebaut. Mit Jacob Perkins, einem in London lebenden

Während Evans die Gelegenheit verpasste, auf dem Gebiet der Kühlung die Initiative zu übernehmen, nutzte Frederic Tudor die Gunst der Stunde. Die Geschichte des blühenden Handels mit Natureis in den Vereinigten Staaten ist geradezu klassisch und ihr Protagonist Tudor schon fast die Karikatur des Unternehmers, der sich gegen alle Widerstände durchsetzt. Frederics Vater war Oberst William Tudor, ein Rechtsanwalt, der für John Adams, dem zweiten Präsidenten der Vereinigten Staaten, als Sekretär gearbeitet hatte und während des Unabhängigkeitskrieges Chef der Militärjustiz gewesen war. Danach gehörte er zu den begüterten Stützen der Bostoner Gesellschaft. Die drei anderen Söhne des Oberst besuchten die Universität von Harvard, aber Frederic war der Auffassung, Harvard sei «ein Ort für Faulenzer, wie alle Universitäten». Deshalb verließ er die Bostoner Lateinschule mit dreizehn Jahren und begann eine Lehre im Büro einer Reederei. Mit siebzehn erfand er eine Hebepumpe, mit der man in den Frachtraum eingedrungenes Wasser aus dem Schiff entfernen konnte, und setzte einen Brief darüber an die *Royal Society* auf, den er allerdings nicht abschickte. Er war klein und schmächtig, aber trotz seiner geringen Schulbildung ein kluger Kopf.

Mit einundzwanzig begleitete Frederic einen seiner älteren Brüder auf einer Fahrt zu den Westindischen Inseln. Von dieser Reise kehrte er mit der Überzeugung zurück, dass sich in dieser Region Geld verdienen ließe. Er arbeitete noch zwei Jahre in der Reederei, handelte mit Piment, Muskat, Tee, Rotwein und anderen Gütern, dann war er bereit, sein eigenes kapitalistisches

Amerikaner, korrespondierte er ebenfalls. Perkins ließ sich 1834 ein Gerät patentieren, das dem von Evans ähnelte, und produzierte eine Zeit lang Eis auf einem auf der Themse liegenden Kahn. Es gelang ihm jedoch nicht, die Menschen für sein Produkt zu begeistern, und so scheiterte er kommerziell. Es sollte sich später herausstellen, dass er seiner Zeit schlicht dreißig Jahre voraus war.

Unternehmen zu wagen. Bei einem Familienpicknick im Sommer des Jahres 1805 schlug ihm ein anderer Bruder, William, mehr im Scherz vor, Frederic könne ja im Winter das Eis aus dem Teich des Familienanwesens bei Saugus einsammeln und es dann in die Karibik verkaufen.

Die Idee elektrisierte Frederic so sehr, dass er sich ein ledergebundenes Tagebuch kaufte und auf die erste Seite ein Motto schrieb, das zu seinem Glaubenssatz wurde: «Wer beim ersten Widerstand zurückweicht und keinen zweiten Versuch unternimmt, dem wird kein Erfolg beschieden und er wird es nie zu etwas bringen, weder im Krieg noch in der Liebe noch im Geschäft.» Eilig schickte er William und einen Cousin nach Martinique. Die beiden sprachen im Gegensatz zu ihm Französisch und sollten vor Frederics Ankunft bei der Oberschicht schon einmal die Werbetrommel rühren. Außerdem hatten sie den Auftrag, nach Moores Entwürfen ein Lagerhaus zu bauen, in dem man das Eis aufbewahren konnte. Doch als Frederic Tudor im März 1806 mit einer gemieteten Brigg und hundertdreißig Tonnen in Heu verpacktem Eis im Hafen von Saint-Pierre einlief, musste er feststellen, dass sich seine Vorhut auf die Leeward-Inseln abgesetzt hatte und weder für ihn noch für seine Fracht irgendetwas organisiert war. Während sein Vermögen in der Äquatorsonne dahinschmolz, versuchte Tudor zunächst, das Eis direkt vom Schiff herunter zu verkaufen, zusammen mit Handzetteln, die den Kunden erklärten, wie man es benutzte und aufbewahrte. Wie er seinem Schwager schrieb, war die Unwissenheit der Leute, was Eis anging, geradezu lächerlich: «Der eine trägt es in der prallen Mittagshitze durch die Straßen nach Hause, legt es im Freien auf einen Teller und beklagt sich, dass es schmilzt. Der andere legt es in eine mit Wasser gefüllte Wanne, der Dritte schließlich legt es in Salz!» Niemand auf der Insel hatte je Eiskrem gesehen oder gekostet, und viele konnten sich nicht einmal vorstellen, wie ein eisgekühltes Getränk schmeckt. Um den Verkauf anzukurbeln, musste Tudor Nachfrage schaffen. Dafür suchte er sich den Eigentümer des Restaurants «Tivoli-Garten» aus, und es gelang ihm, diesen dazu zu überreden, Eiskrem zu verkaufen, die Tudor selbst herstellte. Am ersten Abend machten sie über dreihundert Dollar Umsatz, das war eine beträchtliche Summe. Danach schrieb Tudor nach Hause, der Besitzer des «Tivoli-Gartens» sei am Ende «äußerst devot» gewesen. Nichtsdestoweniger war die Fahrt als solche eine Pleite, und er verlor fast die Hälfte seines eingesetzten Kapitals.

Als Tudor nach Boston zurückkehrte, hatte er bereits Ideen, wie sich die Lagerung des Eises auf den Schiffen und an Land verbessern ließe, und in der nächsten Saison verkaufte er eine Schiffsladung Eis mit gutem Profit in Havanna. «Jedes Mal wenn ich feststelle, dass mich die Menschenfreundlichkeit wieder übermannt hat», schrieb er einer jüngeren Schwester, «habe ich das Gefühl, ganz und gar lebensuntauglich zu sein. *Mein* Sohn soll einmal ein *Kämpfer* sein. Und ich werde mich daran freuen, dass er nicht zu gutmütig ist. Er soll die üblichen menschlichen Schwächen haben und so viel Kämpfernatur, wie der Himmel ihm zubilligen mag.» Man muss kein Hellseher sein, um zu erkennen, dass Tudor sich selbst beschrieb.

1807 verhängte Präsident Jefferson ein Handelsembargo gegen Frankreich und Großbritannien samt ihren Kolonien und unterband damit auch den Karibikhandel. Im selben Jahr erfuhr Frederic Tudor vom finanziellen Ruin seines Vaters. Zusammen mit anderen prominenten Mitbürgern hatte Oberst Tudor Geld in Grundstücksspekulationen im Süden Bostons gesteckt. Er verlor alles, was er besaß, und lebte danach von dem kleinen Gehalt, das er als Angestellter des obersten Gerichts von Massachusetts verdiente. Getreu dem biblischen Vers «Die Letzten werden die Ersten sein» und im Bewusstsein, dass dies seine Bestimmung sei, übernahm Frederic Tudor die schwere Aufgabe, das Vermögen seiner Familie wieder aufzubauen.

Er war ein strenger Mann, der es liebte, im blauen Gehrock

mit Messingknöpfen aufzutreten, und ein gewitzter Investor, aber er war auch ein guter Techniker, dem es gelang, den Verlust durch Schmelzwasser in seinem Lagerhaus von sechsundfünfzig Pfund Wasser pro Stunde auf achtzehn zu senken. Doch sein Talent kam nicht gegen das an, was er als «heimtückische Verkettung der Ereignisse» bezeichnete: Pechsträhnen, Partner, die ihn um seine Gewinne auf den Inseln betrogen, und eine Gefängnisstrafe, weil er seine Schulden nicht bezahlen konnte. Als der Britisch-Amerikanische Krieg (1812–1815) zu Ende war, hatte Tudor seinen persönlichen Tiefpunkt erreicht. Er schrieb in sein Tagebuch:

Solange ich konnte, habe ich das Motto «Erfolg ist eine Tugend» mannhaft hochgehalten. Ich zitiere es auch heute noch: aber mein Herz sagt mir, dass ich es nicht glaube. War ich nicht fleißig? Waren nicht die meisten meiner Berechnungen richtig? Widrige Umstände und meine Feinde tragen Schuld an meinem Kummer. Sie haben mich von meinem überschwänglichen Frohsinn kuriert. Sie haben mein Haupt ergrauen lassen, aber sie haben mich nicht in Verzweiflung gestürzt.

«Von Sheriffs bis an den Rand der Kaimauern verfolgt», wie er in seinem Tagebuch notierte, stach Tudor endlich zu einer erfolgreichen Reise in See. Auf den Tag genau zehn Jahre nach der Episode im «Tivoli-Garten» machte er seine ersten Geschäfte mit Kaffeehäusern auf Kuba und jubelte: «Trinkt, Spanier, und verschafft euch Kühlung, damit ich, der ich deswegen so sehr gelitten habe, nach Hause fahren und mich aufwärmen kann.»

In den nächsten zehn Jahren expandierte Tudors Unternehmen ständig weiter: nach Charleston, Savannah, New Orleans und auf weitere karibische Inseln. Er schuf Nachfrage, indem er das Eis im ersten Monat oder der ersten Saison kostenlos anbot. In dieser Zeit – und das zeigte sich immer wieder – fanden die

Menschen Geschmack an den «Köstlichkeiten aus dem Norden» wie etwa Eiskrem und eisgekühlten Getränken. Auf der Suche nach dem besten Verpackungsmaterial, mit dem sich die Eisblöcke während der Fahrt getrennt und trocken halten ließen, probierte er Heu, Reis, Stroh, Schnur und Baumwolle aus. Er stellte auch Experimente mit der Kühlung tropischer Früchte an und versuchte es mit verschiedenen Waren für den Rückweg nach Neuengland, aber der ganz große Erfolg blieb ihm versagt. Mehrfach musste er seine Brüder mit Kautionen vor dem Gefängnis bewahren, und 1822 erlitt er vermutlich einen Nervenzusammenbruch.

1823 erholte sich Tudor gerade in Maine, als sich auf der anderen Seite des Atlantiks einer jener Zufälle ereignete, die dem Fortschritt in der Geschichte der Naturwissenschaft so oft einen entscheidenden Schub versetzten. Dieser hier sollte enorme Auswirkungen auf die wissenschaftliche Erforschung der Kälte in den nächsten hundert Jahren haben, und er sollte auch zu kommerziell nutzbaren Kühltechniken führen, die das Ende für den Eishandel bedeuteten. Der junge Michael Faraday hatte sich in der Londoner *Royal Institution* vom chemischen Assistenten zum gestandenen Experimentator hochgearbeitet und führte auf Bitten seines Mentors Humphrey Davy Experimente durch, bei denen er Chlorhydrat unter Druck setzte. Mit diesem Versuch wollten sie die Eigenschaften von Chlor näher untersuchen, das erst kürzlich entdeckt worden war.

Davy führte die Experimente nicht selbst durch, unter anderem, weil sie gefährlich waren. 1823 ereigneten sich in Faradays Labor innerhalb eines Monats drei Explosionen: Die erste versengte ihm die Lider, bei der zweiten zog er sich Schnittwunden am Auge zu, und nach der dritten musste er sich Glassplitter aus dem Auge entfernen.

Am 6. März 1823 bekam Faraday Besuch von einem Dr. Paris, der ihm beim Experimentieren zusehen wollte. Der spätere Biograph von Humphrey Davy schalt den jungen Mann, weil ein Reagenzglas mit einer «öligen Substanz» verschmiert war. Faraday gab zu, dass das nach schlampiger Arbeit aussah, und wollte das Ende einer Pipette absägen, um den verunreinigten Teil zu beseitigen. Dabei muss es wohl einen Funken gegeben haben, der eine kleine Explosion verursachte. Als sich der Qualm verzogen hatte, war auch das Öl aus dem Reagenzglas verschwunden. Am nächsten Tag kam Faraday darauf, was da geschehen war, und er schrieb Paris eine kurze Mitteilung: «Sehr geehrter Herr, das Öl, das Sie gestern sahen, hat sich als flüssiges Chlor erwiesen.» Er notierte auch die Versuchsergebnisse und reklamierte die Entdeckung in einem wissenschaftlichen Artikel für sich. Das erboste Davy so sehr, dass er versuchte, die Aufnahme seines Schützlings in die *Royal Society* zu verhindern. Glücklicherweise wurde er von den anderen Mitgliedern überstimmt. Der Keil, der nun zwischen die beiden Männer getrieben war, ermöglichte Faraday ein eigenständigeres Arbeiten an der Verflüssigung von Gasen. Bald darauf begann er, mit Ammoniak zu experimentieren.

Ammoniak ist ein aus Stickstoff und Wasserstoff zusammengesetztes Gas mit den Eigenschaften eines Chamäleons: Es existiert einmal in gelöster Form als «Ammoniakwasser», doch wenn man die Flüssigkeit erhitzt, trennt es sich augenblicklich vom Wasser und wird als Gas frei. Setzt man das entstandene Gas unter Druck, entsteht wieder eine Flüssigkeit, aber eine andere als zuvor: ein verflüssigtes Gas. 1823 untersuchte Faraday alle diese Zustandsformen, und es gelang ihm, zu zeigen, dass verflüssigtes Ammoniak zur Kälteerzeugung genutzt werden kann.

Um das Warum und Weshalb zu verstehen, müssen wir in schriftlicher Form eines der Eisexperimente nachvollziehen, das in den ersten fünfundzwanzig Jahren des 19. Jahrhunderts viele Wissenschaftler in ganz Europa für sich und ihre Studenten durchführten. Es zeigte, wie Eis Dinge abkühlt – nicht, wie die meisten Menschen glaubten, allein durch Weiterleiten, also durch Übertragung der eigenen Kälte auf die benachbarten Materialien, sondern vor allem durch Schmelzen, indem Eis beim Schmelzen den Dingen in seiner Umgebung Wärme entzieht. Die Forscher mischten zuerst ein Pfund kochendes Wasser (mit einer Temperatur von 100 Grad Celsius) mit einem Pfund Wasser von 1 Grad Celsius. Sie erhielten zwei Pfund Wasser mit einer Temperatur von 50,5 Grad Celsius, ein Ergebnis, das rein mathematisch erwartet werden konnte. Doch dann mischten sie ein Pfund Wasser von 100 Grad Celsius mit einem Pfund Eis, das eine Temperatur von 0 Grad Celsius aufwies, und erhielten ein überraschend anderes Resultat: zwei Pfund Wasser mit einer Temperatur von 10,5 Grad Celsius. Die Umwandlung des festen Eises in flüssiges Wasser hatte also eine Wärmemenge «absorbiert», die ausgereicht hätte, um zwei Pfund Wasser um 40 Grad Celsius zu erwärmen. Faraday erkannte, dass sich etwas Ähnliches abspielte, wenn Ammoniak rasch vom gasförmigen in den flüssigen Zustand überging; auch hier wurde der Umgebung Wärme entzogen. Dadurch sank die Temperatur und deshalb entstand Kälte.

Faraday schrieb: «Es gibt genügend Anlass für die Annahme, dass diese Technik erfolgreich zum Haltbarmachen pflanzlicher oder tierischer Lebensmittel verwendet werden kann.» Aber er selbst unternahm nichts, um die kommerziellen Möglichkeiten der Kälteerzeugung auszuschöpfen, die sich aus den Wärme absorbierenden Eigenschaften von Ammoniak ergaben. Für diese Zurückhaltung findet sich in seinen Labor- und Tagebüchern keine Begründung, aber er war alles andere als profitorientiert: Faraday gehörte einer christlichen Sekte an, die bewusst auf die weltlichen Dinge verzichtete, um die Werke Gottes besser preisen zu können. In der ersten Phase der industriellen Revolution lehnte Faraday mehrere Angebote von Unternehmern ab, die ihn als bezahlten Berater für ihre Arbeiten auf anderen Gebieten engagieren wollten. Mit Sicherheit hatte er niemals die Absicht, aus der Kälteerzeugung ein Geschäft zu machen oder sein Verfahren an jemanden zu verkaufen.

1823, zur gleichen Zeit wie Faraday, arbeitete in Paris ein anderer Experimentator, wenn auch etwas mehr im Verborgenen. Charles Cagniard de la Tour, ein Absolvent der *École Polytechnique*, versuchte das Gegenteil von Faraday: Er wollte eine Flüssigkeit in ein Gas verwandeln. Unter Anwendung von Hitze und Druck gelang es ihm, reinen Alkohol an einen Punkt zu bringen, wo dieser vollständig als Gas vorlag. Bis 1832 hatte Cagniard de la Tour bereits hinreichend auf diesem Gebiet gearbeitet, um zu dem wichtigen Schluss zu gelangen, dass jede Flüssigkeit eine «kritische Temperatur» besitzt, oberhalb deren sie in den gasförmigen Zustand übergehen muss. Demzufolge musste natürlich auch das Umgekehrte gelten: Es gibt eine Temperatur, unterhalb deren sich ein Gas in eine Flüssigkeit verwandelt.

Der Chemiker Charles Saint-Ange Thilorier führte die Arbeiten von Cagniard de la Tour weiter. Im Laboratorium der Pariser Pharmazieschule gelang Thilorier, was andere vor ihm vergebens versucht hatten: Er komprimierte gasförmiges Kohlendioxid, bis es sich in festen Kohlensäureschnee verwandelte; dieser erhielt später den Namen «Trockeneis». Der Erfolg war allerdings teuer erkauft: Bei einem der Experimente verlor Thiloriers Assistent durch eine Explosion beide Beine. Trockeneis sollte später einmal zum Hauptbestandteil von Kühlsystemen werden. Doch obwohl Thilorier an einer Pharmazieschule arbeitete, dachte er ebenso wenig an eine kommerzielle Nutzung wie Faraday. Seine Leistung bestand darin, Trockeneis mit einer Mischung aus Schnee und Äther zu verrühren und auf diese Weise die niedrigste bis dahin bekannte Temperatur zu erreichen: minus hundertzehn Grad Celsius!

Mit einem einzigen technologischen Schritt war man bei einem sehr viel weiter draußen gelegenen Posten im Land der Kälte angelangt. Minus 110 Grad Celsius lag ungefähr genauso weit vom Gefrierpunkt von Wasser entfernt wie der Siedepunkt mit 100 Grad Celsius. Noch nie hatte jemand den Beweis erbracht, dass es eine so tiefe Temperatur tatsächlich gibt, auch wenn sich aus Amontons Berechnungen schließen ließ, dass sie möglich sein müsste. Und nun existierte sie an einem einzigen Ort auf dieser Welt – nämlich in dem Pariser Laboratorium –, und kein Mensch interessierte sich dafür. Thiloriers Werk erregte wenig Aufmerksamkeit unter seinen Wissenschaftlerkollegen. Ähnlich erging es dem Theoretiker Sadi Carnot, der zur selben Zeit in Paris arbeitete und dessen Erkenntnisse für die Geschichte der Kälte mindestens genauso wichtig waren. Darüber mehr im nächsten Kapitel.

Zurück in den Nordosten der Vereinigten Staaten. Mitte der zwanziger Jahre des 19. Jahrhunderts erholte sich Frederic Tudor von seinem Zusammenbruch und nahm zwei wichtige Veränderungen in seinem Leben vor. Zum einen heiratete er, und zum anderen tat er im geschäftlichen Bereich einen Glücksgriff, als er den jungen Nathaniel Jarvis Wyeth einstellte. Die beiden Männer verband die tiefe Abneigung gegen höhere Schulen und die Vorliebe für intellektuelle Gesellschaft – Herausgeber und Verleger. Wyeth war kein Theoretiker und auch kein wissenschaftlicher Experimentator, ja nicht einmal ein Instrumentenbauer, dessen Tun auf wissenschaftlichen Erkenntnissen beruhte. Er war ein Tüftler und Bastler, wie er im Buche steht, aber das Eisserntegerät, das er 1825 baute, revolutionierte die Industrie. Das mit Sägezähnen bewehrte Schneidgerät wurde von einem Pferd gezogen, und die damit gesetzten Schnitte waren so tief und so glatt, dass man das Eis leicht in Blöcke brechen und zum nächsten Eishaus den Fluss hinuntertreiben lassen konnte. Der Eisschneider drückte die Kosten für die Eisernte von dreißig Cent pro Tonne auf zehn Cent – auch weil die entstehenden Blöcke so regelmäßig waren. Die Schiffer transportierten sie viel lieber als die alten unregelmäßig geformten Klötze oder Splitter, die sich manchmal in gefährlicher Weise in den Laderäumen bewegten. Tudor hatte Wyeth zuerst nur als Eislieferanten unter Vertrag, als er jedoch seine Talente erkannte, stellte er ihn direkt ein. Schon bald darauf vertraute Tudor seinem Eishausjournal an, dass er bei einem seiner Besuche an der Eissammelstelle mit Freude gesehen hätte, wie sein neuer Angestellter «gedankenverloren vor sich hin grübelnd allein durch die Wälder am Fresh Pond streifte. Offensichtlich war er damit beschäftigt, seine verschiedenen Ideen weiterzuspinnen und sich zu überlegen, wie er sie in effektive Verbesserungen an seinen verschiedenen Eismaschinen umsetzen kann.»

Wyeth bemühte sich auch, die bestmögliche Isoliermethode für die Eisblöcke zu finden – und verfiel auf ein allgegenwärtiges Material, dessen Eignung für diesen Zweck bisher allen entgangen war: Sägemehl aus den Sägemühlen, die es in Neuengland zu Aberhunderten gab. Mit dieser Neuerung und einer Reihe weiterer technischer Verbesserungen – einem Endlosband, um die Eisblöcke aus dem Flussbett zu heben, einem Schneckenbohrer, um Eisflächen aufzubohren und Wasser von der Oberfläche abzuleiten, neuen Zangen und anderen Werkzeugen – verhalf Wyeth dem Tudor'schen Unternehmen zu einem gewaltigen Sprung nach vorn. In den frühen dreißiger Jahren des 19. Jahrhunderts besaß Frederic Tudor beinahe das Monopol für den Eishandel in den Vereinigten Staaten.

Tudor verdoppelte Wyeths Gehalt auf zwölfhundert Dollar pro Jahr, aber sonst tat er nichts für den Jüngeren, nicht einmal als das Geschäft so expandierte, dass man anfing, Tudor den «Eiskönig» zu nennen. Wyeth wollte aussteigen und sich selbständig machen, doch ihm fehlte das Startkapital für ein eigenes Eishandelsunternehmen. Die zwei Männer einigten sich, dass Wyeth einmalig zweitausendfünfhundert Dollar erhalten sollte. Dafür gab er Tudor das Patent für den Eisernteprozess. Dann machte sich Wyeth auf nach Oregon. Dort wollte er Pelze und Lachs in Kommission nehmen und später im Osten verkaufen. Die Reise endete enttäuschend, aber das Unterfangen war so kühn und er hatte es in seinen Tagebüchern so plastisch festgehalten, dass Washington Irving am Ende ein Buch daraus machte: *The Adventure of Captain Bonneville* («Die Abenteuer von Kapitän Bonneville»). Tudor stellte fest, dass ihm das Patent ohne den Erfinder wenig nutzte, denn Konkurrenten übernahmen Wyeths Methoden, ohne dafür an Tudor zu zahlen. Und ohne den findigen Stellvertreter war Tudor nicht in der Lage, seine Konkurrenten davon abzuhalten, vom Süden her in seinen Markt einzudringen. Auf die Spitze trieb er seine Verluste schließlich mit einem schlecht durchdachten Ausflug in den Kaffeehandel, der ihn mehr als hundertfünfzigtausend Dollar kostete.

Nach diesem neuerlichen Bankrott entging Tudor dem Gefängnis nur, weil er versprach, sein Geschäft weiterzuführen und seine Schulden Cent für Cent – zuzüglich Zinsen – zurückzuzahlen. Wyeth kam aus Oregon zurück und begann wieder für Tudor zu schuften. Aber dann gerieten sich die beiden wegen der Rechte in die Haare, die mit dem Patent verkauft worden waren. Die Sache endete vor Gericht, und sie gingen als Rivalen auseinander. Wyeth half, eine Eisenbahnlinie von den Eisseen in den Bostoner Hafen zu chartern, und er führte Dampfmaschinen zum Ernten, für die Lagerhäuser und den Eistransport ein. Von den Früchten seiner Mühen konnte er gut leben, wenn er auch nicht reich wurde. Gleichzeitig schwärmten Tudors Emissäre erfolgreich nach Indien, Südostasien, Australien und Südamerika aus. Der amerikanische Schriftsteller und Philosoph Henry Thoreau beobachtete Tudors Eisschneider am Walden Pond und staunte darüber, dass das Wasser seines Badesees um den halben Globus transportiert wurde, um indischen Philosophen als Getränk zu dienen. Eine schottische Zeitschrift berichtete 1849 von der glücklich erfolgten Eislieferung an Kalkutta und machte einen Vorschlag: «Wenn es Mittel und Wege gäbe, frisches Fleisch zu geringem Preis in Eis zu packen und zu transportieren, könnte Europa zum ständigen

Abnehmer für den amerikanischen Überschuss an Rind- und Schaffleisch werden.» Als der amerikanische Bürgerkrieg ausbrach, transportierten Tudor, Wyeth und ihre Mitbewerber im Durchschnitt an jedem Tag des Jahres eine Schiffsladung Eis in über fünfzig Häfen. Tudor zahlte alle seine Schulden zurück und wurde Multimillionär. Er fuhr seine Eisernte – in der Größenordnung von mehreren hunderttausend Tonnen pro Jahr – vor allem im Nordosten der Vereinigten Staaten ein.

In seiner umfassenden Darstellung des amerikanischen Eishandels weist Richard O. Cummings darauf hin, dass Frederic Tudor im letzten Abschnitt seiner Karriere, unter Wettbewerbsbedingungen, mehr Geld verdiente als zu der Zeit, in der er praktisch das Monopol auf Eis hatte. Grund für Tudors wachsenden Reichtum war die insgesamt enorm erhöhte Geldmenge, die im Eishandel steckte.

Die USA verbrauchten weltweit das meiste Eis. Seit den zwanziger Jahren des 19. Jahrhunderts hatte sich der Eiskonsum in jedem Jahr mehr als verdoppelt; die Amerikaner gewöhnten sich rasch daran, ihre Getränke mit Eis zu kühlen und Lebensmittel damit in der Speisekammer frisch zu halten. Als Tudor, Wyeth und ihre Konkurrenten aufgrund verschiedener technischer Verbesserungen den Verkaufspreis von Eis auf zwölfeinhalb Cent pro Zentner senken konnten – ein himmelweiter Unterschied zu den sechs Dollar pro Zentner, die einmal zu zahlen waren –, fanden sich schon bald immer neue Verwendungsmöglichkeiten für Eis, was die Nachfrage noch weiter steigerte. Eine der neuen Zubereitungen sollte schon bald zu einem Symbol des Südens werden, der «Mint Julep»[2], und höchstwahrscheinlich wurde das erste dieser alkoholhaltigen Getränke mit Eis aus einem symbolträchtigen Ort des

---

[2] Der «Mint Julep» besteht aus Alkohol, meist Whiskey, und Zucker auf zerstoßenem Eis und wird mit Minzblättern serviert.

Nordens, dem Walden Pond, gemixt. Binnen kurzer Zeit waren viele Südstaatler auf der Suche nach Eis für die Juleps. Aber auch die Abstinenzlerorganisationen schätzten und priesen das Eis, denn sie glaubten, das sei gute Werbung für ein wesentlich gesünderes Getränk: kaltes Wasser. In New Orleans wuchs der Eiskonsum von 375 Tonnen im Jahr 1827 auf 24 000 Tonnen im Jahr 1860 an; im gleichen Zeitraum schnellte der jährliche Verbrauch in New York City auf hunderttausend Tonnen hoch.

In den dreißiger Jahren des 19. Jahrhunderts vollzog sich in den amerikanischen Städten ein bemerkenswerter Wandel in den Ernährungsgewohnheiten; dieser Wandel stand in engem Zusammenhang mit der gestiegenen Verwendung von Eis. Frische Milch und frisches Obst, frisches Fleisch und unverarbeitetes Gemüse erfreuten sich zunehmender Beliebtheit. Bauern aus dem New Yorker Hinterland begannen Eis zum Kühlen ihrer Milch zu verwenden, damit sie sie mit dem Zug nach New York bringen konnten; diese Fahrt dauerte viereinhalb Stunden. Frische Fische und Meeresfrüchte wurde in Eis gepackt und von den Hafenstädten zu zweihundert oder dreihundert Kilometer entfernten Städten im Binnenland transportiert. Mit Eis ließ sich auch die Zeitspanne verlängern, in der Fleisch haltbar gemacht wurde, denn die konstant niedrigen Temperaturen verhinderten den Verderb, bis der Räucher- oder Pökelprozess abgeschlossen war.

Die schnell wachsenden amerikanischen Städte trugen noch in weiterer Hinsicht zur Verbreitung der Kältenutzung bei: Die Städter, die ihre Lebensmittel nicht selbst erzeugen konnten, brauchten Kühlung, damit ihre Vorräte nicht verdarben. Und die Landbevölkerung, die mit weniger Menschen mehr Nahrung produzieren musste, brauchte Kühlung, um die Erzeugnisse zu lagern und über weitere Strecken sicher bis zum Verbraucher zu transportieren.

Am verbreitetsten war die Kältenutzung in den Staaten des

Nordens und des Mittelwestens, im Süden war sie selten, weil es dort kein Natureis gab und der Import teuer war. Das hatte auch Einfluss auf die Landwirtschaft in den verschiedenen Regionen. Während im Norden Farmen mit Milch-, Fleisch- und Gemüseproduktion entstanden, hielt man im Süden – weil es an Kühlmöglichkeiten fehlte – an Baumwolle und Tabak fest; beides Feldfrüchte, die man anbauen, ernten, lagern und zum Markt bringen kann, ohne dass die Temperatur eine Rolle spielt.

In die ersten Kühlschränke legte man das Eis hinein. Diese Geräte waren nur wenig effektiv, da ihre Konstrukteure noch nicht wussten, auf welche Weise Eis kühlt. Ihnen war nicht klar, dass die Kühlung nicht durch das Weiterleiten von Kälte entsteht, sondern dadurch, dass der Umgebung Wärme entzogen wird. Aus diesem Grund konstruierten die ersten Kühlschrankbauer ihre Geräte so, dass das Eis darin möglichst lange hielt: Sie verhinderten das Schmelzen, indem sie die Luftzufuhr abschnitten, doch dadurch verhinderten sie auch die Kühlung durch Wärmeentzug. Erst nach 1845 setzten sich Kühlschränke durch, in denen die Luft zirkulierte und die deshalb besser funktionierten als die älteren Modelle.

Ein weiterer Grund für die Steigerung der Nachfrage nach Kühlmöglichkeiten war die Einführung des Lagerbiers in Amerika. Bevor diese Brautechnik aus Deutschland importiert wurde, stellte man in den Vereinigten Staaten nur «obergärige» Biere her. Bei diesem Verfahren schwimmt die Bierhefe an der Oberfläche der flüssigen «Würze», die Temperatur spielt kaum eine Rolle und der Gärprozess ist in wenigen Tagen abgeschlossen. Lager dagegen ist ein «untergäriges» Bier, bei dem die Hefe am Boden des Gärbottichs «arbeitet». Die Fermentation dauert länger und läuft am besten bei Temperaturen zwischen fünf und neun Grad Celsius ab. Zum Reifen musste das «Jungbier» danach noch mehrere Wochen bei null bis plus zwei Grad Celsius gelagert werden – daher der Name –, in dieser Zeit findet die Nachgärung statt. Mit Eis konnte man die gewünschte Temperatur einhalten und außerdem ganzjährig Bier herstellen, nicht nur im Winter. Als etwa Mitte des 19. Jahrhunderts die Zahl deutscher Einwanderer in die Vereinigten Staaten zunahm, wuchs auch die Nachfrage nach Lagerbier und nach dem zu seiner Herstellung benötigten Eis. In den sechziger Jahren des 19. Jahrhunderts kauften die amerikanischen Brauereien jedes Jahr Eis im Wert von einer Million Dollar.

«Eis ist der Inbegriff von Amerika – sein Gebrauch amerikanischer Überfluss – sein Missbrauch amerikanische Schwäche», kommentierte die Zeitschrift *De Bow's Review* 1855 und stellte dem in Amerika üblichen Gebrauch von Eis für die Kühlung in privaten Haushalten die Verwendung in Europa gegenüber, wo es «auf die Weinkeller der Reichen und die gekühlten Vorratskammern der vornehmsten Konditoreien beschränkt war». Eis trug seinen Teil dazu bei, den «amerikanischen Traum» auf den materiellen Wohlstand der breiten Massen auszurichten. Ja, Eis wurde sogar zum Symbol für Amerika: Als ein Mitbewerber von Tudor in den Londoner Markt einbrach, stellte er in einem Schaufenster seines Ladengeschäfts einen Eisblock aus dem Lake Wenham in Massachusetts aus. Diesen Eisblock ersetzte er jeden Tag durch einen frischen, sodass er für die Passanten immer wie ein vollkommener Kristall aussah, der niemals schmolz. Binnen kurzem wurde «Wenham-Eis» zum Synonym für Reinheit und etwas höchst Begehrenswertes.

Nach unserer Kenntnis hat die Menschheit keinen dringlicheren Wunsch, als auf billigem Wege künstliche Kälte im Überfluss zu schaffen. Die Vorteile für warme Landstriche wären ebenso zahllos wie die, die sich für kalte Klimate aus dem Auffinden unerschöpflicher Brennstoffquellen ergeben. Die Entdeckung und Erfindung, die unser Korrespondent zu diesem Zwecke anzuwenden vorschlägt, ist geeignet, so sie sich denn als zutreffend erweist, das Gesicht unserer heutigen Zivilisation zu verändern. Wir sind der festen Überzeugung, dass ein Gegenstand, von dem solche Ergebnisse erwartet werden dürfen, nicht befürchten muss, unbeachtet zu bleiben oder gar der Vergessenheit anheim zu fallen.

Dies schrieb der Herausgeber des *Commercial Advertiser* («Handelsblatt») 1844 im Vorwort des Herausgebers, mit dem er eine Serie von elf Artikeln eines Autors namens Jenner kommentierte. Bis dahin hätte niemand eine solche Ansicht zu äußern gewagt; das war erst möglich, nachdem sich die Verwendung von Eis bis in die Mittelklasse ausgebreitet hatte. Der wachsende Eiskonsum steigerte sich bis zu dem Wunsch, Eis herstellen zu können, wann und wo immer echter oder vorgeblicher Bedarf gesehen wurde. Man könnte sagen, der Erfindungsreichtum verstärkte den Druck auf die Eisproduktion und förderte die Eisindustrie, denn der erhöhte «dringende» Bedarf musste natürlich gedeckt werden.

Der Name «Jenner» war ein Pseudonym. Hinter dem Artikel im *Commercial Advertiser* und hinter der Eismaschine der Zukunft verbarg sich Dr. John Gorrie, der angesehenste Arzt von Apalachicola in Florida. Er wurde 1803 – mit spanischem oder schottisch-irischem Blut in den Adern – in Charleston geboren, studierte an einer medizinischen Hochschule in New York und ließ sich, nachdem er andernorts als Assistenzarzt gearbeitet hatte, schließlich 1833 in Apalachicola nieder. Schon bald war er der angesehenste Arzt der Hafenstadt, der Posthalter, Mitglied des Gemeinderats und ab 1837 Gemeindevorsteher. Nach zwei Jahren als Bürgermeister zog er sich aus allen öffentlichen Ämtern zurück, um sich ganz der Medizin und den Naturwissenschaften zu widmen. Senator John C. Calhoun war in Sorge wegen eines Marinekrankenhauses in Apalachicola, in dem

Seeleute mit Malaria und Gelbfieber gepflegt wurden, und drängte Gorrie offensichtlich erfolgreich dazu, die Aufsicht über das Krankenhaus zu übernehmen.[3] In den frühen vierziger Jahren des 19. Jahrhunderts entwickelte dieser ein Konzept für die Kühlung der Luft im Krankenhaus. Er glaubte, damit seinen Fieberpatienten helfen zu können und vielleicht sogar die Ausbreitung der Malaria zu unterbinden. Gorrie wollte in dem Krankenhaus künstlich Eis herstellen, und zwar mit einem Verfahren, das – wie er später in seiner Patentanmeldung schrieb –»auf den bekannten Naturgesetzen beruht», dass beim Komprimieren von Luft Wärme und beim Ausdehnen Kälte entsteht, wobei der letztgenannte Effekt «besonders deutlich wird, wenn man komprimierter Luft erlaubt, sich wieder auszudehnen».

Was Gorrie als «bekanntes Naturgesetz» bezeichnete, verstand damals kaum eine Hand voll Wissenschaftler, und noch nie hatte jemand den möglichen kommerziellen Nutzen darin bemerkt oder versucht, in solchen Mengen Eis herzustellen, dass man damit große Räume kühlen konnte. Der Gedanke fesselte Gorrie so sehr, dass er seine medizinische Praxis 1844 ganz aufgab, um ihm nachzugehen. Doch seine Vorstellungen erschienen den Menschen so fremdartig und gotteslästerlich (in dem Sinne, dass sie in die göttliche Vorsehung eingriffen, welche Weltregionen warm und welche kalt sein sollten), dass Gorrie seine elf Artikel lieber pseudonym abfasste.

Der Herausgeber des *Commercial Advertiser* lobte den unbekannten Verfasser in seinem Vorwort, aber gleichzeitig bemerkte er mit tadelndem Unterton, dieser habe die «moralische Verpflichtung» nicht erfüllt, über die Theorie hinauszuge-

[3] Gorrie empfahl zudem, die Sümpfe trockenzulegen, um die Malariaquelle vor Ort abzustellen. Das war, bevor man die in den Sümpfen lebenden Stechmücken als Überträger der Krankheit erkannt hatte.

hen und ein funktionsfähiges Gerät zu bauen. Der Herausgeber wusste anscheinend nicht, dass Gorrie bereits einen Apparat in Betrieb hatte, mit dem er seine Wohnung und zwei spezielle Räume im Krankenhaus kühlte. Das erste Gerät war eine mit Eis gefüllte Wanne, die von der Decke herabhing; darüber wurde Frischluft geblasen, die Gorrie mit einem Rohr aus dem Schornstein abzog. Der Arzt arbeitete noch fünf weitere Jahre an einem Modell für seine Eismaschine, bis er sie 1849 für das amerikanische und das britische Patent anmeldete.

1850 kam der Sommer früh nach Neuengland und schmolz das Eis auf Flüssen und Seen vor der Zeit. Deshalb gab es weniger Eis für den Transport nach Süden. Apalachicola war ohne Eis, wahrhaft eine Zumutung für die Gäste von *Mansion House*, dem damals größten Hotel von Florida. Als einer der Baumwollaufkäufer beim Abendessen Eis für seinen Wein wünschte, wettete ein anderer Händler, ein Monsieur Rosan aus Paris, mit ihm um einen Kübel Sekt, dass er nicht nur in der Lage wäre, ihm das Eis zu beschaffen, sondern dass er es hier im Speisesaal herstellen würde. Rosan arbeitete mit Gorrie zusammen, der diese Wette zum Anlass nahm, seine Maschine erstmals der Öffentlichkeit zu präsentieren. Die Nachricht von Gorries Taten erreichte New York und wurde vom *Globe* mit folgenden Worten kommentiert: «Da gibt es einen Dr. Gorrie, einen verrückten Spinner aus Apalachicola, Florida, der glaubt, er könne mit einer Maschine Eis machen, grad so wie der liebe Gott.»

In Großbritannien erhielt Gorrie sein Patent noch 1850, darüber und über sein Verfahren berichtete ein lobender Artikel in einer britischen Zeitschrift. Das animierte William Siemens, einen deutschen Techniker, eines der Geräte zu bestellen und ein ähnliches, leicht verbessertes zu bauen. 1851 bekam Gorrie sein Patent auch in den Vereinigten Staaten, doch es fanden sich keine Geldgeber für eine große Maschine, mit der man in kommerziellen Maßstab hätte Eis produzieren können. Er ging nach New Orleans, um Investoren aufzutreiben. Bankiers lehnten sein Projekt mit dem Hinweis ab, es sei jederzeit möglich, Natureis mit Schiffen aus dem Norden heranzuschaffen. Dann verkaufte er fünfzig Prozent seiner Erfindung an einen Bostoner Investor, der im Gegenzug am erwarteten Gewinn beteiligt werden sollte, doch der Mann starb kurz nach der Vertragsunterzeichnung, und Gorrie musste ohne das Geld nach Hause fahren. Kurz nach der Veröffentlichung seines Artikels *Dr. John Gorrie's Apparatus for the Artificial Production of Ice in Tropical Climates* («Dr. John Gorries Apparat zur künstlichen Herstellung von Eis in tropischen Klimaten») im Jahr 1854 zog sich Gorrie eine Krankheit zu und starb im darauf folgenden Jahr, ohne dass seine Maschine in Produktion gegangen wäre.

Neben Gorrie gab es im Rennen um das erste künstlich hergestellte Eis noch einen weiteren Amerikaner, Alexander Catlin Twining, den Sohn eines Verwaltungsbeamten in Yale. Er hatte zunächst den geistlichen Weg eingeschlagen, bevor er die Liebe zur Mathematik entdeckte und nach West Point umschwenkte, wo er Bauingenieurwesen und Astronomie studierte. 1833 beobachtete er einen spektakulären Meteoritenschauer und formulierte anschließend eine Theorie des kosmischen Ursprungs von Meteoriten, die den damals gängigen Theorien vom Leben und Sterben der Meteoriten in der Erdatmosphäre völlig zuwiderlief. Nach einem kurzen Abstecher in den Eisenbahnbau nahm Twining den Ruf auf den Lehrstuhl für Mathematik und Naturphilosophie am Middlebury College in Vermont an. Er begann sich für die Eisherstellung zu interessieren, nachdem er in den vierziger Jahren des 19. Jahrhunderts einige Experimente zur Kondensation von Ätherdampf durchgeführt hatte. 1849 verzichtete er auf sein Amt, um eine kommerziell nutzbare Eismaschine zu entwickeln, 1853 baute er mit Hilfe von Investoren in Cleveland, Ohio, eine Fabrik, und 1857 beschrieb er die Einzelheiten seines Verfahrens in einem Büchlein mit dem Titel *The Manufacture of Ice on a Commercial Scale* («Die Herstellung von Eis im kommerziellen Maßstab»). Hätte Twining seine

Fabrik beispielsweise in Atlanta gebaut, wäre ihm vermutlich Erfolg beschieden gewesen, aber in einer Stadt im Norden, die das Eis aus den Großen Seen bezog, erreichte er nur, dass die Vermarkter von Natureis ihre Preise senkten und so verhinderten, dass er dieses durch seine Produkte ersetzte. Wie Gorrie starb auch Twining verbittert und ohne seinen Traum von der künstlichen Eisherstellung ganz verwirklicht zu haben.

Gorrie und Twining wurden bald darauf von einem französischen Unternehmer namens Ferdinand Carré eingeholt. Zwanzig Jahre nach Faradays Ammoniakexperimenten konstruierte Carré – aufbauend auf dessen Erkenntnissen – eine Eismaschine, die auf dem Prinzip des Wärmeentzugs beruhte. Im ersten Schritt des Prozesses wurde Ammoniakwasser Druck und Hitze ausgesetzt, wodurch sich das gasförmige Ammoniak vom Wasser trennte. Danach gelangte das Gas in einen Kondensator, in dem sich mit kaltem Wasser gefüllte Röhren befanden. In dieser kühleren Umgebung wurde der Druck erhöht, bis sich das Ammoniakgas verflüssigte. Die Flüssigkeit floss nun in den so genannten Kühlkessel oder auch Verdampfer, wo das flüssige Ammoniak wieder verdampfte, das heißt in die Gasform zurückverwandelt wurde. Dabei dehnte es sich aus und entzog der Umgebung Wärme. Die entstandene Kälte verwandelte das Wasser, das sich in einem benachbarten Abteil befand, in Eis. Und das Gas, das all das bewerkstelligt hatte, wurde wieder dem ersten mit Wasser gefüllten Gefäß zugeleitet und bildete erneut Ammoniakwasser.

Eine Brauerei in Marseille nahm 1859 den Prototyp von Carrés Maschine in Betrieb, 1860 erhielt er das französische und das amerikanische Patent. Doch seine große Stunde kam, als der Bürgerkrieg ausbrach: Gorries Verfahren geriet nach dem Tod seines Erfinders in Vergessenheit, Twining war ein Nordstaatler, dessen Maschine man im Süden nicht haben wollte, und insofern bot der Bürgerkrieg Carré eine einmalige Chance.

Mehrere seiner Geräte wurden unter Umgehung der Unionsblockade in Häfen der Südstaaten gebracht, wohin die Eishändler aus dem Norden nicht mehr lieferten. Die Südstaatler setzten Carrés Verfahren vor allem in Krankenhäusern ein, doch gelegentlich wurden damit auch jene eisgekühlten Köstlichkeiten produziert, die zumindest einigen Haushalten die Illusion vermittelten, dass der Krieg ihren gewohnten Lebensstil nicht beeinträchtigte.

Carrés Geräte hatten sich in der Zeit des Krieges bewährt und bewiesen, dass die Kunsteisherstellung rentabel ist. Damit war der Weg frei für die weltweite Verbreitung von Kühlverfahren auf Eisbasis. Doch um die Kälte noch besser zu beherrschen, bedurfte es eines tieferen Verständnisses einiger grundlegender Vorgänge. Die Forschung daran war bereits im Gang, und einige ganz unglaubliche Wissenschaftler wirkten daran mit.

[5] Die Bruderschaft der Übersehenen

Das beginnende 19. Jahrhundert war eine unruhige Zeit für die Wissenschaft. Die Erforschung der Kälte und ihrer Anwendungen krankte an ihren Unzulänglichkeiten. So manche Wirren gingen von den Gesellschaften aus, die in jener Zeit große Umbrüche zu bewältigen hatten, etwa die Französische Revolution oder den amerikanischen Bürgerkrieg. Aber den Wissenschaftlern machte auch das tief verwurzelte mechanistische Weltbild zu schaffen, das sich, formuliert von Robert Boyle und seiner Generation, 150 Jahre zuvor gefestigt hatte. Beispielsweise charakterisierte Boyle das Universum als «nichts anderes als eine Maschine, deren Funktionsweise im Prinzip vom menschlichen Verstand erfasst werden kann ... vergleichbar einer kostbaren Uhr ... bei der alle Teile so klug ersonnen sind, dass das gesamte Räderwerk dem Wunsch des Schöpfers gemäß weiterläuft, wenn es einmal in Gang gesetzt ist». In diesem Uhrwerk-Universum bestand das Licht aus kleinsten Teilchen, so genannten Korpuskeln, chemische Stoffe zogen einander an oder stießen einander aufgrund von natürlichen «Affinitäten» und molekularen Kräften ab. Eine dieser Kräfte war die «feinstoffliche Substanz» mit Namen Caloricum, von der man glaubte, sie sei für Hitze und Kälte verantwortlich, indem sie sich auf unergründliche Weise mit den Stoffen verbinde. Diese falschen Vorstellungen mussten überwunden werden, bevor es einen wissenschaftlichen Fortschritt im Verständnis der grundlegenden Naturphänomene geben konnte.

Doch selbst um 1800 hatte sich die Wissenschaft noch nicht gänzlich von der Magie und der Philosophie gelöst. Die Menschen strömten in hellen Scharen zu chemischen Experimentalvorlesungen, teils weil man dort spektakuläre Vorführungen und Explosionen erleben konnte, teils weil sie hofften, die Chemie würde die materialistische Philosophie bestätigen oder widerlegen, nach der der Mensch keine unsterbliche Seele besaß und Materie nichts weiter als Materie war. Der englische Dichter Coleridge besuchte solche Vorlesungen, und Goethe schrieb sogar einen Roman, der sich einer chemischen Symbolik bedient, die *Wahlverwandtschaften.*

Physiker, für die Chemiker nichts anderes als Pulver mischende Apothekerlein waren, fanden es unter ihrer Würde, sich mit dem Studium von Wärme und Kälte abzugeben, denn diese ordneten sie der Chemie zu, weil man annahm, Wärme sei das Ergebnis chemischer Reaktionen wie dem Verbrennen von Sauerstoff. Chemiker glaubten, mit dem Verbrennen von Sauerstoff und der Caloricum-Theorie alles erklären zu können, was man über Wärme wissen musste. Physiker und Chemiker hatten also nicht das geringste Interesse, die Phänomene Wärme und Kälte weiter wissenschaftlich zu untersuchen, und das just in dem Moment, als die Wärme in Form der Dampfmaschinen begann, den Menschen das Leben in ungeahntem Maß zu erleichtern.

Ein genialer Ingenieur, Nicolas Léonard Sadi Carnot, brachte das Studium der Dampfmaschinen mit dem Studium der Physik von Wärme und Kälte zusammen, und er eröffnete im Weiteren einen Weg zum Verständnis des Wesens der Kälte und ihrer Entstehung. Seine einzige veröffentlichte Arbeit trägt den Titel *Réflexions sur la puissance motrice du feu* («Betrachtungen über die bewegende Kraft des Feuers») und ist eine Studie zur idealen Dampfmaschine. Sie erschien 1824 und sollte einmal als eines der originellsten Werke gepriesen werden, die je über Physik geschrieben wurden, mit einem Abstraktionsgrad, der dem von Galileo Galileis besten Arbeiten vergleichbar ist. Das Buch hatte einen enormen Einfluss auf die Disziplin, die später den Namen Thermodynamik erhielt, und legte die Grundlagen für die Konstruktion von Geräten, mit denen es im 20. Jahrhundert möglich wurde, den absoluten Nullpunkt bis auf einige milliardstel Grad zu erreichen. Doch zu Carnots Lebzeiten blieb es praktisch unbeachtet.

In den siebziger Jahren des 19. Jahrhunderts fand Hippolyte Carnot alte Aufzeichnungen seines lange verstorbenen Bruders und konnte die *Académie des Sciences* davon überzeugen, sie zu drucken. Die kurze Biographie, die dem Text beigefügt wurde, leitete er mit den Worten ein: «Das Leben von Sadi Carnot verlief ohne besondere Ereignisse.» Andererseits beschreibt er seinen Bruder als einen Menschen, der «außergewöhnlich sensibel [war], voller Energie ... manchmal reserviert, manchmal draufgängerisch», ein Mensch, der so unterschiedliche Dinge studierte wie Boxen, Musik, Verbrechen und Botanik. Unter den Leitsätzen, die Hippolyte Sadis Notizbüchern entnahm, fand sich dieses bissige Bonmot: «Gewiss kommt man manchmal nicht umhin, den Verstand zu verlieren; aber wie findet man ihn wieder, wenn man ihn braucht?»

Was wissenschaftliche Biographien angeht, gibt es zwei Lehrmeinungen. Die eine behauptet, die Leistung eines Wissenschaftlers könne nur vor dem Hintergrund seiner Zeit verstanden werden, die andere sagt das Gleiche von seiner Persönlichkeit. Im Falle von Sadi Carnot wurden sowohl die historische Zeit als auch seine Persönlichkeit stark von seinem Vater beeinflusst. Der Mathematiker, Ingenieur und Soldat Lazare Carnot veröffentlichte 1783 einen Aufsatz über die Dynamik von Maschinen, die er nicht wie Newton unter dem Gesichtspunkt der Kräfte diskutierte, sondern unter dem der «Arbeit», die sie verrichteten. Nach dem Wechsel in die Politik war Lazare rasch aufgestiegen und seit 1793 gemeinsam mit Robespierre und anderen im Wohlfahrtsausschuss sowohl für das Aufstellen der vierzehn Revolutionsheere wie auch die Verurteilungen zur Hinrichtung durch die Guillotine verantwortlich. Als er sich einem Staatsstreich widersetzte, musste er ins Ausland fliehen, kam aber 1799 mit Napoleon zurück an die Macht. 1807 enthob man ihn seiner Ämter, 1814 wurde er wieder berufen, und nach Waterloo musste er erneut ins Exil.

Als einer der Gründer der *École Polytechnique*, einer Ausbildungsanstalt für Offiziere, sorgte Lazare dafür, dass sein ältester Sohn Sadi 1812, im Alter von sechzehn Jahren, dort als Kadett aufgenommen wurde. Sadi gewann einen ersten Preis in der Artillerie und nahm mit seinen Klassenkameraden an der Belagerung von Paris teil. Danach wechselte er an die *École du Génie*, eine Schule für Artillerie und Ingenieurswesen, wo er einen Artikel über ein astronomisches Instrument verfasste und sich für den Rest der napoleonischen Kriege mit dem Festungsbau abplackte. Seine Beförderung in der Armee wurde abgelehnt, und man beschäftigte ihn nur selten mit Aufgaben aus seinem Spezialgebiet. «Er war des Garnisonslebens überdrüssig», schrieb Hippolyte. Sadi wechselte 1818 auf eine Stabsstelle nach Paris und zog sich schließlich bei halbem Sold ins Privatleben zurück.

Ihn lockte das *Conservatoire des Arts et Métiers*, eine neu gegründete Einrichtung mit Labors, Werkstätten und Ausstellungsräumen, die bei konservativen Wissenschaftlern Anstoß erregte, weil sie Vorlesungen für alle Stände anbot. Das *Conservatoire* huldigte nicht nur dem Praktischen, es war darüber hinaus eine Brutstätte des liberalen, antiroyalistischen Denkens, das auch Sadi pflegte. Die gleiche Überzeugung teilten zwei Männer, die aus derselben Region stammten wie Carnot: Nicolas Clément und Charles Bernard Desormes, zwei Schwäger, die gemeinsam die Physik der Dampfmaschinen erforschten. Alle drei empfanden die Niederlagen Frankreichs gegen England in den napoleonischen Kriegen äußerst schmerzlich, und es war ihnen klar, dass die französische Industrie einen dringenden Entwicklungsschub benötigte, wollte sie nicht von den blühenden englischen Werkstätten und Fabriken ins Abseits gestellt werden. Ihrer Überzeugung nach musste der

Weg zur Verbesserung der industriellen Produktion über ein tieferes Verständnis für die Funktionsweise der Maschinen führen.

In den Jahren von 1820 bis 1824 arbeitete Sadi Carnot an seinen hundertsechzehnseitigen *Réflexions*, die er im Selbstverlag in einer Auflage von sechshundert Exemplaren drucken ließ. Bis lange nach seinem Tod war das Buch so gut wie unbekannt. Für die Nichtbeachtung dieses Werkes gibt es mehrere Gründe: Es wurde von einem Autor geschrieben, der nicht der *Académie des Sciences* angehörte, es wurde nicht in einem Fachblatt veröffentlicht, und es enthielt keine experimentellen Originalergebnisse. Carnot erklärte darin, warum die neueren Dampfmaschinen effektiver waren als die ursprünglichen, von James Watt gebauten. Dann berechnete er den maximalen Wirkungsgrad einer idealen Wärmekraftmaschine, und schließlich leitete er aus diesen Untersuchungen die allgemeine Beziehung zwischen Wärme und mechanischer Arbeit ab. Seiner Theorie zufolge hing die Wirkung einer Dampfmaschine von den Temperaturen ab, und die Leistung einer Maschine hatte mit dem Temperaturunterschied zu tun. Zur Begründung zog er frühere Versuche heran, die unter anderem von seinem Vater durchgeführt worden waren und bei denen man versucht hatte, mit Wasserkraft betriebene Maschinen zu verbessern. Bei solchen Maschinen ergibt sich die Leistung aus der Wassermenge und der Zeit, die benötigt wird, um das Wasser vom höchsten Punkt des Wasserrades (dem «Eingang») zum tiefsten Punkt (dem «Ausgang») zu transportieren. Carnot erklärte nun, die Situation bei der Dampfmaschine sei analog, denn die «bewegende Kraft» der Wärme hänge davon ab, «wie tief die Temperatur fallen kann, das heißt also vom Temperaturunterschied zwischen den Körpern, zwischen denen sich das Caloricum bewegt».

Carnot behauptete, dass sich die produzierte mechanische Arbeit proportional zur Abnahme des Caloricums zwischen

Körpern höherer und niedrigerer Temperatur verhalte. Dass er seine Beweisführung auf die Wärmestofftheorie stützte, schwächt sie allerdings etwas. Antoine Lavoisier, der Vater der französischen Chemie, war zwar 1794 auf der Guillotine hingerichtet worden, doch seine Wärmestofftheorie lebte fort. Selbst nicht ganz glücklich mit dem Caloricum, anerkannte Carnot die Kritik, die der Graf von Rumford und Humphry Davy an dem Konzept übten. So schrieb er beispielsweise, die Grundlagen der Caloricum-Theorie müssten «mit Vorsicht» betrachtet werden, da «viele Versuchsergebnisse beim gegenwärtigen Stand der Theorie nahezu unerklärlich zu sein scheinen». Andererseits stellte er der Kritik preisgekrönte französische Experimente zur spezifischen Wärme von Gasen im Verhältnis zu ihrer Dichte gegenüber, die 1812 durchgeführt worden waren und deren Ergebnisse die Wärmestofftheorie zu stützen schienen.

Was Carnot nicht wissen konnte: Die aus den Experimenten von 1812 gewonnenen Zahlen waren falsch. Ein Fehler, den der Wissenschaftshistoriker Robert Fox als «einen der schwerwiegendsten in der gesamten Geschichte der Wärmeforschung» bezeichnet: «Bestätigt durch das Prestige, das der Sieg in einem offiziellen Wettbewerb mit sich bringt, wurde das Ergebnis rasch zum Standard und … führte viele Wärmestoffforscher in die Irre.»

Rückblickend erkennen wir, dass Carnots eigentliche Entdeckung nicht vom Caloricum abhängt, denn seine Grundaussage ist die: Mechanische Arbeit kann nur verrichtet werden, wenn Wärme von einem Körper höherer Temperatur auf einen Körper niedrigerer Temperatur übergeht, und je höher der Temperaturunterschied zwischen diesen beiden ist, desto mehr Arbeit wird geleistet. Die ideale Carnot'sche Wärmekraftmaschine produzierte in einem vierstufigen Prozess die gleiche Arbeit sowohl vor- als auch rückwärts. Dieser Richtungswechsel war der zentrale Punkt in Carnots These, eine auf reversiblen Prozessen beruhende Wärmekraftmaschine könne die maximale Menge an Arbeit verrichten. Doch auch wenn die einzelnen Schritte des Prozesses umkehrbar sein mögen, die Gesamtrichtung ist es definitiv nicht. Donald Cardwell, ein Wissenschaftshistoriker auf dem Gebiet der Thermodynamik, weist darauf hin, dass Carnot unter all denen, die in jener Zeit über Dampfmaschinen schrieben, als Einziger die Genialität besaß, zu erkennen, dass «die überwiegende Mehrheit der thermischen und thermomechanischen Änderungen irreversibel [ist]».

Ein halbes Jahrhundert später, nachdem die Wärmestofftheorie endgültig widerlegt war, sollte diese Irreversibilität Rudolf Clausius und Lord Kelvin (William Thomson) den Weg zum zweiten Hauptsatz der Thermodynamik weisen. Und Ende des 20. Jahrhunderts führten Carnots Erkenntnisse zur Arbeit der idealen Wärmekraftmaschine zu vielen Fortschritten bei der Erzeugung immer niedrigerer Temperaturen: Mit Hilfe des Carnot'schen Kreisprozesses gelang es, Temperaturen in der Nähe des absoluten Nullpunkts zu erreichen.

Carnot selbst konnte die Konsequenzen, die sich aus der von ihm postulierten Irreversibilität ergaben, nicht in vollem Umfang akzeptieren, da er einen tragenden Pfeiler des mechanistischen Weltbildes für unumstößlich hielt: das Prinzip der Erhaltung von Materie und Kraft. Nach dieser Vorstellung war schon immer alles im Universum vorhanden, nichts konnte neu geschaffen und nichts zerstört werden. Die Ursprünge dieses Weltverständnisses lagen in der Religion, und Carnot ertrug den Gedanken nicht, mit seinen Einsichten womöglich dem Glauben zu schaden. Die Vorstellung, dass Materie irreversibel zerstört oder in etwas bis dahin noch nicht Bekanntes umgewandelt werden könnte, hatte für den sonst so klar denkenden Wissenschaftler etwas Erschreckendes.

Carnot präsentierte seine *Réflexions* vor der *Académie*. Es folgten eine ausführliche und wohlwollende Besprechung in einer

Zeitschrift, ein kurzer Hinweis in einer anderen und eine Lobrede von Clément, der seinen Studenten die Schrift empfahl, doch das Buch brachte seinem Autor keinen Ruhm. Kurz nach der Veröffentlichung wurde Carnot noch einmal in die Armee berufen; als er 1828 wieder nach Paris zurückkehrte, bezeichnete er sich selbst als «Konstrukteur von Dampfmaschinen». Seine Forschungsarbeiten, die sich jetzt speziell mit der Physik von Gasen befassten, wurden von der Revolution von 1830 unterbrochen, in deren Verlauf Karl X. gestürzt und eine konstitutionelle Monarchie mit einem neuen König installiert wurde. Carnot schloss sich einer Gruppe von Absolventen der *École Polytechnique* an, die das neue Regime unterstützten. Im Frühjahr 1832 zwang ihn eine Halsentzündung ins Bett. Im Sommer war er immer noch so schwach, dass er der grassierenden Cholera nichts entgegenzusetzen hatte und im August starb. Carnot verbrachte seine letzten Tage in Charenton, einem Irrenhaus, was einige Historiker zu der Annahme verleitete, er sei wahnsinnig geworden. Doch 1832 nahm man in Charenton Cholerapatienten auf, weil die anderen Pariser Krankenhäuser überfüllt waren und weil man glaubte, die Ausbreitung der Seuche in der Bevölkerung durch die Isolierung der Kranken verhindern zu können.

Bei seinem Tod wusste niemand davon, aber für unsere Geschichte ist es von Bedeutung: Um 1830 wurde Carnot klar, dass die Wärmestofftheorie falsch sein musste. Die Korpusculartheorie des Lichts war widerlegt, und es gab Experimente, die nahe legten, dass es sich bei Elektrizität, Licht und Magnetismus nicht um die Produkte verschiedener «Kräfte» handelt, sondern dass sie untereinander in einem Zusammenhang stehen. Mit Blick auf Wärme und Wärmestoff fragte Carnot: «Wie muss man sich die Kräfte vorstellen, die die Moleküle bewegen, wenn sie niemals miteinander in Kontakt kommen, wenn jedes [Molekül] völlig isoliert ist? Die Annahme, es gebe eine feinstoffliche Substanz, behebt die Schwierigkeiten nicht, weil auch eine solche Substanz notwendigerweise aus Molekülen bestehen müsste.» Diese Überlegung führte ihn zu einer wichtigen Schlussfolgerung:

Wärme ist nichts anderes als bewegende Kraft oder vielleicht bewegende Kraft in einer anderen Gestalt. Wenn die Teilchen eines Körpers vernichtet werden, entsteht zur gleichen Zeit Wärme, und zwar in einer Menge, die der Menge an vernichteter bewegender Kraft genau proportional ist. Umgekehrt ist es in jedem Fall so, dass es bei einer Vernichtung von Wärme zur Produktion von bewegender Kraft kommt.

Nachdem er erkannt hatte, wie Wärme in bewegende Kraft umgewandelt wird, konnte Carnot nicht mehr umhin, eine deutliche Korrektur des Erhaltungsprinzips vorzunehmen:

Die Menge an bewegender Kraft in der Natur [ist] unveränderlich, das heißt, sie wird genau genommen weder geschaffen noch zerstört. Tatsächlich verändert sie ihre Gestalt, manchmal manifestiert sie sich in der einen Bewegungsform, manchmal in einer anderen, aber sie wird niemals ausgelöscht.

Das Konzept, das hier zum Greifen nah scheint, konnte Carnot noch nicht erklären. Es sollte noch ein weiteres Vierteljahrhundert dauern, bis es definiert und verstanden war: Energie. Energie kann niemals zerstört werden, sich jedoch in der einen oder anderen Form als Bewegung manifestieren. Carnot kam dem Konzept schon sehr nahe, wenn er es auch noch nicht ganz erfasste. 1830 wäre es undenkbar gewesen, öffentlich zu erklären, dass Wärme nicht erhalten werden kann, denn damit hätte man die gesamte französische Wissenschaft infrage gestellt, die auf den Werken von Antoine Lavoisier und Pierre Simon de Laplace, dem bedeutendsten Mathematiker der Nation, aufbaute. Als ebenso beunruhigend hätte man Carnots nächste Behauptung empfunden, dass sich Wärme vollständig in bewegende Kraft umwandeln lasse, denn das hieße ja, der Allmächtige erlaube, dass sich Teile seiner Schöpfung buchstäblich in Luft auflösen könnten. Der Wissenschaftshistoriker Cardwell mutmaßt, Carnot habe diese Notizen vor allem deshalb nicht zu seinen Lebzeiten veröffentlicht, weil er dann sein Hauptwerk im Lichte der neuen Erkenntnisse hätte revidieren müssen – und das war mehr, als ein Einzelner zu leisten vermochte. Die vollständige Revision und das Einarbeiten der neuen Vorstellungen bedurfte der gesammelten Talente einiger der größten Denker dieses Jahrhunderts.[1]

Der französische Ingenieur Émile Clapeyron war ein Zeitgenosse von Sadi Carnot. Er durchlief die *École Polytechnique* ein paar Jahre nach Carnot und stand möglicherweise während der Revolution von 1830 mit ihm in Kontakt. Zwei Jahre nach Carnots Tod veröffentlichte Clapeyron eine Interpretation von dessen Werk und tat dabei etwas, was Carnot peinlichst vermieden hatte: Er benutzte mathematische Formeln und graphische Darstellungen, beispielsweise um aus Carnots Analyse die heute so genannte Clapeyron'sche Gleichung herzuleiten. Diese besagt, dass die maximale Arbeit, die eine bestimmte Wärmemenge verrichtet, wenn sie eine Flüssigkeit verdampft, nicht größer sein kann als die, die sie beim Erfüllen einer anderen Aufgabe

[1] Dass Carnot die Wärmestofftheorie in seinen nach 1824 verfassten Schriften verwarf, war für die *Académie des Sciences* ein Grund, sie 1878 zu veröffentlichen, obwohl sie Carnot zu Lebzeiten stets ignoriert hatte. Der zweite Grund war, dass die Aufzeichnungen klar belegten, dass ein Franzose all den Deutschen und Engländern beim Verständnis des ersten und zweiten Hauptsatzes der Thermodynamik zuvorgekommen war.

verrichtet. Clapeyron bewies außerdem Carnots Behauptung, dass die Menge an Arbeit, die verrichtet wird, während die Temperatur der Gasmenge um ein Grad sinkt, in dem Maß abnimmt, wie die Ausgangstemperatur zunimmt. Clapeyrons Artikel fand weitere Verbreitung als Carnots Buch. Er wurde auch ins Englische und ins Deutsche übersetzt und war damit denen zugänglich, die auf einem Gebiet forschten, das später als Thermodynamik bezeichnet werden sollte. Damit hatte er großen Einfluss auf die weitere Erforschung der Kälte.

Wie im vorausgegangenen Kapitel dargestellt, interessierte sich in den zwanziger und dreißiger Jahren des 19. Jahrhunderts niemand für die technischen Möglichkeiten, Kälte zu erzeugen. 1834, im selben Jahr, in dem Clapeyrons Artikel erschien, und ebenfalls in Frankreich, benutzte ein finanziell unabhängiger Hobbyforscher Strom, um auf eine Art und Weise Wärme und Kälte zu produzieren, die im 20. Jahrhundert noch ziemliche Bedeutung erlangen sollte. Als ihm nach dem Tod seiner Schwiegermutter ein kleines Vermögen in den Schoß fiel, das es ihm erlaubte, seinen wissenschaftlichen Interessen nachzugehen, hängte der Uhrmacher Jean-Charles-Athanase Peltier seinen Beruf an den Nagel. Angeregt durch die Forschungen von Thomas Johann Seebeck, einem in Estland geborenen deutschen Physiker, schickte Peltier Strom durch einen Schaltkreis, der aus zwei verschiedenen Metallen bestand und zwei Lötstellen besaß. Dabei stellte er fest, dass die Temperatur an der einen Lötstelle stieg und an der anderen fiel.[2] Mit anderen Worten: Elektrizität ließ sich sowohl zum Kühlen wie auch zum Wärmen verwenden. Seebeck und Peltier hatten ein völlig neues Gebiet entdeckt – die Thermoelektrizität. 1838 gelang es dem deutschen Forscher H. F. E. Lenz mit Hilfe von Peltiers Methode,

---

[2] Die Generation von Seebeck und Peltier fand keine Erklärung für dieses Phänomen. Die wurde erst später von Kelvin geliefert (siehe Kapitel 6).

einen Tropfen Wasser zu gefrieren. Auch seine Arbeit blieb unbeachtet. Demnach waren bis zum Jahr 1838 in mehreren Laboratorien die technischen Mittel und Wege aufgezeigt worden, wie man Kälte herstellen konnte, aber weder die theoretisch arbeitenden Wissenschaftler noch die Techniker noch die wenigen Möchtegernunternehmer aus dem Eisfach schienen an den Verfahren oder dem Ziel interessiert zu sein.

Der Schiffsarzt Julius Robert Mayer befand sich in Jakarta an Bord des holländischen Schiffes *Java*, als er 1840 versuchte, die Ausbreitung einer Infektionskrankheit unter der Besatzung zu verhindern, und dabei eine ungewöhnliche Beobachtung machte. Wie er sich später erinnerte, «besaß das aus den Venen entnommene Blut einen ungewöhnlichen Rotton, sodass ich aufgrund der Farbe dachte, ich hätte eine Arterie getroffen». Mayer, der sechsundzwanzigjährige Sohn eines deutschen Apothekers, war ein außergewöhnlicher Mensch, tief religiös und voller Humor. Es wird berichtet, er habe Kartentricks vorgeführt, Rebusrätsel gelöst, Billardturniere gewonnen und Aphorismen geschrieben, zum Beispiel diesen: «Was ist Wahnsinn? Die Vernunft eines Einzelnen. Was ist Vernunft? Der Wahnsinn vieler.» Mayer interpretierte seine Beobachtung so: Das Blut der Seeleute war in Jakarta deshalb von hellerem Rot, weil deren Körper in heißen Klimaten weniger Sauerstoff für die Wärmeproduktion verbrauchte. Und weil der Körper dem Blut demzufolge weniger Sauerstoff entzog, war das venöse Blut heller. Das brachte Mayer dazu, über den Zusammenhang zwischen der Körperwärme eines Tieres und der von diesem Tier verrichteten Arbeit nachzudenken. Von da aus führten seine Überlegungen weiter: In welcher Beziehung standen Wärme und Arbeit ganz allgemein, in der belebten wie der unbelebten Welt?

In seine Heimatstadt Heilbronn zurückgekehrt, fasste Mayer seine Gedanken im Februar 1841 in einem Aufsatz mit dem

Titel *Über die quantitative und qualitative Bestimmung der Kräfte* zusammen, den er an die *Annalen der Physik und Chemie* sandte, eine der führenden naturwissenschaftlichen Zeitschriften. Sein Artikel enthielt unter anderem diesen ziemlich unverständlich klingenden Satz:

Befinden sich zwei Körper in einer gegebenen Differenz, so könnten diese nach aufgehobener Differenz im Zustande der Ruhe verharren, wenn die Kräfte, welche ihnen behufs der Differenzausgleich mitgetheilt wurden, zu seyn aufhören könnten; werden dieselben aber unzerstörlich angenommen, so werden die noch fortdauernden Kräfte, als Ursachen von Verhältnissveränderungen, die ursprünglich vorhandene Differenz wieder herstellen.

Dieser Satz ist wirklich wichtig – er enthält das, was später als erster Hauptsatz der Thermodynamik bezeichnet wurde: Energie kann nicht zerstört, sondern nur in andere Formen überführt werden. Aber das war Mayers Formulierungen schwer zu entnehmen. Hinzu kam, dass er seine Beweisführung in den Kontext von Immanuel Kants phänomenologischen Ansatz in der Naturforschung stellte und vorschlug, solche unzerstörbaren Kräfte wie Wärme und mechanische Arbeit zwischen unbelebter Materie und Seele anzusiedeln. Das war genau die Art von philosophischem Gefasel, von dem seriöse Physiker gerade loszukommen versuchten, und deshalb wurde Mayers Artikel von der Zeitschrift ebenso abgelehnt wie seine drei späteren Briefe an den Herausgeber.

Sein nächster Artikel *Bemerkungen über die Kräfte der unbelebten Natur*, der 1842 in Liebigs *Annalen der Chemie und Pharmazie* erschien, war etwas klarer formuliert. Darin will er «die Beantwortung der Frage versuchen, was wir unter ‹Kräften› zu verstehen haben und wie sich solche untereinander verhalten».

Dieser Landarzt wagte es, ohne Physik studiert zu haben, die Grundlagen des mechanistischen Weltbilds in Zweifel zu ziehen, indem er unter anderem erklärte, Newton habe die Schwerkraft falsch verstanden. Schwere sei keine Kraft, sondern eine Eigenschaft der Materie, und Newton habe die zwei Begriffe durcheinander gebracht. Eine Kraft zeichne sich durch «Unzerstörlichkeit und Wandelbarkeit» aus, und die Schwere besitze keine dieser Eigenschaften. Außerdem sei die Schwere allein nicht in der Lage, Bewegung hervorzurufen, weil zur Bewegung eine räumliche Differenz gehöre. Dieser Abstand zwischen zwei Körpern – Mayer nannte ihn «Fallkraft» – sei die wirkliche Kraft. Bewegung, Wärme und Fallkraft waren für ihn unterschiedliche Formen derselben «unzerstörlichen, wandelbaren, imponderablen» Größe.[3] Er versuchte, diese Größe zu messen, indem er die Experimente anderer analysierte, und kam auf eine Zahl: «Das Erwärmen einer gegebenen Wassermasse von 0 Grad Celsius auf 1 entspricht dem Fall eines gleich großen Gewichts aus einer Höhe von etwa 365 Metern.» Den meisten Lesern kam das vor wie der berühmte Vergleich zwischen Äpfeln und Birnen.

Der Artikel wurde zwar veröffentlicht, von ernsthaften Studenten jedoch ignoriert. Jahre später gestand Rudolf Clausius, er habe sich nicht die Mühe gemacht, ihn zu lesen, weil im Titel weder das Wort «Wärme» noch das Wort «Bewegung» vorkamen. Als Mayer im Jahr 1845 wieder einen Artikel verfasste, musste er den Druck selbst bezahlen. In dieser Arbeit setzte er Wärme mit mechanischer Wirkung gleich und erklärte, beide seien unabhängig davon, ob ein Gas oder eine Flüssigkeit verwendet werde, da das Gas bzw. die Flüssigkeit «nur als Mittel [dient], um die Transformation von einer Kraft in die andere zu bewerkstelligen». C. A. Truesdell III., ein weiterer Wissenschaftshistoriker auf dem Gebiet der Thermodynamik, be-

[3] Mit «imponderabel» meinte Mayer «gewichtslos».

zeichnete das als höhere theoretische Einsicht: die Äquivalenz von Wärme und Arbeit. Carnot hatte sie fast erreicht, aber nicht gut formuliert; Mayer gelang das besser. Innerhalb von zehn Jahren sollte diese Erkenntnis – vorgetragen von anderen – zu großen Fortschritten beim Erzeugen tiefer Temperaturen führen. Truesdell fügte hinzu, Mayer habe seiner Erkenntnis, dass Wärme und Arbeit einander äquivalent sind, nicht den richtigen, mathematisch formulierten Rahmen gegeben, weil er von den Theorien und Experimenten der etablierten Wissenschaft «völlig unbeleckt» gewesen sei. Aus diesem Grund blieben sie unbekannt und ungerühmt.

In der ersten Hälfte des 19. Jahrhunderts waren Dampfmaschinen, Dampfkessel, Dampflokomotiven und Fabriken, die mit Dampf arbeiteten, in Manchester und Glasgow etwas ganz Alltägliches. Diese Städte standen im Mittelpunkt der industriellen Revolution, und die großen Forscher, die damals dort aufwuchsen – James Prescott Joule, William und James Thomson, W. J. M. Rankine –, verbanden das praktische Denken der Ingenieurszunft mit der mathematischen Exaktheit der hervorragendsten Naturwissenschaftler. Sie waren weit besser dazu in der Lage, die Gesetze der Wärme zu erhellen und sie auf die Erforschung der Kälte anzuwenden, als ihre Zeitgenossen, die nur eine Universitätsausbildung in Oxford oder Cambridge genossen hatten.

Die Arbeiten von Joule führten schließlich zur Widerlegung der Caloricum-Idee und zu einer «dynamischen» Theorie der Wärme, die Wärme und Kälte als Bewegungszustände definierte, die durch ihre kinetische Energie bestimmt werden konnten. Aber bis dahin war es ein langer, steiniger Weg. James Prescott Joule kam am Weihnachtsabend 1818 in Manchester als zweiter Sohn eines wohlhabenden Industriellen auf die Welt. Im Alter zwischen fünf und zwölf Jahren war er aufgrund seiner schlechten Gesundheit ans Bett gefesselt; vielleicht entwickelte er sich deshalb zu einem eifrigen Leser. Von seiner Krankheit blieb eine dauerhafte Verkrümmung des Rückgrats zurück. Von anderen wurde er als zurückhaltend und scheu beschrieben.

Im Verlauf unserer Geschichte sind wir schon mehrmals Forschern begegnet, die in ihrer Jugend kränklich waren und die ihr Leben lang mit einer chronischen Erkrankung zu kämpfen hatten. Die Psychologin Bernice T. Eiduson, die sich mit Wissenschaftlern des 20. Jahrhunderts beschäftigte, fand unter ihnen eine ungewöhnlich große Zahl von Menschen, die während ihrer Kindheit lange bettlägerig waren. Während dieser schweren Zeit «suchten sie nach inneren Ressourcen und lernten, alleine und mit sich selbst zufrieden zu sein»; die meisten begannen zu lesen und entwickelten durch das Lesen einen Hang zu intellektueller Arbeit. Aufgrund ihrer Krankheit konnten sie keinen Sport treiben und bei den Wettkampfspielchen ihrer kindlichen Altersgenossen nicht mithalten. Viele blieben ihr Leben lang leicht verletzlich und fanden ihre größte Befriedigung in der intensiven Beschäftigung mit wissenschaftlichen Fragestellungen.

James Joule und sein älter Bruder Benjamin, der ein bekannter Musiker wurde, erhielten Privatunterricht, anfangs zu Hause und später, unter den Fittichen der *Manchester Literary and Philosophical Society*, von John Dalton, einem der berühmtesten englischen Wissenschaftler. Dalton war Mitglied der *Royal Society* und hatte solche wissenschaftlichen Meilensteine gesetzt wie die Einführung und Definition des Atomgewichts und den Beweis, dass alle Gase denselben Expansionskoeffizienten besitzen. James Joule schrieb später: «Sein Unterricht war es, der in mir den starken Wunsch aufkeimen ließ, mein Wissen durch eigene Forschung zu mehren.» Als Jugendlicher gab Joule einen Schuss aus einer Pistole ab, um den Rückstoß zu messen, und versengte sich dabei die Augenbrauen. Er versetzte sich selbst und seinen Freunden Stromschläge mit elektrischen Drachen und Leidener Flaschen. Er ließ Strom durch ein altes Zugpferd fließen und auch durch ein Dienstmädchen, dessen Beschreibung der Wirkungen er notierte, bis es ohnmächtig wurde.

1837 erlitt Dalton einen Schlaganfall und hörte auf zu unterrichten. Joule war neunzehn und arbeitete von neun Uhr morgens bis sechs Uhr abends in der elterlichen Brauerei. Den Rest des Tages verbrachte er mit dem Durchführen und Protokollieren von Experimenten. Seine ersten Artikel verfasste er über Elektrizität. In einem, der nur mit einem Initial unterschrieben ist, beschrieb er völlig korrekt die zusammengesetzte Natur des Blitzes – viele Jahre bevor die Fotografie in der Lage war, dieses Phänomen zu dokumentieren. Die Veröffentlichung eines Aufsatzes, den er 1839 geschrieben hatte, wurde von der *Royal Society* abgelehnt, in einer zweitrangigen Zeitschrift jedoch erschien wenigstens eine Zusammenfassung. Viele Jahre später erklärte Joule einem Biographen, die Ablehnung jenes frühen Aufsatzes habe ihn nicht überrascht: «Ich konnte mir die Gentlemen in London richtig vorstellen, wie sie um den Tisch sitzen und zueinander sagen: ‹Was kann schon Gutes aus einer Stadt kommen, wo man die Hauptmahlzeit am Mittag einnimmt.›» Ein moderner Biograph glaubt zwar, dies sei einer von Joules speziellen Witzen, doch wahrscheinlich verbirgt sich mehr als ein Körnchen Wahrheit darin.

Joule setzte seine Experimente fort. Dabei verlagerte er sein Interesse von der Elektrizität zu der Wärmeentwicklung elektrischer Maschinen. Er bewies, dass das Ohm'sche Gesetz, das die Beziehung zwischen Strom und Widerstand beschreibt, gilt, «egal wie lang oder wie dick der Leiter ist, welche Form dieser besitzt oder aus welchem Metall er besteht». Und er bewies, dass die Wärmewirkung des Stroms zum Widerstand direkt proportional und zur Strommenge quadratisch proportional ist. Diese Arbeit erregte die Aufmerksamkeit der *Royal Society*, die denn auch seinen Artikel darüber druckte. Da er aber außer

Dalton, der selbst ein wenig ein Außenseiter war, keinen Fürsprecher hatte, hielt man ihn offenbar für einen Hobbyforscher, der nur wenig zum wissenschaftlichen Fortschritt beitragen konnte.

Lyon Playfair, in den vierziger Jahren des 19. Jahrhunderts ein Professor der Chemie in Manchester, erinnerte sich an Joule als «einen Menschen von einzigartiger Einfachheit und Ernsthaftigkeit», der ihm, Playfair, einmal vorgeschlagen hatte, eine Reise zu den Niagarafällen zu unternehmen – aber nicht, um die Schönheit des Naturschauspiels zu genießen, sondern «um sich zu vergewissern, dass das Wasser oben und unten am Fall unterschiedliche Temperatur besitzt». Als sie sich bei anderer Gelegenheit zum Essen trafen, um über die neuesten Forschungsergebnisse zu diskutieren, nahm Joule Playfair mit in die Brauerei, wo er sich ein kleines Labor eingerichtet hatte. Dort, so will sich Playfair genau erinnern, dort «erkannte ich natürlich gleich, dass mein junger Freund, der Brauer, ein großer Philosoph war».

Ein Philosoph, der einen Sinneswandel durchmachte: 1839 hatte er zuversichtlich verkündet, elektrische Maschinen würden die Dampfmaschinen ersetzen, und eigens zu diesem Zweck eine in seiner Brauerei ausprobiert. Doch 1841 räumte er öffentlich ein, es sei ihm nicht gelungen, eine elektrische Maschine zu konstruieren, die eine höhere Leistung erbringe als eine in Cornwall gebaute Dampfmaschine. Durch das Verbrennen von einem Pfund Kohle war diese Dampfmaschine in der Lage, eine Last von eineinhalb Millionen Pfund dreißig Zentimeter hochzuheben. Ein dritter Wissenschaftshistoriker auf dem Gebiet der Thermodynamik, Crosbie Smith, nimmt an, dass Joule bei dem Versuch herauszufinden, warum die elektrische Maschine nicht so ökonomisch arbeitete wie die Dampfmaschine, auf sein bedeutendstes Forschungsgebiet stieß: die Bestimmung der Arbeitsmenge, die sich mit unterschiedlichen Wärmemengen erreichen lässt.

Wie so oft in der Wissenschaft traten gerade dann Veränderungen in Joules Privatleben ein, als er auch seine Interessen im experimentellen Bereich verlagerte. 1842 heiratete Benjamin Joule die Gouvernante der Familie, was das enge Verhältnis, das die Brüder zueinander hatten, beeinträchtigte. 1843 zog Joules Vater mit der ganzen Familie in ein neues Haus und richtete dort für James ein Labor ein. Im selben Jahr stellte James einen Artikel fertig, der den Titel trug *On the Caloric Effects of Magneto-Electricity, and on the Mechanical Value of Heat* («Über die Wärmewirkung des Elektromagnetismus und den mechanischen Wert der Wärme»). Darin stellte er so gut wie alles auf den Kopf, was die Wissenschaft bislang von der Wärme zu wissen glaubte. Experimentell widerlegte er die der Wärmestofftheorie verwandte Theorie, dass elektrischer Strom Wärme von einem Teil des Schaltkreises in einen anderen transportiere. Joule zeigte, dass der Strom (und nur dieser) die Wärme erzeugt, und er stellte die Behauptung auf, Wärme sei keine Substanz, sondern ein «Schwingungszustand», der «rein mechanisch» hervorgerufen werden könne. Das war ein geradezu revolutionärer Gedanke, der zehn Jahre später zur Grundlage der «dynamischen» Wärmetheorie werden sollte. Diese wiederum führte zu einem besseren Verständnis der Kälte und der Kälteproduktion.

1843 bearbeitete Joule diesen Artikel für ein Treffen der *British Association for the Advancement of Science* («Britische Gesellschaft für den Fortschritt der Wissenschaft»), das im irischen Cork stattfand. Aus verschiedenen Gründen, unter anderem wegen seines Mangels an Durchsetzungsvermögen, wurde sein Vortrag der chemischen Sektion zugewiesen statt der physikalischen. Die meisten Zuhörer beachteten ihn nicht.

Das war nun das dritte Mal, dass die Demonstration eines Grundprinzips der Thermodynamik – und die Formulierung einer vernünftigen neuen Wärmetheorie – abgelehnt wurde, und dies ist noch weniger verständlich als die mangelnde

Beachtung, die Carnot und Mayer erfuhren. Denn dieser zukunftsweisende Beitrag war von einem Mann verfasst worden, dessen Arbeit die *Royal Society* bereits zuvor veröffentlicht hatte. Joule hatte sich an die wissenschaftliche Fachsprache gehalten, gute mathematische Verfahren eingesetzt, frühere Forschungsarbeiten zum Thema zitiert und den Vortrag einem hoch gebildeten Publikum präsentiert, von dem man annehmen sollte, dass es die Bedeutung der Ausführungen erkennt.

Enttäuscht arbeitete Joule weiter. Das Einzige, was ihm Mut machte, war die Tatsache, dass seine früheren Arbeiten zur Elektrizität inzwischen von deutschen und französischen Wissenschaftlern bestätigt worden waren. Dann packte ihn der Ehrgeiz: Er wollte mit einer Reihe von gut durchdachten Experimenten ein für alle Mal beweisen, dass Wärme und mechanische Arbeit äquivalent sind und dass es zwischen den beiden eine feste und messbare Beziehung gibt.

Wenn Wärme und Arbeit äquivalent sind, überlegte sich Joule, dann träfe das auch dann zu, wenn die Wärme von etwas erzeugt würde, das man üblicherweise nicht gerade als Wärmequelle betrachtet. Er nahm einen perforierten Zylinder und drückte Wasser durch dessen nadelfeine Löcher; es zeigte sich, dass die Temperatur des Wassers dadurch leicht anstieg. Als er die Pfund-Fuß (im metrischen Maßsystem Kilogramm-Meter) berechnete, die zum Durchdrücken des Wassers aufgewendet werden mussten, kam er auf eine Zahl, die nicht weit von der entfernt war, die er in anderen Experimenten gefunden hatte.

Da auch beim Komprimieren eines Gases Wärme entsteht, versuchte Joule, die dazugehörige Arbeit zu messen. Er stellte ein Kupfergefäß in ein mit Wasser gefülltes Kalorimeter (ein Gerät, mit dem man Wärmemengen bestimmt), leitete komprimiertes Gas in das Gefäß und maß den anschließenden Temperaturanstieg im Wasser. Mit diesen Ergebnissen konnte er seine früheren Versuche untermauern.

Wie Boyle zwei Jahrhunderte vor ihm vermutete auch Joule,

dass es vor allem von den Anhängern der überholten Theorie Widerstände gegen seine Befunde geben würde. Deshalb entwarf er weitere Experimente, um ihren Einwänden zu begegnen. Unter den Kritikern, die Joule zu entkräften hoffte, war Clapeyron. Joule war erbost über Clapeyrons von Carnot übernommene Erklärung, bei der Übertragung von Wärme aus dem Ofen in den Kessel einer Dampfmaschine gingen große Mengen an Wärme verloren. «Allein dem Schöpfer ist es vorbehalten, etwas zu zerstören», schrieb Joule, «deshalb stimme ich ganz und gar mit der Auffassung überein, dass eine jede Theorie, die, wenn man sie bis ans Ende denkt, die Vernichtung von Kraft erfordert, notwendigerweise falsch sein muss.» Das war ein religiöser Einwand gegen das Konzept – genau der Einwand, der Carnot Kopfzerbrechen bereitet hatte. Aber Joule wusste, dass seine Experimente – gleich ob sie nun bewiesen oder widerlegten, dass «Kraft» vernichtet werden konnte – etwas anderes, mindestens genauso Wichtiges beweisen würden: dass Wärme und Arbeit messbar sind und dass keine Wärme verloren geht oder übertragen wird, wenn sich Luft ausdehnt, ohne Arbeit zu verrichten. Letzteres bedeutete in der Konsequenz: Wärme hatte nichts mit irgendeinem Wärmestoff zu tun.

Fünfzig Jahre später nannte der große Experimentator James Dewar die Tatsache, dass es Joule gelungen war, seine Behauptungen zu Kälte und Wärme experimentell zu beweisen, «einfach erstaunlich» – vor allem weil so kluge Köpfe wie von Rumford und Davy auf dem gleichen Gebiet gearbeitet hatten und dennoch meilenweit von den richtigen Schlüssen entfernt geblieben waren. Joules Artikel läutete den Untergang des mechanistischen Weltbilds ein, das auf so vagen Begriffen wie dem Wärmestoff aufbaute, und bot dafür ein neues, ausgereifteres Konzept an, in dem Wärme als Produkt der Molekülbewegung angesehen wurde. Es sollte nicht lange dauern, bis diese Erkenntnisse zum Konzept der Energie führten, mit deren unterschiedlichen Formen («Transformationen») sich sowohl Wärme und Kälte erklären ließen wie auch die Natur und die Ausbreitung von Licht, Schall, Elektrizität und magnetischen Feldern.

Doch 1844, als ein angesehener älterer Kollege Joules Artikel bei der *Royal Society* zur Veröffentlichung in den *Philosophical Transactions* (den Berichten der Akademie) einreichte, wurde er abgelehnt. Zu diesem Zeitpunkt sah es so aus, als würde sich die etablierte Wissenschaft in den drei auf experimentellem Gebiet führenden Nationen – Frankreich, Deutschland und Großbritannien – noch immer weigern, die neue Wärmetheorie zu akzeptieren, und weiter darauf beharren, Kälte sei die Abwesenheit von Wärme. Damit wäre das Land der Kälte noch lange unbekannt und unerforscht geblieben.

[6] Von der Wärme zur Kälte

Der Mann, der mit Abstand den größten Beitrag zur Erforschung der Kälte leistete, indem er zu einem tieferen Verständnis der Wärme beitrug, hieß William Thomson. 1845 war Thomson einundzwanzig Jahre alt, Autor einer Reihe interessanter Artikel über physikalische Fragestellungen, Besitzer eines frisch erworbenen Doktortitels für dieses Fach und in Paris im Labor von Victor Regnault beschäftigt, einem der angesehensten französischen Wissenschaftler. Schon seinen Jugendfreunden war Thomsons außergewöhnliche Intelligenz aufgefallen; sie äußerte sich in allem, was er tat und anfasste: Einmal schrieb er von einem Pariser Café aus an seinen Freund Stokes, er habe «in einer Tasse dickflüssiger heißer Schokolade» Elastizität in einer inkompressiblen Flüssigkeit entdeckt, als er das Getränk umrührte und beim Herausziehen des Löffels feststellte, dass er «Schwingungen» und «Wirbel» produzierte. Überall sah er Zusammenhänge. Bei der Untersuchung von konkurrierenden Theorien zur Elektrizität versuchte er, diese zu einer zu vereinen. Dabei gelang es ihm, die Behauptung, Elektrizität sei eine gewichtslose «unwägbare» Flüssigkeit, zu widerlegen. Allerdings glaubte er genau wie Regnault, der sich ganz dem Messen von Wärme verschrieben hatte, weiterhin an eine andere unwägbare Flüssigkeit, das Caloricum. Aber während Regnault nie über das Messen hinauskam und an alten Konzepten wie dem Caloricum festhielt, sollte der junge Thomson bald in der Lage sein, beides hinter sich zu lassen.

Der Bruch mit der Vergangenheit setzte ein, als ihn Kollegen in Regnaults Labor mit Clapeyrons Interpretation von Carnot bekannt machten. Dieser Artikel übte auf Thomsons Denken über Wärme und Kälte tiefen Einfluss aus. Das ging so weit, dass Thomson alle Buchhandlungen der Stadt nach den *Réflexions* von Carnot durchstöberte. Doch er fand weder ein Exemplar zum Kaufen noch eines in einer Bibliothek, um es dort zu studieren.

Der zweite Sohn eines Professors für Ingenieurswesen an der Universität Glasgow schrieb sich bereits im Alter von zehn Jahren dort ein – auch um seinen älteren Bruder James zu begleiten. Die Mutter der beiden war gestorben, als William sechs Jahre alt war. In ihrem Denken und in ihren Interessen ergänzten sich die beiden Brüder: James, der angehende Ingenieur, übernahm oft die Rolle – wie es ein späterer Kollege nennen sollte – «des Philosophen, der seinen pragmatischen Bruder plagt». Beide waren streng gläubig und sahen Gott als erste Ursache für das physikalische Universum an, wobei James dem buchstabentreuen Glauben noch stärker verhaftet war.

William Thomson sprühte nur so von Ideen, und meistens gelang es ihm nicht, sich zurückzuhalten, bis sein Gesprächspartner einen Gedanken zu Ende ausgeführt hatte, sondern warf gleich einen neuen dazwischen. Er studierte die großen französischen Mathematiker in Glasgow so eifrig, dass er mit siebzehn einen Artikel verfasste: *On Fourier's Expansions of Functions in Trigonometrical Series* («Über Fouriers Erweiterung von Funktionen in trigonometrischen Reihen»). Und als ob er beweisen wollte, dass es sich dabei nicht um eine Eintagsfliege gehandelt hatte, schrieb er im folgenden Jahr – nach seinem Wechsel nach Cambridge – *On the Uniform Motion of Heat … and Its Connection with the Mathematical Theory of Electricity* («Über die gleichförmige Bewegung von Wärme … und ihre Verbindung zur mathematischen Theorie der Elektrizität»). Mit atemberaubender Sicherheit und Verständnistiefe zog der Achtzehnjährige mathematische Parallelen zwischen Wärme und Elektrizität, um eine Erklärung dafür zu liefern, wie Wärme einen Gleichgewichtszustand erreicht. 1845 machte Thompson den zweitbesten mathematischen Abschluss in Cambridge, der erste Platz ging an einen Kommilitonen, der seinen Studien mehr Aufmerksamkeit gewidmet hatte, während Thompson mit dem Schreiben von zwei weiteren hochgelobten Artikeln beschäftigt war. Er wurde damals bereits zu den besten wissenschaftlichen Denkern gezählt und gehörte nur dem Alter nach zum wissenschaftlichen Nachwuchs.

Sein Hang zur Synthese und die wachsende Faszination für Carnot brachten Thomson im Juni 1847 dazu, in Begleitung von Stokes eine Sitzung der *British Association for the Advancement of Science* (BAAS) zu besuchen. Dort hörte er etwas, das ihn – und die Geschichte der Erforschung der Kälte – noch stärker beeinflussen sollte als seine Begegnung mit Carnot: den Zeichen setzenden Beitrag von James Joule.

Die «Britische Gesellschaft für den Fortschritt der Wissenschaft» war 1830 gegründet worden, nachdem führende Forscher in scharfen Worten kritisiert hatten, die britische Wissenschaft sei nicht auf dem neuesten Stand, die Universitätsausbildung in Naturwissenschaften lasse zu wünschen übrig und die Regierung zeige nicht das geringste Interesse daran. Siebzehn Jahre später hatten sich die Sitzungen der BAAS zum wichtigsten jährlichen Treffen für ernsthafte Wissenschaftler entwickelt. Die Liste derjenigen, die ihre Arbeit in jenem Juni 1847 vorstellen wollten, wuchs und wuchs, sodass der Vorsitzende der Sektion Mathematik und Physik – weil sich ein langer Tag seinem Ende zuneigte – Joule nicht mehr die volle Vortragszeit zugestand. In den wenigen Minuten, die man ihm gewährte, präsentierte Joule das Schaufelrad, mit dem er zeigte, wie die Reibung einer Flüssigkeit Wärme erzeugt.

Ein genialer Geist gibt sich oft dadurch zu erkennen, dass er eine Tatsache oder eine Idee als wichtig erkennt, die andere unbeachtet links liegen lässt. Um eine solche Tatsache handelte es sich bei Joules experimentellem Befund, dass Wärme entsteht, wenn sich ein Schaufelrad durch Wasser bewegt. Das war zum einen deshalb so aufregend, weil es zeigte, dass mit einer Methode, an die in diesem Zusammenhang noch nie jemand gedacht hatte, Wärme erzeugt werden konnte, und zum anderen, weil es die Wärmestofftheorie untergrub. Joule selbst glaubte, seine Arbeit über das Schaufelrad wäre in der Versenkung verschwunden, wenn sich nicht ein Mann im Hintergrund des Saales erhoben und penetrante Fragen gestellt hätte. Thomson behielt die Situation anders in Erinnerung: Er hatte sich ursprünglich mit einem Einwand – nämlich dass Joule Carnot widerspreche – zu Wort melden wollen, aber dann bemerkte er, so schrieb er später, dass «Joule eine große Wahrheit, eine großartige Entdeckung und eine höchst wichtige Messung vorzubringen [hatte]». Wie Thomson weiter berichtet, warteten er und Stokes, bis die Sitzung zu Ende war; dann sprachen sie Joule an und begannen, mit ihm zu diskutieren.

«Joule irrt sich in vielerlei Hinsicht, da bin ich mir sicher, aber er scheint einige Dinge von allergrößter Wichtigkeit entdeckt zu haben, zum Beispiel dass sich bei der Reibung von bewegten Flüssigkeiten Wärme entwickelt», schrieb William an seinen Bruder James und legte ihm zwei Artikel bei, die ihm der Brauer aus Manchester gegeben hatte und von denen er sagte, sie würden James in Erstaunen versetzen. Dieser Einschätzung konnte sich sein Bruder, der zusammen mit William in Glasgow Professor geworden war, nur anschließen. Zwar fand er einen logischen Fehler in einer von Joules Schlussfolgerungen, aber er lobte seine experimentell gewonnenen Daten und wagte die Vorhersage, dass Joules Ideen jeden «ins Wanken bringen» müssten, der sich von Carnot – in der Interpretation von Clapeyron – hatte überzeugen lassen.

William Thomson arbeitete an einer neuen Thermometerskala; dazu hatte ihn Carnot inspiriert, von dessen Buch er trotz intensiver Suche immer noch kein Exemplar besaß. Die Skalen von Réaumur und Fahrenheit sowie die Hundert-Grad-Einteilungen waren seiner Meinung nach nicht mehr als «willkürliche Aneinanderreihungen von mit Zahlen versehenen Fixpunkten». Thomson störte sich daran, dass nicht jedes Grad genau derselben Menge an Arbeit entsprach. Er entwarf eine «absolute» Skala, die auf Carnots Feststellung aufbaute, dass eine gegebene Wärmemenge zwischen zwei Temperaturen nur eine bestimmte Menge an Arbeit leisten kann. Auf Thomsons Skala entsprach jede Ein-Grad-Einheit einer Arbeitsmenge, die genauso groß war wie die einer anderen Ein-Grad-Einheit. Es gab keine Fixpunkte, wie etwa den Siedepunkt des Wassers, und der einzige Nullpunkt war der absolute Nullpunkt. In den vorausgegangenen hundert Jahren war ein Dutzend verschiedener Zahlen für den absoluten Nullpunkt vorgeschlagen worden, und die abgegebenen Schätzungen schwankten um mehr als 500 Grad Celsius. Thomson hatte das Glück, dass er die von seinem französischen Mentor, Victor Regnault, bestimmte Zahl für den absoluten Nullpunkt verwenden konnte. In der ihm eigenen Gründlichkeit hatte Regnault den Durchschnitt aus Werten berechnet, die er mit vier verschiedenen Methoden ermittelt hatte, und war so auf die Zahl –272,75 Grad Celsius gekommen.[1] Jahre später, nachdem Thomson geadelt worden war und den Titel eines Lord Kelvin führte, erhielt seine Skala den Namen «Kelvin-Skala». Sie wird bis heute bei den vielen Versuchen eingesetzt, die entlegensten Winkel im Land der Kälte zu erforschen.

Heute kennt man Kelvin vor allem wegen seiner Skala, so die wissenschaftshistorische Kurzversion – doch genau genommen war es ein Nebeneffekt seiner Arbeit an der Skala, der die Wissenschaft in puncto Wärme und Kälte wesentlich weiter voranbrachte: sein Austausch mit James Joule. In einer Fußnote zu seinem Skala-Artikel würdigte Thomson Joules «höchst bemerkenswerte Entdeckungen», aber er erklärte auch, Joule

---

[1] Später wurde der Wert für den absoluten Nullpunkt auf –273,15 Grad Celsius präzisiert.

habe nicht bewiesen, dass Arbeit in Wärme umgewandelt werden könne und umgekehrt. Und Joules Aussage, dass es das Caloricum nicht geben könne, ignorierte er völlig. Der Anstand unter Kollegen hätte geboten, Joule den Artikel vor der Veröffentlichung zu schicken, um ihm die Gelegenheit zu geben, sich zu der Kritik an seiner Arbeit zu äußern. Aber Thomson tat das nicht. Man muss leider sagen, dass er sich Joule gegenüber anfangs sehr ungehobelt benahm. Stokes führte mit Joule einen ganz ungezwungenen Briefwechsel – wie mit einem Waffenbruder –, doch Thomson hatte offenbar zunächst Probleme, einem Bierbrauer aus Manchester, der nicht in Oxford oder Cambridge studiert hatte, Gedankengänge auf seinem eigenen Niveau zuzutrauen, und das, obwohl ihm Joules Ideen viel zu denken gaben. Als Joule Thomsons Artikel in einer Zeitschrift las, schrieb er ihm umgehend privat einen Brief, in dem er ihn zwar lobte, ihm aber nicht nachgab. Joule versicherte, er habe die Äquivalenz von Wärme und Arbeit nachgewiesen, auch wenn dies im Gegensatz zu Carnots Annahme stünde, dass Wärme vielleicht ganz vernichtet werden könnte.

Thomson reagierte mit einem neunzehnseitigen gequälten Schreiben und gab zu, dass er auf Joules Einwände, vor allem auf die Widersprüche zu Carnot, keine Antwort wisse. Er sagte, er glaube, dass auch Joule Recht habe, und hoffe, die beiden Ansätze irgendwann in Einklang bringen zu können.

Darum bemühte er sich – nachdem er endlich von einem Freund ein Exemplar der *Réflexions* erhalten hatte – in einer 1849 veröffentlichten Gesamtanalyse von Carnot ernsthaft. Darin formulierte er eine Forderung Carnots neu und schrieb, dass «beim Wirken der Natur nichts verloren gehen [kann] – Energie kann nicht vernichtet werden». Doch dann stellte Thomson eine entscheidende, von Joule inspirierte Frage: Wenn (wie Carnot behauptete) «thermisches Arbeitsvermögen» verbraucht wurde, um Wärme von einem warmen zu einem kalten Körper zu leiten, «was wird dann aus der mechanischen Wirkung, die sie unter anderen Umständen hätte ausüben können?» Darauf wusste Thomson noch keine Antwort.

Williams Bruder James versuchte den scheinbaren Widerspruch zwischen Carnot und Joule für ihn zu lösen. Vor langer Zeit hatte Robert Boyle bewiesen, dass sich Wasser mit «fürchterlicher» Kraft ausdehnt, wenn es sich in Eis verwandelt. Wenn Carnot Recht hatte, so argumentierte James, dann müsste der physikalische Übergang von Wasser zu Eis – vom wärmeren in den kälteren Zustand – Arbeit verrichten können. Da aber die Temperatur von Wasser am Gefrierpunkt und von Eis am Schmelzpunkt dieselbe war, nämlich null Grad Celsius, sah es so aus, als würde während des Übergangs keine Arbeit verrichtet. Durch Druck senkte James den Schmelzpunkt von Eis, sodass der Übergang von Wasser zu Eis tatsächlich mit einem Abfall der Temperatur einherging – und dann konnte in der Tat Arbeit verrichtet werden. Für William untermauerten diese Ergebnisse Carnots Position.

Selbst mit James' Hilfe gelang es William Thomson 1849 nicht, die Thesen von Carnot und Joule in Übereinstimmung zu bringen. Das scheint seine Gedankengänge zum Thema Wärme für eine Weile auf Eis gelegt zu haben. Auch der plötzliche Tod seines Vaters wirkte sich auf seine Forschungsarbeit aus. Einem Freund schrieb er: «Noch nie hat mich ein einzelnes Ereignis in so tiefe Trauer gestürzt.» Es war so schrecklich, dass er fürchtete, die Familie könnte daran zerbrechen, was sich bald darauf bewahrheitete. Doch auch wenn William die Wärme für zwei Jahre auf die Seite schob, gelang es ihm immer noch, einen größeren Artikel zum Magnetismus zu schreiben.

In diesen zwei Jahren fand der Deutsche Rudolf Clausius einen Weg, die Ideen von Carnot und Joule zu vereinen, und stieß damit die Tür für viele weitere Forschungsarbeiten auf dem Gebiet von Wärme und Kälte auf. Im Jahr 1850 war Clausius achtundzwanzig Jahre alt und frisch gebackener Doktor. In Pommern geboren und aufgewachsen, hatte er zunächst Musik studiert und war erst spät zu Mathematik und Physik gekommen – und vielleicht war das der wesentliche Unterschied zwischen seinem und Thomsons Ansatz: Clausius' Blick war nicht von den «Idolen des Theaters» und den «Idolen des Stammes» getrübt, die Thomson gefangen hielten. Der Deutsche war nicht im Schatten der langen Tradition französischer Mathematiker und der Caloricum-Theorie groß geworden, es fiel ihm deshalb leichter, zu Schlussfolgerungen zu kommen, die Thomson noch nicht akzeptieren konnte. Außerdem stützte sich Clausius auf die neuere Literatur über Wärme: Mayers Werk etwa, dem die Ablehnung und seine Krankheit so zugesetzt hatten, dass er keine Artikel mehr schrieb, oder das von Hermann von Helmholtz, einem anderen Arzt, oder das von Joule, auf dem Helmholtz zwar aufbaute, das er aber herabwürdigte, und auf die Arbeiten von Regnault, Clapeyron und Thomson selbst. Einzig Carnots Buch las Clausius nicht, denn auch er konnte kein Exemplar davon ausfindig machen.

Nach Clausius' Auffassung spielten sich in einer Maschine, die Arbeit verrichtet, zwei Dinge gleichzeitig ab: Ein Teil der Hitze wurde umgewandelt (Joules Behauptung)[2], während ein anderer Teil einfach nur vom wärmeren zum kälteren Körper überging (Carnots Behauptung). Mit anderen Worten, die Vorstellungen Carnots und Joules schlossen sich nicht gegenseitig aus, sondern sie beschrieben Vorgänge, die sich zur gleichen Zeit ereigneten; es gab also nur scheinbar einen Widerspruch. Dann leitete Clausius zwei Hauptsätze der Thermodynamik her: den ersten, dass die Gesamtmenge an Energie unter allen Umständen erhalten bleibt, selbst wenn Wärme zu verschwinden scheint (weil sie in andere Energieformen umgewandelt wurde), und den zweiten, dass sich die Wärme in der Natur stets vom Warmen zum Kalten bewegt und nicht umgekehrt.

---

[2] Diese Auffassung wurde 1847 auch von Helmholtz mit Nachdruck vertreten.

Den zweiten Hauptsatz bewies Clausius, indem er zeigte, dass das Gegenteil davon falsch ist. Wenn Wärme vom Kalten zum Warmen fließen könnte, «ohne Kraft aufzuwenden oder sich sonst zu verändern», so argumentierte er, dann wäre es möglich, ein Perpetuum mobile zu konstruieren, bei dem die Energie ständig hin und her, vom wärmeren zum kälteren und wieder zum wärmeren Körper strömt. Und deshalb – weil jeder wisse, dass es kein Perpetuum mobile geben könne – müsse die Behauptung, die Richtung des Wärmeflusses sei unumkehrbar, richtig sein.

In seinem Artikel erkennt Clausius die Priorität von Mayer und Helmholtz an, ohne Joule zu erwähnen. Das war der Beginn eines längeren Geplänkels, bei dem es mehr um Nationalstolz als um die Priorität bei der Idee ging. Seit langem schon rivalisierte die deutsche mit der britischen Wissenschaft, wobei die Lorbeeren für Entdeckungen meistens nach Britannien gegangen waren. Aber die deutsche Wissenschaft stand kurz vor ihrem Höhepunkt, und Clausius wollte seine deutschen Vorläufer würdigen. In gewisser Weise war es auch eine Revanche, denn Joule und Thomson hatten Mayer offenbar ignoriert und sich allgemein abschätzig über deutsche Arbeiten geäußert.

Andererseits war Joule die mögliche Bedeutung von Mayers frühen Aufsätzen erst 1840 klar geworden; seit der Zeit bemühte er sich darum, sie selbst ins Englische zu übersetzen. Auch Thomson hatte Mayer nicht gelesen, doch er sollte sich bald anders besinnen und mit Helmholtz eine Freundschaft beginnen. Wissenschaftshistoriker sind heute der Auffassung, die Äquivalenz von Wärme und Arbeit und die Energieerhaltung seien von Joule früher und besser formuliert worden als von Helmholtz und Mayer.

Als Thomson im Februar 1851 seine Version der Gesetze der Thermodynamik formulierte, behauptete er, sie größtenteils selbst herausgearbeitet zu haben; von Clausius' Artikel habe er erst gehört, als sein eigener bereits in einer ersten Fassung vorgelegen habe. Außerdem vermied er es offenbar, die Erkenntnisse des schottischen Ingenieurs und Physikers W. J. M. Rankine zu berücksichtigen, der im Prinzip zu den gleichen Schlüssen gekommen war.

Für einen Laien klingt der erste Hauptsatz der Thermodynamik – dass die Energie des Universums erhalten bleibt – vermutlich ziemlich logisch und leicht nachvollziehbar. Aber Thomson quälte sich auf seinem Weg zu diesem und zum zweiten Hauptsatz. Wenn man den Artikel liest, in dem er die Gesetze formuliert, wird deutlich, dass Thomsons Arbeit direkt auf der von Joule und auf den Beobachtungen von Regnault aufbaut und dass sie wohl nicht zustande gekommen wäre, hätte sich Thomsons Auffassung von Gottes Beziehung zur natürlichen Welt nicht geändert. In seiner Version des ersten Hauptsatzes der Thermodynamik betreibt Thomson theologische Haarspalterei – etwa wenn er schreibt, dass die «mechanische Wirkung»

---

für den Menschen unrettbar verloren sein kann, wenn auch *nicht in der materiellen Welt*, weil – obwohl es in der materiellen Welt keine Vernichtung von Energie gibt ohne ein Eingreifen, zu dem nur der Schöpfer die Macht besitzt – doch Umwandlungen stattfinden, die dem Einfluss des Menschen unwiderruflich Kraftquellen entziehen, die ihm womöglich zur Verfügung gestanden hätten, wenn er die Gelegenheit genutzt hätte, sie für seine Zwecke zu verwenden.

Auch für das zweite von Carnot vorgeschlagene Gesetz fand Thomson eine eigene, genauere Version: «Es ist unmöglich – zumindest mit Mitteln der unbeseelten Welt –, aus einem Gegenstand eine mechanische Wirkung zu erhalten, wenn man ihn unter die Temperatur des kältesten Objekts in seiner Umgebung abkühlt.» Dabei ging er davon aus, dass die Gesetze der Thermodynamik im Psalm 102 vorweggenommen wurden, wo wir lesen, dass Himmel und Erde «zerfallen [werden] wie ein Gewand», Gott aber «bleibt».

Wie Carnot, als er mit den Konsequenzen seiner Arbeit konfrontiert wurde, sah sich auch Thomson bald darauf zu einer anderen, radikaleren Schlussfolgerung gezwungen, eine von kosmologischer Tragweite. Aus der «Allgemeinen Neigung der Natur zur Zerstreuung mechanischer Energie» *(A Universal Tendency in Nature to the Dissipation of Mechanical Energy)* zog er einen Schluss, zu dem er niemals kommen wollte, ihn Wissenschaft und Logik aber gebracht hatten: Diese «Zerstreuung» oder «Vergeudung» bedeutete, dass die Sonne nicht unerschöpflich war. Und das wiederum hieß, «dass die Erde in einer fernen Vergangenheit einmal für den Menschen, so wie er heute gestaltet ist, unbewohnbar gewesen sein muss und dass sie dies in einer fernen Zukunft wieder sein wird», weil sie dann zu kalt wäre, um Leben zu unterhalten. Thomson brachte es nicht über sich, dies so deutlich auszusprechen, aber seine Schlüsse zeigten anderen, dass die biblische Zeittafel für die Erschaffung von Himmel und Erde von den Fakten her nicht stimmen konnte. Und wenn man seine Schlüsse aus den Gesetzen der Thermodynamik nun noch zusammen mit den Belegen für Darwins Theorie von der Evolution betrachtete, die etwa zur gleichen Zeit aufgestellt wurde, musste man ernsthafte Zweifel an der Existenz Gottes – zumindest wie sie die Bibel darstellt – bekommen.

Nachdem er endlich Joules Position zur Erhaltung der Energie akzeptiert hatte, erfüllte Thomson dessen lang gehegten Wunsch, mit ihm Freundschaft zu schließen. Gemeinsam begannen die beiden, eine lange Reihe von Experimenten durchzuführen und zu veröffentlichen, die die dynamische Theorie der Wärme fest untermauerten und der nächsten Forschergeneration den Abstieg in die Niederungen der Temperatur erlaubte.

Die Theorie, die Thomson aufbauend auf Joules früheren Arbeiten in ihrer endgültigen Form formulierte, vereinte die Phänomene Wärme, Elektrizität, Magnetismus und Licht. Sie besagte, dass all diese Naturerscheinungen verschiedene Formen von Energie darstellen, die ineinander umgewandelt werden können, und dass sich die Beziehungen zwischen ihnen mit Zahlen, Konstanten, wie etwa dem mechanischen Wärmeäquivalent von Joule, ausdrücken lassen.

Joule hatte die Existenz einer dieser Konstanten bewiesen, also musste es auch andere geben, und Thomson tat sich mit Joule zusammen, um sie herauszufinden. Thomson schlug bestimmte Experimente vor, die Joule dann konzipierte und durchführte. Die Einzelheiten der Versuche diskutierte er meistens vorher brieflich mit Thomson, manchmal kam dieser jedoch auch zu einem Besuch nach Manchester. Joule war hocherfreut über die Zusammenarbeit und immer bemüht, Thomson zufrieden zu stellen. In der Regel gab er ihm nach, es sei denn, die experimentell gewonnenen Daten verboten ihm die Zustimmung. Parallel zu den gemeinsam durchgeführten Experimenten ging jeder noch seinen eigenen Studien nach; die Ergebnisse veröffentlichten sie getrennt, auch wenn sie vom jeweils anderen mit beeinflusst waren. Zwei Experimente beschäftigten sich direkt mit der Erzeugung von Kälte und sollten den Schlüssel zu ihrer Beherrschung liefern.

In einem seiner frühen Briefe, die Thomson noch einmal zur Hand nahm und las, hatte Joule auf Peltiers Arbeit von 1834 über die Thermoelektrizität hingewiesen. Peltier hatte gezeigt, dass Wärme freigesetzt oder absorbiert wird, wenn ein elektrischer Strom durch zwei aus unterschiedlichen Materialien bestehende Leiter fließt. Dieser so genannte Peltier-Effekt schien von Form und Größe der Leiter unabhängig zu sein. Joule vermutete, dass thermoelektrische Effekte auf der Umwandlung von thermischer in elektrische Energie (und umgekehrt) beruhen. Thomson war weit cleverer als Peltier und konnte Joules Dienstfertigkeit ausnutzen. So gelang es ihm relativ rasch, weitere reversible thermische Effekte in thermoelektrischen Schaltkreisen nachzuweisen. Größe und Richtung des später so genannten Thomson-Effekts hingen von der Zusammensetzung und der Temperatur des Leiters ab. Wenn zwischen den beiden Enden eines Leiters ein Temperaturunterschied von 1 Grad Kelvin bestand und der Strom in Richtung des Temperaturgefälles floss – also von wärmer nach kälter –, dann konnte er Wärme erzeugen; floss er in die umgekehrte Richtung, dann wurde Wärme absorbiert und so Kälte hergestellt. Auch wenn mit Elektrizität erzeugte Kälte zunächst als Kuriosität belächelt wurde, bis zum Ende des Jahrhunderts zog sie die Konstruktion von funktionierenden thermoelektrischen Kühlschränken und Generatoren nach sich.

Joule und Thomson arbeiteten noch bei einer zweiten Methode zur Kälteerzeugung zusammen. Dabei nutzten sie ein Phänomen aus, das schon von vielen Forschern beobachtet worden war: Wenn man komprimierten Gasen erlaubt, sich auszudehnen, sinkt die Temperatur. Joule hatte dies in seinen Experimenten mit den zwei ineinander gestellten Gefäßen bewiesen. Thomson schlug vor, am Versuchsaufbau einige wesentliche Änderungen vorzunehmen, um diese durch die Gasexpansion hervorgerufene Abkühlung zu messen. Joule war damit gern einverstanden.[3]

---

[3] Ursprünglich wollten Joule und Thomson eine Hypothese von Mayer testen, der sich beide nicht anschließen mochten. Zu dieser Zeit hatte sich Mayer als Theoretiker einigen Respekt erworben. Zudem hatte er in Großbritannien einen neuen Fürsprecher gewonnen, John Tyndall von der *Royal Institution*. Der begann, für Mayers Erkenntnisse die Trommel zu rühren, und spielte die Beiträge von Joule herunter. Tyndall mochte Joule nicht, weil der in einem seiner Artikel einen gravierenden Fehler entdeckt und bekannt gemacht hatte,

Auf Thomsons Vorschlag hin ersetzte Joule die Kupfergefäße durch lange, gewundene Röhren. Das Verbindungsstück zwischen den zwei Metallschlangen machte er sehr eng, weil er zeigen wollte, dass der Abkühlungseffekt, der sich beim Ausdehnen des Gases in den Bereich niedrigen Drucks einstellte, zum Teil durch die Wärme aufgehoben wurde, die aufgrund der Reibung an der Düse entstand. Die ersten Versuche mit dem Apparat lieferten keine eindeutigen Ergebnisse, also tüftelte Joule weiter daran herum. Ein Brief, den er in jener Zeit an Thomson schrieb, verrät, wie Joule mit ihm über private und wissenschaftliche Vorhaben plauderte:

Der neue Erdenbürger ist gestern Morgen wohlbehalten angekommen. Es ist ein kleines Mädchen, sehr gesund und kräftig ... [und] wenn ihr es euch, wie ich hoffe, einrichtet, zur Taufe hier zu sein, und die Patenschaft übernehmt, könnten wir gleichzeitig versuchen, die Fragen von Wärme und Kälte zu klären, die entstehen, wenn Luft durch eine Öffnung strömt. Wenn ich einen Guttapercha-Stopfen mit einem kleinen Loch verwende, sinkt die Lufttemperatur bei einem Druck von 4 Atmosphären von 63 auf 61½.

Thomson war beschäftigt – nicht nur mit seinen eigenen Arbeiten, sondern auch mit der Brautwerbung. Weder kam er zur Taufe noch machte er Joule in den nächsten Monaten irgendwelche vernünftigen Vorschläge hinsichtlich ihrer gemeinsamen Versuche. Und über Joules Bitte, die Patenschaft zu über-

---

was den großspurigen Tyndall maßlos kränkte. Aus dieser unglücklichen Situation entwickelte sich schließlich eine Schlammschlacht darüber, wer als Erster die Erhaltung der Energie postuliert hatte. In diesem Streit schlug sich Thomson mit wehenden Fahnen auf Joules Seite – sehr zu dessen Genugtuung.

nehmen, äußerte er sich in einem Brief an seinen Bruder James ein wenig abschätzig.

Unermüdlich verfeinerte Joule den Apparat weiter. Er machte den Durchfluss enger und enger und gab sich erst zufrieden, als er eine Düse hatte, die mit der Bezeichnung «poröser Stopfen» zutreffend beschrieben war. Damit funktionierte es. Joule und Thomson testeten verschiedene Gase und stellten fest, dass Luft, Kohlendioxid, Sauerstoff und Stickstoff beim Ausdehnen kälter wurden, während Wasserstoff wärmer wurde. Sie führten weitere Experimente durch und hielten die Ergebnisse in graphischen Darstellungen fest. Dabei fanden sie unterschiedliche so genannte Inversionstemperaturen. Wurden diese unterschritten, führte die Ausdehnung der Gase zu einem Absinken der Temperatur. Das Phänomen erhielt später den Namen «Joule-Thomson-Effekt»; es bezeichnet die Expansion komprimierter vorgekühlter Gase durch ein so genanntes Drosselventil – Joules «poröser Stopfen» – in ein unter geringerem Druck stehendes Gefäß, wobei die Temperatur gleichzeitig deutlich sinkt. Der Joule-Thomson-Effekt liegt vielen späteren Errungenschaften auf dem Gebiet der Kältetechnik zugrunde, auch solchen, die heute noch genutzt werden. Wir werden ihm als Schlüsselkonzept bei den letzten Schritten auf dem Weg zum absoluten Nullpunkt wieder begegnen.

In den frühen sechziger Jahren des 19. Jahrhunderts hatten die neuen Erkenntnisse von Joule und Thomson bezüglich der Kälteherstellung Einfluss auf die Wärmetheorie. Rudolf Clausius fand in Thomsons Aufsatz zur Thermoelektrizität einen wichtigen Hinweis auf eine Eigenschaft der Materie, der ihn sehr beschäftigte. Seit Jahren schon suchte Clausius nach einer Erklärung oder Messmethode für die offensichtlich universelle Neigung zur «Zerstreuung» von Energie. In seinem Artikel über die Thermoelektrizität zeigte Thomson, dass Materie eine gewisse innere Energie besitzt, und stellte die These auf, diese

Energie werde in irgendeiner Weise für den Zusammenhalt zwischen den Molekülen gebraucht. Clausius hatte in seinem Artikel von 1850 eine ähnliche Vermutung geäußert, aber erst als Thomson die innere Energie experimentell so gut wie nachgewiesen hatte, stürzte sich Clausius auf diese Idee, als sei es der fehlende Puzzlestein zu einem Bild, das zuvor unvollständig und unverständlich direkt vor seinen Augen gelegen hatte.

Es gibt nicht zwei Formen der Energieumwandlung, wie Clausius im Jahr 1865 feststellte, sondern drei: die mechanische Energie, die in Wärme verwandelt wird, die Wärme, die von einem wärmeren auf einen kälteren Körper übergeht, und die Veränderungen, die stattfinden, wenn sich die Moleküle, aus denen ein Stoff besteht, neu anordnen. Aus dieser Feststellung und der allgemein akzeptierten Tatsache, dass beim Übergang vom festen zum flüssigen Zustand und vom flüssigen zum gasförmigen Zustand Arbeit oder Wärme beteiligt sind, leitete Clausius das Konzept der «Disgregation» ab, das Ausmaß der Zerstreuung der Moleküle in einem Körper. Danach war die Disgregation in einem festen Stoff niedrig, in einer Flüssigkeit höher und noch höher in einem Gas.[4]

Clausius behauptete, dass sich der Energiezustand eines Gases veränderte, selbst wenn es bei seiner Ausdehnung keine Arbeit verrichtete: Die Disgregation hatte zugenommen. Um dies besser zu erklären, führte Clausius den Begriff der «Entropie» ein, ein Maß für die nicht verfügbare Energie in einem geschlossenen System oder ein Maß für die Unordnung von Energie in der Natur. Je größer die Disgregation, desto größer die Entropie.

Aufbauend auf dem, was ein Dutzend Forscher in vierzig Jahren herausgefunden hatte, kam Clausius zu dem Schluss, dass «die fundamentalen Gesetze des Universums, die den beiden

[4] Der Begriff ist veraltet. Heute spricht man von Aggregatzuständen, abgeleitet von *aggregare* («zusammenscharen»).

fundamentalen Sätzen der mechanischen Wärmetheorie entsprechen», folgendermaßen lauten: «1) Die Energie des Universums ist konstant; 2) Die Entropie des Universums strebt einem Maximum zu.»

Diese knappe und klare Definition der Energieformen höhlte das – wie es Wissenschaftshistoriker Donald Cardwell ausdrückte – «symmetrisch ausgewogene und sich selbst unterhaltende Universum» von Boyle und Newton endgültig aus und deutet etwas ganz Neues, Modernes, von theologischem Wohlwollen Entblößtes und zutiefst Beunruhigendes an: «ein Universum, das unausweichlich seinem Untergang zustrebt, die Bewegungslosigkeit im ‹Wärmetod›, in dem keinerlei Energie mehr nutzbar sein wird, obwohl nichts davon vernichtet wurde. Gleichzeitig wird die Entropie im Universum ihr Maximum erreicht haben.»

Mit anderen Worten, es wird alles zum Stillstand kommen, wahrscheinlich bei der Temperatur, die wir als den absoluten Nullpunkt bezeichnen. Ein halbes Jahrhundert nach Clausius' Erklärung sollte das Entropie-Konzept seinem geistigen Erben Walther Nernst als Schlüssel dienen, um das Verständnis der Entropie in einer Weise weiter zu verfeinern, dass Forscher des 20. Jahrhunderts in die Lage versetzt wurden, sich dem absoluten Nullpunkt bis auf ein paar milliardstel Grad zu nähern.

[7] Explosionen und seltsame Dämpfe

Im Jahr 1865, als Rudolf Clausius' bahnbrechender Artikel erschien, begann Carl Linde, sein früherer Student, bei einem Lokomotivenhersteller zu arbeiten. Zudem half er in dieser Zeit, die Polytechnische Schule in München zu gründen, die erste ihrer Art in Bayern. Linde erinnerte sich später, man habe von ihm erwartet, dass er in die Fußstapfen seines Vaters treten und Pfarrer werden würde. Aber er fühlte sich schon früh eher zum Studium der Maschinen statt dem des Glaubens berufen. Bevor Linde Ingenieur wurde, studierte er bei Clausius Physik, und er behielt den Respekt vor der Theorie zeitlebens bei. 1870 stieß er auf ein Preisausschreiben des «Vereins für Mineralöl-Industrie zu Halle a/S.»: Die Aufgabe bestand darin, eine Anlage zu entwerfen, in der man fünfundzwanzig Tonnen Paraffin ein Jahr lang bei einer Temperatur von –5 Grad Celsius lagern konnte, wobei die Kühlung mit künstlichen Mitteln erfolgen sollte.

Linde ging das Problem an, wie man es von einem Clausius-Studenten erwarten konnte. Er las alles, was er nur finden konnte, über die existierenden Kühlsysteme – einschließlich der Carré'schen Absorptionsmaschine, die den Markt beherrschte, da sie sowohl in den Vereinigten Staaten als auch in Frankreich erfolgreich war. Dann unterwarf er die verschiedenen Systeme einer thermodynamischen Analyse. Am effizientesten war das von Raoul-Pierre Pictet, einem in Genf lebenden Chemiker: ein Kompressionssystem, das Schwefeldioxid als Kühlmittel verwendete. Es funktionierte bei wesentlich niedrigeren Drücken als das seiner Konkurrenten, allerdings kam das Schwefeldioxid manchmal mit Wasser in Kontakt und bildete dann stark korrodierende Schwefelsäure, die das Metall der Maschine zerfraß. Die anderen Systeme, so stellte Linde fest, berücksichtigten die thermodynamischen Erkenntnisse über die Erhaltung der Energie nicht. Deshalb entwarf er ein eigenes, thermodynamisch sinnvolles System, das ohne Schwefeldioxid auskam und das auf der Grundlage des Carnot'schen Kreisprozesses mit komprimiertem Gas arbeitete.

Sein Artikel *Die Wärmeentziehung bei niedrigen Temperaturen durch mechanische Mittel*, der den ganzen Apparat im Detail beschreibt, erschien 1870 in einer neuen und relativ unbekannten Zeitschrift, dem *Bayrischen Industrie- und Gewerbeblatt*. Der Direktor der größten österreichischen Brauereigesellschaft las diesen Artikel und beauftragte Linde, ein Kühlsystem für eine neue Brauerei zu entwickeln. «Lindes Eismaschinen» waren so viel besser als die von Pictet und Carré konstruierten Geräte, dass sie ihre Vorgängerinnen binnen weniger Jahre ersetzten – zuerst in der Brauerei, dann in anderen industriellen Prozessen, bei denen Kühlung erforderlich war. Schon bald arbeiteten mehr als tausend Linde'sche Kältemaschinen in Fabriken in ganz Europa.

Von den drei technischen Durchbrüchen, die sich zwischen den sechziger und den achtziger Jahren des 19. Jahrhunderts ereigneten und die für das Wachstum der Städte von größter Bedeutung waren, war die künstliche Kälte diejenige, die am wenigsten Beachtung fand. Der Aufzug und die verschiedenen Kommunikationsmittel – erst des Telegrafen und dann des Telefons – wurden viel stärker hervorgehoben. Der Aufzug ermöglichte es, Häuser zu bauen, die mehr als sechs Stockwerke hoch waren. Durch Telegrafen und Telefone konnten Verwaltungen und Läger auch in einiger Entfernung vom Endverbraucher oder Kunden eingerichtet werden. Die Kühltechnik besaß die gleiche Bedeutung, denn sie ermöglichte es, eine größere Bevölkerung in einer nie da gewesenen Entfernung von den

Quellen ihrer Lebensmittelversorgung anzusiedeln. Diese Innovationen halfen, die Ergebnisse der industriellen Revolution zu festigen. Nachdem sie eingeführt waren, verdoppelte sich die Einwohnerzahl der großen Städte alle fünfundzwanzig Jahre – zuerst in den Vereinigten Staaten, wo die neuen Technologien früher Fuß fassten als in der Alten Welt, später auch in anderen Ländern.

In dieser Zeit setzte eine wahre Flut phantastischer Literatur ein. In Jules Vernes Roman *Paris im 20. Jahrhundert*, der 1960 spielt, wird beispielsweise eine Klimaanlage erwähnt, obwohl die Temperaturkontrolle in Innenräumen alles andere als erschöpfend erforscht war. Seit der Mitte des 19. Jahrhunderts sahen fast alle technischen Visionen eine Möglichkeit voraus, die Temperatur innerhalb und manchmal auch außerhalb von Gebäuden zu regeln.

Ende des 19. Jahrhunderts strömten die Menschen in Amerika nicht nur deshalb in die Städte, weil sie dort Arbeit zu finden hofften, sondern auch weil das zum Siedeln gut geeignete Land für die sich explosionsartig vermehrende Bevölkerung knapper wurde. Weite Teile der USA, etwa der Südwesten und Teile des Südostens mit ihren tropischen und subtropischen Klimaten, Wüsten und Sümpfen, waren fast das ganze Jahr über zu heiß für eine dauerhafte Ansiedlung. Rückblickend kann man sagen, die wichtigsten Hinderungsgründe für so manche Ansiedlung bestanden im Fehlen von Klimaanlagen und Haushaltskühlgeräten.

In der zweiten Hälfte des 19. Jahrhunderts wurde die Kältenutzung im Privathaushalt zum Gradmesser des Fortschritts. In New York bewahrten fünfundvierzig Prozent der Einwohner ihre Vorräte in einem mit natürlichem Eis betriebenen Kühlschrank auf. In jener Zeit gab es entlang des Hudson River im Staat New York so viele Eislagerstätten, dass eine sieben Kilometer lange Häuserzeile entstanden wäre, hätte man sie alle aneinander gereiht. Der jährliche Eisverbrauch in New York stieg kontinuierlich von hunderttausend Tonnen im Jahr 1860 auf eine Million Tonnen im Jahr 1880. In den großen Städten betrug der jährliche Pro-Kopf-Verbrauch von Eis etwa sechshundertsechzig Kilogramm, in den kleineren Städten lag er niedriger, etwa bei zweihundertfünfzig Kilogramm pro Person und Jahr.

Als die New Yorker Apfelanbauer den Druck ihrer Konkurrenten aus dem Westen zu spüren bekamen, weil diese ihr Obst in gekühlten Eisenbahnwaggons an die Ostküste transportierten, mobilisierten sie Experten, um die Qualität ihrer eigenen Früchte zu verbessern. Ein Spezialist wurde beauftragt, ein Mittel gegen Blauschimmel zu finden, damit sich die kalifornischen Orangen den Konsumenten in New York appetitlicher präsentierten als Zitrusfrüchte aus Mittel- und Südamerika. Weil sie der Auffassung waren, es gebe an der Westküste zu wenig zum Verzehr geeignete Muscheln, bestellten die Stadtväter von San Francisco einen Kühlwagen voll entsprechender Meeresfrüchte aus dem Osten, um sie in der Bucht von San Francisco anzusiedeln, und begründeten damit einen neuen Industriezweig. In einem Kommentar zum ersten gekühlten Erdbeertransport per Bahn von Chicago nach New York wagte der *Scientific American* 1869 die Vorhersage: «Es ist wohl zu erwarten, dass noch in diesem Jahr kalifornische Trauben mit der Eisenbahn zum Verkauf nach New York gebracht werden.»

Der Wunsch nach Kühlung wuchs – beinahe schon exponentiell – weiter, aber die mit der Verwendung von Schwefelsäure, Ammoniak, Äther und anderen Substanzen in Kompressions- oder Absorptionskühlmaschinen verbundenen Gefahren erwiesen sich als Hemmschuh für die weitere Verbreitung von künstlichem Eis. Dazu kam, dass die Herstellung von Kunsteis mit hohen Kosten verbunden war. Verglichen damit war Natureis, für das es überdies mittlerweile eine hervorragende Infrastruktur gab, billig. Mitte der siebziger Jahre des 19. Jahrhunderts begann die künstliche Kälte die Kühlung mit natürlichem Eis im Westen und im Mittleren Westen der USA zu überholen. Als eine Folge der verbesserten Kühlmöglichkeiten wuchs die Produktion von Schweinefleisch im Lauf weniger Jahre um sechsundachtzig Prozent, der Rindfleischexport (in Kühlschiffen) auf die Britischen Inseln stieg von fünfundfünfzig Tonnen auf sechsunddreißigtausend Tonnen. Gleichzeitig schoss die Zahl der Eisenbahnkühlwagen in den Vereinigten Staaten von ein paar tausend auf mehr als hundertzwanzigtausend.

Das Wachstum des amerikanischen Schienennetzes und die Zunahme der Kühlmöglichkeiten gingen Hand in Hand; die Kühlung bot die Möglichkeit, Nahrungsmittel zu lagern und Fleisch von geschlachteten Tieren in halbwegs frischem Zustand zu transportieren. Das führte zu einer enormen und sozial bedeutsamen Verbesserung der Lebensmittelversorgung und zog Veränderungen in der sozialen wie der geographischen Landkarte Amerikas nach sich. «Vor der Erfindung des Kühlschranks war das Schlachten von Vieh, mit dem Ziel, das Fleisch frisch zu verkaufen, im Wesentlichen ein auf die jeweilige Region beschränkter Industriezweig», berichtet Oscar Anderson in seiner Studie über die Ausbreitung der Kühltechnik in den Vereinigten Staaten. Die Kühlmöglichkeiten erlaubten es, das ganze Jahr über Fleisch zu verarbeiten. Schweinezüchter waren deshalb nicht mehr darauf angewiesen, ihre Tiere am Ende des Sommers, dem traditionellen Termin für den Verkauf – und dem Zeitpunkt, wenn der Markt mit schlachtreifen Schweinen übersättigt war –, anzubieten, sondern sie konnten das tun, wann immer die Tiere ihr Schlachtgewicht erreicht hatten.

In Großbritannien suchte die Familie Bell aus Glasgow den Rat eines anderen Glasgowers, Lord Kelvin. Familie Bell wollte die mit Natureis gekühlten Frachträume auf Transatlantikschiffen durch Kammern ersetzen, die das benötigte Eis auf künstlichem Weg selbst produzierten. Zusammen mit dem Ingenieur J. Coleman entwarf Kelvin eine so genannte Kaltluftmaschine, die die Bells verwendeten, um Fleisch aus dem fernen Australien auf die Britischen Inseln zu transportieren. Mit Hilfe der Kühltechnik konnte jede Weltregion, die Fleisch, Obst oder Gemüse produzierte, Menschen in den Städten – selbst wenn sie auf der anderen Seite des Globus wohnten – mit Nahrungsmitteln versorgen. Orangen im Winter waren nicht länger ein königlicher Luxus.

Die Kühlmöglichkeiten in Kombination mit den Eisenbahnen sorgten dafür, dass sich der Wohlstand in den USA allmählich auch nach Westen ausbreitete; das Pro-Kopf-Einkommen der Arbeiter in den Verpackungs- und Frachtzentren für Lebensmittel in Chicago und Kansas City stieg auf Kosten der Arbeiter in Boston, New York und Philadelphia. Die Kühltechnik versetzte die Produzenten von Milchprodukten im Mittleren Westen in die Lage, die Butter- und Käsepreise ihrer Konkurrenten im Nordosten zu unterbieten. Dank Kühltechnik konnten Händler aus St. Louis und Omaha zerlegte Rinder, Schafe und Lämmer für weniger Geld zu den Märkten bringen, als der Transport lebender Tiere gekostet hätte. Als die Eisenbahnmagnaten versuchten, den Händlern für das Fleisch den gleichen Preis abzuverlangen wie für die lebenden Tiere, ließen die Händler eigene Kühlwaggons bauen und erzwangen so einen Kompromiss.

Die enorm gestiegene Nachfrage nach Fleisch – gefördert durch die Kühlmöglichkeiten bei Lagerung und Transport – veranlasste Rancher und die amerikanische Regierung, im Westen der Vereinigten Staaten Millionen von Hektar Land für die Viehzucht in Beschlag zu nehmen. Damit begann die letzte Phase des Vernichtungsfeldzugs, den die europäischen Siedler gegen die amerikanischen Ureinwohner führten: Indem sie den Büffel an den Rand der Ausrottung brachten, entzogen sie den amerikanischen Indianern, deren Leben um den Büffel kreiste, die Existenzgrundlage. Üblicherweise gibt die amerikanische Geschichtsschreibung dem «Feuerross» die Schuld am Untergang des «roten Mannes»; mit der gleichen Berechtigung könnte man jedoch auch sagen, es sei der Kühlschrank gewesen.

Eiseskälte, die Temperatur, die für die meisten Aufgaben im Bereich der Konservierung von Lebensmitteln und Medikamenten, des Brauereiwesens, des Transports und der Raumkühlung in Krankenhäusern genügte, ließ sich mit normalen Kühlmethoden herstellen. Aber einige Forscher wollten die Reise nicht an der Küste des Landes der Kälte enden lassen, sondern sie weit ins Landesinnere hinein fortsetzen, in einen Temperaturbereich, der ein paar Dutzend oder gar Hunderte von Grad unter dem Gefrierpunkt von Wasser lag. Dieses Gebiet befand sich außerhalb der Sinneserfahrung von warmblütigen Menschen, es war so kalt, dass Haut und Nerven die Intensität der Kälte nicht einmal wahrnehmen konnten. Allein mit dem Thermometer ließ sich der Grad der Kälte nicht bestimmen. Um diesen Teil des Landes der Kälte zu erobern, brauchten die Forscher eine bessere Technologie; die fanden sie in der Verflüssigung von Gasen.

Eigentlich war es eine Wiederentdeckung, denn die Verflüssigung von Gasen hatte bereits mit van Marum und dem Ammoniak im Jahr 1787 eingesetzt. Weitere wichtige Fortschritte wurden 1823 und in den frühen dreißiger Jahren des 19. Jahrhunderts gemacht, als Faraday Chlor verflüssigte und Thilorier sogar schon über die Verflüssigung hinausging und aus Kohlendioxid Trockeneis herstellte.

In einer Vorlesung, die er 1838 an der *Royal Institution* hielt, demonstrierte Faraday die bemerkenswert tiefe Temperatur von –110 Grad Celsius; erreicht hatte er sie mit der «Thilorier-Mischung»: Trockeneis (festes Kohlendioxid), Schnee und Äther. Er hätte nun sofort versuchen können, mit Hilfe der Thilorier-Mischung auf dem Gebiet der Verflüssigung weiter zu kommen, aber er erlitt einen Zusammenbruch, den Freunde seiner körperlichen und geistigen Erschöpfung zuschrieben: Er hatte in einem Jahr so viel gearbeitet, dass er damit vier wissenschaftliche Aufsätze füllen konnte. Moderne Historiker glauben, bei Faradays Erkrankung habe es sich um eine Quecksilbervergiftung gehandelt, eine damals noch nicht bekannte Krankheit. Was auch immer der Grund war, sein schlechter Gesundheitszustand hielt Faraday bis 1845 vom Labor fern. Doch sobald er sich erholt hatte, kehrte er zu den Verflüssigungsexperimenten zurück.

Die Thilorier-Mischung war eine so große Hilfe bei der Erzeugung tiefer Temperaturen, dass Faraday trotz seiner ansonsten primitiven Ausrüstung – eine Handpumpe, um die Gase zu komprimieren, und ein Labor, das damals weithin als das für einen ernsthaften Wissenschaftler schlechteste in ganz London angesehen wurde – 1845 in wenigen Monaten alle bekannten Gase verflüssigte, mit Ausnahme von sechsen, die er nicht umwandeln konnte und die deshalb den Namen «permanente» Gase erhielten: Sauerstoff, Stickstoff, Wasserstoff, Stickstoffdioxid, Methan und Kohlenmonoxid.

Die «permanenten» Gase stellten ein großes wissenschaftliches Problem dar und wären es wert gewesen, von einem so hervorragenden Kopf wie Faraday in Angriff genommen zu werden. Aber der hatte 1845 offenbar entschieden, dass die Möglichkeiten seines neuen Spielzeugs ausgereizt seien, denn er beschäftigte sich nicht weiter mit der Verflüssigung von Gasen, sondern wandte sich der Elektrizität und dem Magnetismus zu. Weniger große Männer auf dem Kontinent nahmen die Herausforderung an. Ein französischer Physiker namens Aimé, der bemerkt hatte, dass in den Tiefen des Meeres große Drücke herrschten, presste Stickstoff und Sauerstoff zunächst mit normalen Mitteln in Metallzylinder, dann ließ er sie mehr als zweieinhalb Kilometer tief ins Meer hinab. Er registrierte Drücke bis zu 200 Atmosphären, aber die Gase verflüssigten sich nicht. Der Wiener Johannes Natterer, von einem Historiker als ein «ansonsten unbekannter Arzt» beschrieben, ging das Problem der Verflüssigung ganz einfach an: Wenn das Boylesche Gesetz richtig war, musste er den Gasdruck nur immer weiter erhöhen, bis das Volumen so weit abgenommen hatte, dass die Verflüssigung eintrat. Deshalb quälte er seine Apparatur so lange, bis sie in der Lage war, auf das Stickstoffgas einen Druck von 3600 Atmosphären auszuüben. Doch selbst dann verflüssigte es sich nicht.

Nun packten zwei talentiertere Forscher das Problem an, jeder von einer anderen Seite. Der eine war einer der scharfsinnigsten Köpfe jener Zeit, der Russe Dmitrij Iwanowitsch Mendelejew, der für die Aufstellung des Periodensystems der Elemente berühmt wurde. Er ging vom flüssigen Zustand aus, um herauszufinden, bei welcher Temperatur genau ein verflüssigtes Gas wieder in die Gasphase überführt werden konnte. Der Ansatz war logisch, aber er erwies sich nicht als fruchtbar. Die umgekehrte Herangehensweise – feststellen, unter welchen Bedingungen sich ein Gas in eine Flüssigkeit verwandelt – wählte ein in Belfast lebender schottischer Arzt namens Thomas Andrews.

Andrews war der älteste Sohn eines Belfaster Tuchhändlers und besaß schon in jungen Jahren einen ausgesprochenen Hang zur Chemie. Mit siebzehn hatte er in Glasgow alle Möglichkeiten des Chemiestudiums ausgeschöpft und reiste auf der Suche nach einem Labor, in dem er mitarbeiten konnte, durch mehrere Hauptstädte Europas, bis er in Paris einen jungen Chemiker kennen lernte, der auf dem Wege war, ein bekannter Lehrer zu werden: Jean-Baptiste Dumas. Ende der dreißiger Jahre des 19. Jahrhunderts kehrte Andrews nach Irland zurück, studierte Medizin und lehrte Chemie. Als Arzt praktizierte er jedoch nicht lange, dann vertiefte er sich in eine Versuchsreihe zur Wärme, die bei chemischen Reaktionen entsteht oder verbraucht wird. 1849 wurde er Vizepräsident des neuen *Queen's College* in Belfast, dessen erster Professor für Chemie und außerdem Mitglied der *Royal Society.* Er plagte sich fünf Jahre lang mit nicht eindeutig zu interpretierenden Experimenten herum, in denen er die Zusammensetzung und die Dichte von Ozon ermitteln wollte. Diese Versuche führten ihn Anfang der sechziger Jahre des 19. Jahrhunderts zu seiner bedeutendsten Leistung: In höchst systematischer Weise untersuchte er ein Gebiet, das bis dahin noch niemand richtig vermessen hatte – die Grauzone, in der sich Gase und Flüssigkeiten ineinander umwandeln.

Andrews gehörte nicht zu den innovativen Denkern – am Ozon ist ihm beispielsweise einiges entgangen –, aber er wählte die richtige Substanz für seine neue Arbeit: Kohlendioxid, von dem man wusste, dass es sich bereits bei mäßigem Druck vom Gas in eine Flüssigkeit verwandeln ließ. Als Andrews das Volumen seines Kohlendioxidgases bei unterschiedlichen Drücken und gleich bleibender Temperatur maß, erhielt er in der graphischen Darstellung zunächst die nach dem Boyleschen Gesetz zu erwartenden Kurven. Diese Kurven heißen «Isothermen», weil sie die Beziehung zwischen Druck und Volumen bei einer bestimmten konstanten Temperatur beschreiben. Bis van Marum hatten alle Forscher nur glatte Isothermenlinien gefunden. Van Marum hatte eine Unregelmäßigkeit entdeckt – eine Veränderung in der Kurvenform –, und zwar an der Stelle, wo sich der Ammoniak in eine Flüssigkeit verwandelt, aber er war diesem experimentellen «Wink mit dem Scheunentor» nicht weiter nachgegangen, etwa indem er die Temperatur variierte oder neue Isothermen suchte, an denen entlang er Messungen hätte vornehmen können. Andrews tat beides. Er besaß eine bessere Ausrüstung für die Druckerzeugung und konnte das Kohlendioxid zwischen Gas- und Flüssigkeitsphase regelrecht hin und her schieben. Bei fast einem Dutzend Temperaturen notierte er sehr genau Volumen und Zusammensetzung des Stoffes. Er entdeckte, dass gasförmiges und flüssiges Kohlendioxid bei einer ganzen Reihe niedriger Temperaturen und bestimmten Druck-Volumen-Kombinationen in einem Gleichgewicht standen. Mit weiteren Versuchen fand Andrews heraus, dass sich Kohlendioxidgas nicht verflüssigen lässt, egal wie hoch der Druck ist, solange eine bestimmte «kritische Temperatur» nicht unterschritten wird.

Das war eine echte Sensation, und eigentlich hätte Andrews daraus ein neues Gesetz ableiten müssen. Während das Boylesche Gesetz die Beziehung zwischen Druck und Volumen bei höheren Temperaturen richtig beschrieb, versagte es, wenn die Temperatur unter die kritische sank; hier musste ein anderes Gesetz zur Anwendung kommen – eines, das Andrews anfänglich nicht zu formulieren wagte. Er begnügte sich zunächst mit dem allgemeinen Satz: «Für jede Flüssigkeit gibt es eine Temperatur, bei der es mit keinem noch so großen Druck möglich ist, sie in der flüssigen Form zu erhalten.» Später wurde er mutiger, sprach seine Gedanken aus und beunruhigte andere damit genauso wie sich selbst: Gase und Flüssigkeiten waren keine unabhängigen, fixierten Zustandsformen der Materie, sondern ein jeder Stoff (wie das Kohlendioxid) existierte entlang eines Kontinuums; unter bestimmten Druck- und Temperaturbedingungen konnte er als Gas, als Flüssigkeit und als fester Stoff vorliegen.

Dieser Erkenntnis hatten sich die Wissenschaftler im Verlauf eines Jahrhunderts millimeterweise genähert, aber vor Andrews war sie nie klar und deutlich ausgesprochen worden, und es hatte auch keine experimentellen Belege dafür gegeben. Selbst Andrews gab keine umfassende Erklärung, sondern ließ viele Fragen zu den Zustandsformen der Materie offen. Aber er erkannte die Konsequenzen seiner Arbeit für die weitere Erforschung der Kälte und wagte die Vorhersage: «Vielleicht erleben wir es noch, aber auf jeden Fall haben wir einigen Grund zu der Annahme, dass die, die nach uns kommen, es erleben werden, dass Stoffe wie Wasserstoff und Sauerstoff im flüssigen, vielleicht sogar im festen Zustand vorliegen.»

Andrews' Kontinuitätstheorie wurde von seinen britischen

Kollegen mit Interesse aufgenommen, den niederländischen Physiker Johannes Diderik van der Waals versetzte er sogar in höchste Aufregung. Van der Waals war der Sohn eines Schreiners und hatte lange nach seiner eigentlichen Bestimmung gesucht: Er wählte den Lehrerberuf und unterrichtete zuerst an der Volksschule, dann an einer Oberrealschule, und 1866 wurde er Direktor der höheren Bürgerschule in Den Haag. Diese Tätigkeiten befriedigten ihn nicht, und darum begann er Ende der sechziger Jahre des 19. Jahrhunderts, neben seiner Arbeit in Leiden Physik zu studieren. Dort begegnete er den wissenschaftlichen Werken von Andrews, van Marum und ihrem Vorläufer Boyle.

Andrews war es zwar gelungen zu zeigen, dass das Boylesche Gesetz nur unter bestimmten Bedingungen gilt, aber er konnte keine neue mathematische Erklärung anbieten, die Boyles, van Marums und seine eigenen Ergebnisse berücksichtigte. Van der Waals beschloss, ein Modell zu entwickeln, das all ihre scheinbar widersprüchlichen Ergebnisse vereinte, eine Erklärung für das Zusammenwirken von Druck, Volumen und Temperatur. Seine Erklärung sollte selbst solche Randerscheinungen erfassen wie die unerklärliche Beobachtung, die Joule und Thomson gemacht hatten: Beim Ausdehnen von Stickstoff und Sauerstoff war eine Abkühlung eingetreten, beim Ausdehnen von Wasserstoff eine Erwärmung. Mit seiner 1873 erschienenen Doktorarbeit *Over de Continuïteit van den Gas- en Vloeistoftoestand* («Über die Kontinuität des Gas- und Flüssigkeitszustands») und einem nachfolgenden Artikel machte van der Waals seine Vorsätze wahr.

Kernpunkt seines Modells bildete die Vorstellung von Anziehungskräften zwischen Atomen und Molekülen. Van der Waals ersetzte Boyles nur für «ideale» Gase gültiges Gesetz durch eine «Zustandsgleichung», die auch «reale» erfasste. Neben Druck, Volumen und Temperatur berücksichtigte diese das Eigenvolumen der Atome und die Druckänderung aufgrund der gegenseitigen Anziehung zwischen den Atomen bzw. Molekülen. Mit dieser Gleichung beschrieb van der Waals mathematisch, wie die Moleküle eines Gases weniger dicht gepackt sind als die einer Flüssigkeit. Das Wort «Gas» leitet sich von dem griechischen Begriff *cháos* her, der so viel bedeutet wie «Unordnung». Insofern macht die Erklärung, dass die Moleküle eines Gases weniger ordentlich und dicht sind als die einer Flüssigkeit, sowohl intuitiv wie auch mathematisch Sinn. In der graphischen Darstellung sahen die Kurven der Van-der-Waals-Gleichung den Isothermen-Linien sehr ähnlich, die Andrews aufgezeichnet hatte. Eine Ausnahme bildeten die Isothermen unterhalb der kritischen Temperatur: Dort gab es eine «Gleichgewichtszone», in der Gas und Flüssigkeit nebeneinander vorlagen. In diesem Bereich waren Andrews' Linien gerade, während sich die von van der Waals entlang der Druckachse hinab, hinauf und wieder hinab bewegten.

Diese geschwungenen Kurven waren ein weiterer Beweis dafür, dass eine bestimmte Temperatur bei gegebenem Druck mit drei verschiedenen Volumina einhergehen kann. Van der Waals' Arbeit eröffnete der weiteren Forschung ungeahnte Möglichkeiten. Schon bald sollte sich die Vorstellung als nützlich erweisen, dass eine Gas-Flüssigkeits-Mischung sowohl Moleküle niedriger Dichte und höherer Temperatur (in der Gasphase) enthielt wie auch Moleküle höherer Dichte und niedriger Temperatur (in der Flüssigkeitsphase). Wenn man aus der Mischung die wärmeren, weniger dichten Gasmoleküle entfernen könnte, sodass die kälteren, dichteren Flüssigkeitsmoleküle zurückbleiben, dann würde die Flüssigkeit sehr rasch abkühlen – wie bei einer verstärkten Verdunstung.

Die Bedeutung von van der Waals' Doktorarbeit lässt sich daran ermessen, dass viele Forscher, die großes Interesse an der Thermodynamik und an der Physik der Gase hatten, wie etwa der Brite James Clerk Maxwell, versuchten, holländisch zu lernen, nur um sie zu lesen.

Die Zeit war nun reif für den Generalangriff auf die «permanenten» Gase. Ursprünglich wurden diese Experimente nur unternommen, um die Verflüssigungen zu erreichen, von denen Faraday einst dachte, sie seien technisch unmöglich. Aber dann zeigte sich, dass sie Folgen hatten, die weit über dieses erste wichtige Ziel hinauswiesen. Denn sie führten zu einem Wettlauf um das Erreichen des absoluten Nullpunkts, der tiefsten vorstellbaren Temperatur. Dabei erschlossen sie das Land der Kälte – was nicht unwesentlich ist – für die Entwicklung praktischer Anwendungen, die die Gesellschaft in weit größerem Maß verändern sollten, als die Kältemaschinen dies bereits zu tun begonnen hatten.

Viele Wissenschaftler in den Niederlanden, in der Schweiz, in Deutschland, Großbritannien und Frankreich stellten sich der Herausforderung, die so genannten «permanenten» Gase zu verflüssigen. Zu ihnen zählte Louis-Paul Cailletet, Absolvent einer Bergakademie, der bei seinem Vater in einer Eisengießerei arbeitete. Von Zeit zu Zeit schickte Cailletet eine Mitteilung an die *Académie des Sciences*, die diese ohne weiteren Kommentar in ein paar Zeilen abdruckte. Meist erfuhr der Leser nicht mehr, als was Cailletet getan hatte, zum Beispiel, dass er sich mit der Durchlässigkeit (Permeabilität) von Metallen für Gase beschäftigte. Um 1870 zog Cailletet wieder nach Châtillon-sur-Seine, die Stadt, in der er geboren war, und richtete sich dort ein privates Labor ein. Châtillon lag nahe bei Paris, und die *Académie* erachtete einen Wohnsitz in Paris als unabdingbar für die Aufnahme. Cailletets erste Versuche, Mitglied zu werden, waren abgelehnt worden. Da befand er sich in guter Gesellschaft. In den fünfzig Jahren, seitdem die *Académie* mit Carnot kurzen Prozess gemacht hatte, war sie sogar noch mehr in Traditionen erstarrt und berauschte sich an ihrer Bedeutung für die Wissenschaft, die allerdings immer noch beträchtlich war. Louis Pasteur brauchte zwanzig Jahre und viele vergebliche Versuche, bis er endlich zum Mitglied gewählt wurde und in den Pantheon aufstieg. Joseph Valentin Boussinesq, ein Fachmann für Wärmeleitung, hatte sich zwischen 1868 und 1873 fünfmal ohne Erfolg beworben. Selbst politische Umwälzungen – wie der Verlust von Elsass-Lothringen an das Deutsche Reich, das Ende der Herrschaft von Napoleon III., der Sturz der Pariser Kommune, die Errichtung der Dritten Republik und die formale Einsetzung einer republikanischen Verfassung 1875, konnten die *Académie* in keiner Weise erschüttern – im Gegenteil, sie schienen deren Beständigkeit und Bedeutung als Säule des französischen Lebens umso mehr zu unterstreichen. Wenn man zu wissenschaftlichem Ruhm kommen wollte – und ganz nebenbei auch für die Prioritätsfrage bei einer Patentanmeldung –, war es wichtiger als je zuvor, dass die wissenschaftliche Arbeit eines Forschers im Kreis der Auserwählten der *Académie* gelesen und diskutiert wurde.

Im Herbst des Jahres 1877 hatte es keine Todesfälle unter den Vollmitgliedern gegeben, deshalb bestand keine Möglichkeit, den fünfundvierzigjährigen Cailletet auf einen frei gewordenen Platz zu wählen. Doch man stellte ihm in Aussicht, als korrespondierendes («auswärtiges») Mitglied aufgenommen zu werden. Fest entschlossen, diese Position zu erlangen, tat er natürlich nichts, was die heikle Phase des Sammelns von empfehlenden Ja-Stimmen unter den Komiteemitgliedern gefährden konnte. Dazu gehörte auch, bloß nicht aufzufallen und gegebenenfalls den Bericht über eine wichtige Entdeckung auf einen Zeitpunkt zu verschieben, wo er nicht als Versuch der Einflussnahme auf die Entscheidung des Komitees interpretiert werden konnte. Der Kandidat musste den Vollmitgliedern seine Aufwartung machen, die ihm – selbstverständlich – keine Hinweise geben durften, ob sie für oder gegen ihn stimmen würden. Dann gab es die Gruppierungen, deren Unterstützung man sich sichern oder deren Unmut man vermeiden musste –

die Studenten eines einzelnen, einflussreichen Lehrers, die Absolventen einer Universität wie der *École Polytechnique* (die bis zu fünfundzwanzig Prozent der Akademiemitglieder stellten), die Anhänger einer bestimmten Theorie oder Leute, die etwas gegen Forscher hatten, die an praktischen Problemen oder für die industrielle Anwendung arbeiteten.

Wie viele andere Wissenschaftler auch war Cailletet gefesselt von dem Gedanken, das zu erreichen, was Faraday für unmöglich erklärt hatte; als Ansporn dienten ihm die Beobachtungen von Andrews und van der Waals' Theorie, beide Anfang der siebziger Jahre des 19. Jahrhunderts veröffentlicht. Es hatte sich gezeigt, dass es mit der richtigen Kombination aus Druck und niedrigen Temperaturen gelingen müsste, so gut wie jedes Gas zu verflüssigen. Jetzt galt es, die technischen Probleme zu lösen und den richtigen Apparat dafür zu finden oder zu bauen. Cailletet kaufte Turbinen für die Druckerzeugung, steckte Röhren und Glasgefäße zusammen und machte sich im November 1877 mit einem Assistenten daran, Acetylen zu verflüssigen. Er wählte diesen Kohlenwasserstoff, der nicht zu den permanenten Gasen gehört, weil man aus seinem Atomgewicht schließen konnte, dass er sich mit etwa 60 Atmosphären verflüssigen ließ. In den letzten Jahren war es möglich geworden, solche und noch sehr viel höhere Drücke unter kontrollierten Bedingungen im Labor herzustellen.

Cailletets erster Versuch endete ganz ähnlich wie Faradays Ammoniak-Experimente – mit einer Explosion, deren «Hinterlassenschaften» ihm zeigten, dass ihm die Verflüssigung gelungen war. Der Übergang in die flüssige Phase hatte stattgefunden, als der Druck auf das komprimierte Gas versehentlich vermindert wurde. Den nächsten Versuch führte er mit einer reineren Gasfraktion und bei der kritischen Temperatur von 308 Kelvin (etwa 35 Grad Celsius) durch; mit dem «kritischen Druck» von 61,6 Atmosphären erhielt er flüssiges Acetylen. Doch dieses Gas gehörte nicht zu den permanenten Gasen. Um die *Académie* zu beeindrucken, musste Cailletet Sauerstoff verflüssigen.

Zu diesem Zweck kombinierte er die neueste Technik der Druckerzeugung – er brauchte 300 Atmosphären – mit Kühltechniken, die seit den Experimenten von William Cullen im Jahr 1748 in den Labors ständig weiterentwickelt worden waren. Cailletet umschloss ein mit gasförmigem Sauerstoff gefülltes Glasgefäß mit einem zweiten Gefäß, das ebenfalls gasförmiges Schwefeldioxid enthielt. Dadurch sank die Temperatur in dem inneren Gefäß auf –29 Grad Celsius. Währenddessen stand der ganze Apparat unter enormem Druck. Als Cailletet den Druck plötzlich minderte, bildete sich in dem Gefäß mit dem Sauerstoff zuerst ein eigenartiger Nebel, dann schlugen sich kleine Tropfen an der Gefäßwand nieder, das heißt, ein Teil des Sauerstoffs hatte sich verflüssigt. Die wenigen Tropfen verdampften bald wieder, aber das Ereignis hatte stattgefunden. Cailletet schätzte, dass der plötzliche Druckabfall die Temperatur auf etwa –200 Grad Celsius gesenkt hatte.

Das geschah am 2. Dezember 1877, einem Sonntag. Cailletet schrieb sofort einen Brief an Henri Sainte-Claire Deville, einen Freund und Vollmitglied der *Académie*, in dem er seinen erfolgreichen Versuch und die angewandten Methoden schilderte. Dann ging er taktisch vor. Die Akademiemitglieder trafen sich wöchentlich, immer Montagnachmittag um drei, im Dezember also am 3., am 10., am 17. und am 24. Die Abstimmung über Cailletets Aufnahme als korrespondierendes Mitglied stand für den 17. auf dem Plan. Er wollte die Wahl unbedingt gewinnen und die Verflüssigung von Sauerstoff am Heiligen Abend verkünden. Um das zu erreichen, organisierte er eine Demonstration seiner Sauerstoffverflüssigung am 16. an der *École Normale.* Sein Assistent kannte die Assistenten anderer Labors, und so verbreitete sich die Kunde von der bevorstehenden Demonstration wie ein Lauffeuer. Die Vorführung lief nach Plan und könnte durchaus den Ausschlag für Cailletets Wahl gegeben haben: Am 17. wurde er mit dreiunddreißig zu neunzehn Stimmen zum korrespondierenden Mitglied der *Académie des Sciences* gewählt. Erst danach schickte er seine «Mitteilung» ab und hoffte, dass sie am 24. verlesen würde.

Wie immer am Heiligen Abend herrschte in Paris eine festliche Atmosphäre, alles war voller Vorfreude auf den ersten Weihnachtsfeiertag. Um drei Uhr nachmittags versammelten sich die Akademiemitglieder in der Kapelle unter der goldenen Kuppel des früheren *Collège des Quatres Nations*, das dem Louvre gegenüber am linken Ufer der Seine lag. Viele von ihnen trugen die elegante schwarze Uniform mit der grünen Stickerei. Victor Regnault war da, schwer krank und bereits vom Tode gezeichnet. Auch Jean-Baptiste Dumas' frühere Studenten fanden sich ein: Deville, Charles-Adolphe Wurtz, Auguste Cahors. Jedes Mitglied saß an dem ihm zugewiesenen Platz – die Stühle waren in einem Oval um das in der Mitte stehende Chorpult aufgestellt – und hatte den ehemaligen Altarraum im Blick, in dem sich nun die Schreibtische der Sektionsvorsitzenden und des ständigen Sekretärs befanden. Auf dem Schreibtisch des Sekretärs türmten sich die Briefe, Artikel und Bücher, die von Dutzenden von Bewerbern an die *Académie* geschickt worden waren; viele davon kannten die Akademiemitglieder nicht einmal. An einem Dezembernachmittag wurde der Raum sicher von Gaslampen erleuchtet, die die Kerzen erst zwei Jahre zuvor ersetzt hatten. Die Säulenöfen in den vier Ecken des Raums trugen die Büsten von einigen wenigen Wissenschaftlern, wie etwa Laplace, und an der Rückwand hingen im oberen Bereich die Porträts von anderen, zum Beispiel das von Lavoisier.

Dumas, der Sekretär und Hauptverfechter der Rehabilitation von Antoine Lavoisier, legte die Bedeutung dieser besonderen Situation dar. Nachdem Lavoisier seinen Kopf an die Guillotine verloren hatte, bemühten sich einige Akademiemitglieder nach Kräften, sein Werk nachträglich in Misskredit zu bringen;

dass die Caloricum-Theorie widerlegt wurde, gab noch weiteres Wasser auf ihre Mühlen. Aufgrund der Bemühungen von Dumas und einigen anderen war der Ruf des Vaters der französischen Chemie inzwischen teilweise wiederhergestellt. Nun fand es Dumas an der Zeit, die letzten Zweifel an Lavoisier auszuräumen und in den Köpfen seiner Zuhörer die Verbindung zwischen dem anstehenden Bericht und der großen Tradition der französischen Chemie herzustellen. Zu diesem Zweck las er aus dem Werk des Meisters eine spekulative Vermutung, was geschehen könnte, wenn die Erde plötzlich in die «kältesten Regionen des Sonnensystems» versetzt würde. Dort, so schreibt Lavoisier,

> würden sich die Wasser unserer Flüsse und Meere in feste Gebirge verwandeln. Die Luft, oder zumindest einige ihrer Bestandteile, wären nicht länger ein unsichtbares Gas, sondern gingen in den flüssigen Zustand über. Eine Transformation dieser Art brächte Flüssigkeiten hervor, von denen wir heute noch keine Vorstellung besitzen.

Erst nach dieser Vorrede wurde Cailletets «Mitteilung» verlesen. Wie erwartet löste sie beträchtliche Aufregung aus. Der schwerwiegendste Einwand kam von einem Mitglied, das meinte, der Durchbruch sei erst dann wirklich gelungen, wenn man größere Mengen flüssigen Sauerstoffs herstellen könne und wenn der flüssige Zustand länger anhielte als eine oder zwei Sekunden.

Und dann, als sich Cailletet gerade in seinem Ruhm sonnte, verkündete der Sekretär, dass er zwei Tage zuvor ein Telegramm von Raoul Pictet erhalten habe, einem Schweizer Physiker, der bereits ein Pionier bei der kommerziellen Nutzung der Kältetechnik war. Das Telegramm hatte folgenden Wortlaut: «Heute Sauerstoff verflüssigt bei 320 Atmosphären und 140 Grad Kälte und kombinierte Anwendung von schwefliger und Kohlensäure.»

Cailletet war entsetzt, und das Entsetzen steigerte sich noch, als ein Brief von Pictet verlesen wurde, den dieser schon früher geschrieben und in dem er das Ergebnis vorweggenommen hatte. Dieser Brief legte Pictets völlig anderen Ansatz zur Verflüssigung von Sauerstoff im Detail dar.

Henri Sainte-Claire Deville sprang rettend ein. Als ehemaliger Student von Dumas war es für ihn kein Problem, vom Vorsitzenden das Wort zu erhalten. Deville beharrte darauf, dass die Priorität Cailletet gebührte, und er erklärte, dass er am 3. Dezember, nachdem er Cailletets Brief erhalten hatte, diesen sofort zum Sekretär gebracht habe, der ihn abgezeichnet, mit Datum versehen und versiegelt habe. Dieser Brief wurde gefunden und geprüft. Dann ehrte man Cailletet offiziell als ersten Verflüssiger des Sauerstoffs.

Eine Woche später, am Neujahrstag, kam Cailletet wieder in die montägliche Sitzung und vermeldete, dass er, während die anderen mit Weihnachtenfeiern beschäftigt waren, in sein Labor gegangen sei und einen weiteren Hauptbestandteil der Luft verflüssigt habe, den Stickstoff.

In einer einzigen Woche war man mit Siebenmeilenstiefeln in ein entferntes Gebiet im Land der Kälte vorgedrungen und dem absoluten Nullpunkt so nahe gekommen wie nie zuvor.

[8] Eine Karte vom Land der Kälte

Die Nachricht, dass Cailletet und Pictet Stickstoff und Sauerstoff verflüssigt hatten, elektrisierte im Dezember 1877 die wissenschaftliche Welt; damit eröffneten sich ganz neue Möglichkeiten für Forschungen im Bereich der tiefsten Temperaturen. Einzeln und in Gruppen nahmen die Wissenschaftler den Vorstoß zum absoluten Nullpunkt in Angriff. Außerdem begannen sie mit Untersuchungen, ob sich die Eigenschaften der Materie womöglich unter dem Einfluss großer Kälte veränderten.

Im Laufe der folgenden fünfunddreißig Jahre – Ende des 19. und Anfang des 20. Jahrhunderts – erforschten die verschiedensten Konkurrenten auf wissenschaftlichem Gebiet die Umrisse und Charakteristika dessen, was sie selbst häufig als «Landkarte der Kälte» bezeichneten. Dieses Bild wählten sie, weil sie sich vorkamen wie auf einer Entdeckungsreise mit ihren Gefahren, dem Gefühl, ins Unbekannte vorzudringen, und all den romantischen Vorstellungen, die bei diesem Vergleich mitschwingen. Geographische Entdecker drängte es zu Nord- und Südpol, Physiker und Chemiker befanden sich auf einer ähnlich abenteuerlichen Reise mit dem Ziel, den «Kältepol» oder das «Ultima Thule» zu erreichen – den absoluten Nullpunkt. «Die arktischen Regionen in der Physik üben auf die Experimentatoren den gleichen Reiz aus wie der extreme Norden oder Süden auf die Entdecker», sagte Heike Kamerlingh Onnes, der Direktor des niederländischen Labors für Tieftemperaturforschung, in einer Rede. James Dewar von der *Royal Institution* in London, einem weiteren führenden Labor der Kälteforschung, klagte in einer Vorlesung, dass sich die Öffentlichkeit viel weniger für die wissenschaftliche Jagd nach dem absoluten Nullpunkt interessiere als für die Rennen zum Nord- und zum Südpol, und das, wo doch «die Annäherung an den absoluten Nullpunkt ganz neue Forschungsgebiete eröffnen und es ermöglichen wird, Materie und Energie unter völlig anderen Bedingungen zu untersuchen ... In beiden Fällen hängt der Erfolg in hohem Maße von der Ausrüstung, dem Durchhaltewillen und der Wahl des richtigen Weges ab.» Während es keinen zwingenden Grund gab, warum der Nordpol nicht erreicht werden sollte, lagen jedoch «schwerwiegende Gründe für die Annahme [vor], dass der Nullpunkt nie erreicht werden kann und dass die physikalischen Probleme immer größer werden, je näher wir an ihn herankommen». Kamerlingh Onnes legte außerdem dar, dass – gerade weil es so schwierig war, vorwärts zu kommen – jeder einzelne Schritt in Richtung absolutem Nullpunkt zu außerordentlich wichtigen wissenschaftlichen Erkenntnissen führen würde; je schwerer es werde, desto näher seien die Experimentatoren ihrem Ziel.

James Dewar behauptete einmal, die Erfahrung, die ihn am meisten geprägt habe, sei die lange Krankheit gewesen, die er sich 1857 im Alter von zehn Jahren zugezogen hatte, nachdem er durch ein Eisloch in einen Teich gefallen war. Zwei Jahre dauerte es, bis sich der jüngste Sohn eines Weinhändlers und Gastwirtes aus Kincardine-on-Forth in Schottland von dem «rheumatischen Fieber» erholt hatte, das ihn nach seiner Rettung heimsuchte. Die Krankheit verkrüppelte seine Gliedmaßen, sodass er sich nur noch mit Krücken fortbewegen konnte. Der Dorfschreiner lehrte ihn Geigen bauen, um seine Finger und Arme zu kräftigen. Später erklärte Dewar, die Übung durch das Geigenbauen sei der Grund für seine Geschicklichkeit im Labor. Eine andere Verbindung sprach er nicht explizit aus, sie scheint aber nahe liegend: Der Sturz durch die Eisdecke erzeugte eine Faszination für die Kälte, die seine produktivsten

Jahre erfüllte und lenkte. Von dem Moment Ende Dezember 1877 an, als er von Cailletets Sauerstoffverflüssigung hörte, bis zur Entdeckung der Supraleitfähigkeit durch Kamerlingh Onnes im Jahr 1911 widmete sich Dewar mit Haut und Haaren dem Versuch, den absoluten Nullpunkt zu erreichen und die Eigenschaften der Materie unter den Bedingungen extremer Kälte zu entdecken – seine Beschäftigung mit dem Thema grenzte an Besessenheit.

1859, mit siebzehn Jahren, hatte sich Dewar an der Universität von Edinburgh eingeschrieben, wo er zusammen mit seinem älteren Bruder, einem Studenten der Medizin, wohnte. Um eine Stelle als Laborassistent zu erhalten, legte er eine seiner Geigen vor – als Beweis seiner Geschicklichkeit. In Edinburgh gewann er mehrere Preise in Mathematik und Naturphilosophie, und während seiner Zeit an der Universität studierte er bei einigen der angesehensten Physiker und Chemiker seiner Zeit, oder er arbeitete als Assistent in deren Labors. Aus Messing und Holz baute er ein Modell des Benzols, wie es von Friedrich Kekulé, dem Vater der Strukturchemie, vorgeschlagen worden war. Dewars Modell zeigte, dass der Benzolring nur eine von sechs verschiedenen Varianten darstellt, und als ein führender britischer Wissenschaftler das Modell an Kekulé sandte, lud dieser Dewar ein, mit ihm den Sommer über in Gent zu arbeiten – eine große Ehre. 1875 wurde Dewar auf den 1782 von Richard Jackson gestifteten Lehrstuhl für «Experimentelle Naturphilosophie» nach Cambridge berufen, den er vierzig Jahre lang innehatte, obwohl er eine Bedingung für diesen Posten nie erfüllte – ein Heilmittel gegen Gicht zu entdecken. Doch obgleich er dort hervorragende Physiker und Chemiker traf und mit seinem Kollegen George Downing Liveing einige schöne Arbeiten auf spektroskopischem Gebiet vollendete, fühlte er sich in Cambridge nie so recht wohl. «Er war immer noch so ungebärdig wie in seiner Jugend», erinnerte sich sein literarischer Freund Henry Armstrong, «und die ungezwungenen Umgangsformen einer schottischen Universität unterschieden sich sehr von denen des auf Konvention bedachten Cambridge. Seine manchmal etwas laute, poltrige Art wurde von der besseren Gesellschaft als ungebührlich erachtet. Man unternahm keinen Versuch, ihn zu mäßigen oder ihm Mittel zur Verfügung zu stellen, damit er seine manuelle Geschicklichkeit weiterentwickeln konnte.»

Dazu war Dewar nicht nur ein «fürchterlicher Pessimist», wie Armstrong schreibt, sondern auch «kein besonders guter Lehrer», vielleicht weil er selbst «zu originell und ungeduldig» war und weil er «Dummköpfe nicht ertragen konnte». Wenn er sich nicht minuziös vorbereitet hatte, sprang er beim Vortrag oft «zusammenhanglos» von einem Thema zum anderen. Wenn er seine Vorlesungen jedoch sorgfältig plante, waren sie «logisch aufgebaut» und «faszinierend» – eine Beschreibung, die in jedem Fall auf den Vortrag zutraf, den Dewar am 31. März 1876 an der *Royal Institution* hielt und der ihm 1877 die Ernennung zum Fuller-Professor für Chemie bescherte. Zusammen mit seiner Frau Helen bezog der fünfunddreißigjährige Dewar die kleine Wohnung in der *Royal Institution.* Das Paar war kinderlos wie alle, die seit der Einrichtung des Instituts im Jahr 1799 vor ihnen dort gewohnt hatten. Zur Wohnung kam eine gut bestückte Institutsbibliothek und ein Konversationszimmer, in dem man Kaffee und Tee servierte und wo die Institutsmitglieder Zeitungen und Zeitschriften aus dem Zeitungszimmer studieren konnten, sowie weitere Annehmlichkeiten. Dewar arbeitete in den Labors im Erdgeschoss, die John Tyndall, der damalige Direktor, 1872 hatte renovieren lassen; diesem Umbau war der Platz zum Opfer gefallen, an dem Faraday viele seiner Entdeckungen gemacht hatte, was – wie Tyndall zugab – auch ihn selbst sehr schmerzte. Diese Erdgeschoss-«Wohnung» war ganz nach Dewars Geschmack, erinnerte sich Armstrong später: Hier umgaben ihn die Geister der verblichenen Heroen der Wissenschaft, und hier konnte er zu jeder Tages- und Nachtzeit werkeln. Einzig die Anwesenheit von Tyndall, der noch für einige Zeit Direktor blieb, schmälerte Dewars Freude. Tyndall litt an Schlaflosigkeit, Dewar wurde von chronischen Verdauungsproblemen geplagt, und manchmal begegneten sich die beiden Geniusse spätnachts in den Hallen; Angestellte berichteten, Dewar habe gelegentlich mit Faradays Geist gesprochen.

Beeindruckt von den Leistungen Davys und Faradays auf den Gebieten Elektrizität, Magnetismus und einigen anderen, in denen sich Chemie und Physik überschneiden, gelang es Dewar, ihr Niveau im Praktischen wie im Theoretischen aufrechtzuerhalten. Als Cailletet im Dezember 1877 den Weg zur Wiederaufnahme der Gasverflüssigungsexperimente wies, die Faraday 1845 aufgegeben hatte, schien Dewar dies als Wink des Himmels aufzufassen, der ihm die Richtung seiner zukünftigen Forschungsarbeit anzeigen sollte.

Vor seiner Berufung an die *Royal Institution* war Dewar ein bedächtiger und geschickter Experimentator gewesen; in der Albemarle Street entwickelte er sich zum größten Showmaster der Wissenschaft, «eine Kombination aus Magier und Mime», schrieb Henry Armstrong, «mit ungeheurer Intensität und einem unverwechselbaren Stil, vergleichbar dem seines Freundes, des einzigartigen Schauspielers Sir Henry Irving». Einen ebenso bedeutsamen Einfluss auf die theatralische Wirkung von Dewars Vorführungen hatte seine Bühne, das Amphitheater der *Royal Institution.* Hinter einer Außenwand mit zwölf Säulen und dreizehn Fenstern führte eine große Treppe in den zweiten Stock und in das relativ kompakte, steil ansteigende Halbrund des Amphitheaters mit seinen hölzernen Bänken, die etwa siebenhundertfünfzig Zuschauern Platz boten. Mit seiner guten Sicht von allen Plätzen und seiner fabelhaften Akustik erwarb es sich den Ruf, eines der weltbesten Theater für das gesprochene Wort zu sein. Einen weiteren Beitrag zu Dewars strahlendem Glanz leistete das fast perfekte Publikum, die gehobene, gebildete und begüterte Hörerschar der Freitagabendvorlesungen, ein Publikum, das genügend wissenschaftliche Grundkenntnisse besaß, um seine Vorführungen zu würdigen. Viele Gäste waren wie für einen Opernbesuch gekleidet.

In seiner ersten Vorlesung nach der Berufung demonstrierte Dewar die Bildung von Tröpfchen verflüssigten Sauerstoffs mit Hilfe einer Cailletet-Maschine und weitere Tricks aus der Tieftemperaturkiste. Unter seinen Händen kochte Trockeneis in flüssigem Äther, wobei unablässig Gasblasen aufstiegen. Vierzig Jahre zuvor hatte Faraday am selben Platz dasselbe getan – Trockeneis mit Äther versetzt, die Thilorier-Mischung. Nachdem er Faraday mit den Worten gewürdigt hatte, er sei ein Mensch gewesen, «der es in einzigartiger Weise vermochte, den Geheimnissen der Natur auf die Spur zu kommen», übertrumpfte er seinen Vorgänger noch: Er zeigte, dass die Temperatur festen Kohlendioxids so weit unter dem normalen Gefrierpunkt lag, dass es nicht wieder auftauchte, als er es in Wasser warf, sondern von einer Eisdecke zurückgehalten wurde.

Auf der Suche nach Begleittexten für seine Präsentation durchstöberte er die Literatur seiner Vorgänger in der Institutsbibliothek, um Fakten und Vorhersagen zu finden, die mit der Verflüssigung in Zusammenhang standen. Die treffendste Vorhersage stammte aus dem Jahr 1802 und war längst vergessen; John Dalton hatte gesagt: «Es kann keinen Zweifel daran geben, dass sich Gase jeglicher Art in Flüssigkeiten verwandeln lassen, und wir sollten nicht nachlassen in dem Versuch, dies mit niedrigen Temperaturen und starkem Druck auf die unvermischten Gase zu erreichen.» Dewar versprach den Besuchern der Freitagabendvorlesung, die Tradition der Gasverflüssigung und der Kälteforschung in der *Royal Institution* fortzusetzen.

Offenbar hatte Dewar in den spielerischen Möglichkeiten, die ihm die Tieftemperaturforschung eröffnete und die in anderen Bereichen der Physik und der Chemie nicht im selben Maße gegeben waren, einen Lebensinhalt gefunden, den ihm die Wissenschaft alleine nicht bieten konnte. Weit mehr als viele ähnlich begabte Experimentatoren genoss er die Art der Präsentation und den Applaus des Publikums. Zweihundert Jahre zuvor hatte Robert Boyle den Unterschied zwischen seiner Arbeit und der von Männern wie Cornelis Drebbel mit bissigen Worten charakterisiert: «Scharlatane sehen es lieber, wenn ihre Entdeckungen bewundert als wenn sie verstanden werden. [Doch] ich möchte mir viel eher den Dank der Klugen verdienen als den Beifall der Dummen.» Dewar suchte die Wertschätzung verschiedener Zuhörerschaften, und vielleicht widmete er sich der Tieftemperaturforschung, weil ihm dafür sowohl Laien wie auch Wissenschaftlerkollegen Beifall zollten.

In den Jahren, die dieser ersten Freitagabenddemonstration des Cailletet-Prozesses folgten, kam Dewar jedoch kaum voran; er kämpfte mit den gleichen Schwierigkeiten wie Cailletet und Pictet: Es gelang ihm nicht, mehr als ein Tröpfchen verflüssigten Sauerstoffs oder Stickstoffs auf einmal herzustellen. In der Zwischenzeit übernahmen zwei Männer von der Jagiellonischen Universität in Krakau die Führung im Verflüssigungsrennen, Sygmunt Florenty von Wróblewski und Karol Stanislaw Olszewski.

Das für die polnische Jugend wichtigste Jahr im 19. Jahrhundert war das Jahr 1863. Sygmunt von Wróblewski war damals achtzehn, Karol Olszewski siebzehn. Von Wróblewski, der Sohn eines Rechtsanwalts aus dem Raum Litauen, studierte an der Universität von Kiew, das damals unter russischer Kontrolle stand. Seit 1795 war Polen vollständig zwischen Österreich, Russland und Preußen aufgeteilt. Als im Januar 1863 bekannt wurde, dass die Russen beabsichtigten, polnische Studenten zum Dienst in der Armee des Zaren zu zwingen, flammten im ganzen Land Studentenrevolten auf. Auch von Wróblewski schloss sich dem Aufstand an. Für seine Beteiligung wurde er verhaftet und zur Zwangsarbeit in Sibirien verurteilt.

Karol Olszewski kam nur wenige Monate nach dem Tod seines Vaters auf die Welt, der sich am letzten gescheiterten Aufstand gegen die Russen beteiligt hatte; natürlich wurde auch er vom Sog der 1863er Revolte mitgerissen. Doch bevor er in vorderster Front in Erscheinung treten und sich des gleichen Vergehens schuldig machen konnte wie von Wróblewski, setzten ihn die österreichischen Behörden fest. Die ließen ihn unbeschadet wieder gehen, kurz nachdem der Aufstand niedergeschlagen war. 1866 begann Olszewski an der altehrwürdigen Jagiellonischen Universität von Krakau – der Alma Mater von Kopernikus – zu studieren. Sein Hauptinteresse galt der Chemie und dem Apparatebau, und er entwickelte sich, wie sein späterer Kollege Tadeuz Estreicher bemerkte, zu einem Menschen «mit einem phantastischen Gespür für das Praktische und einer großartigen Begabung für den Apparatebau». Olszewski fehlte es an finanziellen Mitteln, um seine Ausbildung abzuschließen und sich Maschinen und Material für seine Studien zu kaufen. Erst nach drei Jahren schaffte er es, bei einem Chemieprofessor eine Assistentenstelle zu erhalten. Nachdem es ihm gelungen war, eine alte Kompressionsmaschine von Natterer zu reparieren, benutzte er sie, um Trockeneis herzustellen. Obwohl diese Leistung weder neu noch besonders schwierig war, verschaffte er sich damit als gute Laborhilfe Anerkennung. 1872 ging er nach Heidelberg, um bei Robert Bunsen, dem Erfinder des Bunsenbrenners, Chemie zu studieren; 1876 kehrte er mit dem Doktortitel geschmückt nach Krakau zurück und wurde dort Professor für Chemie.

Von Wróblewskis Weg an die Jagiellonische Universität war verschlungener und führte weiter nach oben. Zwischen seinen harten Arbeitseinsätzen in Sibirien hatte er viel gelesen, vor allem zu physikalischen Themen, und er hatte für sich eine – wie er glaubte – neue Theorie der Elektrizität aufgestellt. Als er bei der Generalamnestie von 1869 freikam, befand er sich in äußerst schlechter gesundheitlicher Verfassung und stand kurz vor der Erblindung. Nach zwei Operationen und sechs Monaten Aufenthalt in einem verdunkelten Raum in einem Berliner Krankenhaus erholte er sich und begann, bei Helmholtz Physik zu studieren – obwohl man ihn gewarnt hatte, nicht zu lesen oder zu schreiben, wenn er nicht auch noch das letzte bisschen Augenlicht verlieren wolle. Einen Teil seiner Rekonvaleszenzzeit verbrachte von Wróblewski in den Schweizer Alpen; dort traf er Clausius, der ihn ermutigte, seine Studien fortzusetzen und sich auf thermodynamische Themen zu konzentrieren. In Berlin, München und Heidelberg arbeitete er an unterschiedlichen Fragestellungen, seinen Doktor erhielt er für Untersuchungen zur Elektrizität, dann wieder erforschte er die Art und Weise, wie Gase von verschiedenen Substanzen absorbiert werden. Als man ihm 1878 eine Professur in Japan anbot, lehnte er ab, weil er lieber die Gelegenheit nutzen wollte, nach Polen zurückzukehren, obwohl Krakau damals noch unter österreichischer Kontrolle stand. Als Gegenleistung für seine Bereitschaft, an die Jagiellonische Universität zu kommen, erhielt von Wróblewski ein Stipendium, mit dem er in den nächsten Jahren in Paris studieren konnte, Abstecher nach Oxford, Cambridge und London inbegriffen. Seinen Sponsoren schrieb er, in fünf Monaten habe er in England so viel gelernt wie in den vergangenen fünf Jahren nicht. In Paris arbeitete er mit einem Cailletet-Verflüssigungsapparat, und als er 1882 sein Amt in Krakau aufnahm, brachte er eine solche Maschine mit.

Zu dieser Zeit begann sich die Jagiellonische Universität, die in der Zeit der polnischen Teilung auf wissenschaftlichem Gebiet weniger aktiv gewesen war, auf einem halben Dutzend verschiedener Felder wieder in die erste Reihe zu schieben. Schon bald nach der Ankunft von Wróblewskis in Krakau beschlossen der fast blinde theoretische Physiker und Olszewski, der praktische Chemiker mit dem Hang zur Technik, die Verflüssigung von Sauerstoff in Angriff zu nehmen. Mit den paar Tröpfchen, die Cailletet gewonnen hatte, konnte niemand experimentieren; es galt, eine nennenswerte Menge flüssigen

Sauerstoffs herzustellen und am Siedepunkt zu halten. Das hatten sich die beiden Polen vorgenommen. Die beiden Männer waren zwar gleich alt, aber im Gegensatz zu Olszewski hatte von Wróblewski eine volle Professur; seine Anwesenheit an der Jagiellonischen Universität wurde hoch geschätzt (und bezahlt), seine Forschung gut gefördert, Olszewski dagegen schlug sich mit einer hoffnungslos veralteten Ausrüstung durch. Heute lässt sich nicht sagen, wer von den beiden die Idee für eine verbesserte Produktionsweise für flüssigen Sauerstoff hatte; später beanspruchten beide dieses Verdienst für sich allein.

Gleich, wessen Idee es war, ihre Neuerung beruhte zum großen Teil auf der theoretischen Erklärung der Kontinuität zwischen dem gasförmigen und dem flüssigen Zustand, die van der Waals geliefert hatte. Mehr noch, das Grundprinzip, dessen sie sich bedienten, die Verdampfung, geht eigentlich auf die alten Ägypter zurück: Die Wüstenbewohner pflegten Nahrungsmittel des Nachts im Freien zu kühlen, indem sie sie unter eine wassergefüllte Schale legten und das Wasser verdunsten ließen; auf diese Weise sank die Temperatur der Schale und die des Nahrungsmittels. Van der Waals hatte das Prinzip entdeckt, das allen Verdampfungsvorgängen zugrunde liegt, nämlich dass selbst in einer Mischung von Gas und Flüssigkeit (ein und derselben Substanz) die Gasmoleküle weniger dicht sind als die Flüssigkeitsmoleküle. Auf diesem Prinzip beruhte der intuitive Technologiesprung der beiden Polen: Mit ihrem Verfahren entfernten sie die leichteren Moleküle, wodurch die Temperatur der verbleibenden sank und es zur Verflüssigung kam. In den Monaten März und April des Jahres 1883 gelang es den beiden, mit einer Kombination der Methoden von Cailletet und Pictet, mit dem neuen Cailletet-Druckapparat, den von Wróblewski aus Paris mitgebracht hatte, und dank Olszewskis Geschicklichkeit im Umgang mit Maschinen nacheinander Luft, Kohlenmonoxid, Stickstoff und schließlich Sauerstoff zu verflüssigen. Am 9. April 1883 meldeten sie der *Académie des Sciences* triumphierend, dass eine messbare Menge leicht bläulich schimmernden flüssigen Sauerstoffs bei –180 Grad Celsius in ihrem Labor «in einem Reagenzglas leise vor sich hin kocht».

Die Dimension der Kälte hatte damit noch frostigere Ausmaße angenommen: von –34 Grad Celsius flüssigen Chlors über die –104 Grad Celsius von flüssigem Äthylen bis zu –180 Grad Celsius flüssigen Sauerstoffs. Der 146-Grad-Sprung von Faradays Chlor zum Sauerstoff der beiden polnischen Wissenschaftler entspricht dem Sprung von der Temperatur kochenden Wassers auf schaurig kalte –46 Grad Celsius. Bislang hatte es flüssigen Sauerstoff und Stickstoff nur in Form kurzlebiger Tröpfchen gegeben, die sich aus einem Dunstschwaden absetzten, nun lagen beide Elemente in Mengen vor, mit denen man arbeiten konnte.

Der Mann, der von Wróblewskis Telegramm in Paris entgegennahm, war einer seiner Lehrer. Dieser schrieb ihm sofort zurück, übermittelte seine persönlichen Glückwünsche, die von Jean-Baptiste Dumas, dem Präsidenten der *Académie*, sowie die Gerüchte, dass die Großtat der Polen viel Verdruss hervorgerufen habe, weil diese Verflüssigung nicht in Paris gelungen sei. Ein anderer begeisterter Brief stammte von Cailletet. Über ihn freute sich von Wróblewski ganz besonders, wie er in seiner Antwort schrieb, da er «Zeugnis eines seltenen Großmuts darstellt. Sie drücken Ihre Freude über etwas aus, das mit der gleichen Berechtigung auch Ihr Erfolg gewesen sein könnte.»

Damit setzte eine Zeit intensiver experimenteller Forschung ein, in deren Mittelpunkt die Verflüssigung, die Eigenschaften und die Anwendungsmöglichkeiten verflüssigter Gase standen. Viele Wissenschaftler bauten auf den Ergebnissen und den Methoden auf, die von Wróblewski und Olszewski gemeinsam entwickelt hatten; die beiden arbeiteten ebenfalls damit weiter, jedoch nicht mehr zusammen. Schon wenige Monate nach ihrem gemeinsamen Durchbruch überwarfen sie sich und beendeten ihre Zusammenarbeit. Der Grund des Zerwürfnisses ist bis heute unbekannt. Olszewskis späterer Kollege Estreicher bietet vermutlich die unparteiischste und logischste Erklärung: «Der Hauptgrund war … dass jeder von ihnen eine starke Persönlichkeit und ein grundverschiedenes Temperament besaß, deshalb gestaltete sich die Beziehung zwischen ihnen schwierig; sie wollten zwar dasselbe Ziel erreichen, aber auf unterschiedlichen Wegen, und keiner mochte nachgeben und sich dem anderen unterordnen.» Im Lauf der nächsten fünf Jahre, stellte Estreicher fest, führten der Chemiker und der Physiker – jeder für sich – mit Hochdruck weitere Verflüssigungsexperimente durch, «so als ob sie sich gegenseitig übertrumpfen wollten».

Durch die Leistung der Polen wurden die Wissenschaftler gleichsam auf die andere Seite eines Berggipfels versetzt, und dort eröffnete sich zu ihren Füßen nun ein Ausblick, den noch nie jemand genossen hatte: ein breites Tal voll unbekannter Vegetation, Felsformationen, Flüssen und Geysiren, ein Tal, das sie einlud, herabzusteigen und es zu erforschen, das aber auch eine beschwerliche Reise und nicht enden wollende Anstrengungen versprach. Denn mit jedem Schritt in die Tiefe fiel die Temperatur, die Landschaft wurde immer seltsamer und unterschied sich immer mehr von den wärmeren Regionen, aus denen sie kamen.

Für den Abstieg bedienten sich alle Forschergruppen der Methode, die Pictet gefunden und die beiden Polen verbessert hatten: der Kaskade. Man muss sie sich vorstellen wie eine Reihe aufeinander folgender Wasserfälle: Beim ersten fließt das Wasser noch gemächlich, doch die Geschwindigkeit nimmt zu, wenn es in den zweiten eingespeist wird, noch schneller strömt es durch den dritten, bis es sich in tosendes Gebrodel verwandelt. Bei der Verflüssigungskaskade senkt man die Temperatur eines Gases zunächst durch das Entfernen der leichteren Moleküle, durch Druck und durch Kühlen, bis sich das Gas verflüssigt. Dieses verflüssigte Gas wird verwendet, um die Temperatur eines zweiten Gases bis zu seiner Verflüssigung zu senken. Dann nimmt man das zweite verflüssigte Gas und verflüssigt ein drittes. Die Kaskadenmethode ermöglichte den Experimentatoren einen wilden Ritt den Berg hinunter: von den –110 Grad Celsius, auf die Faraday mit der Thilorier-Mischung gekommen war, bis hinab zu den –210 Grad Celsius, den tiefsten Punkt unterhalb des verflüssigten Sauerstoffs, den man je erreicht hatte. Vor ihnen war in der Ferne bereits das nächste Etappenziel erkennbar, die «kritische Temperatur», bei der es möglich sein sollte, Wasserstoff zu verflüssigen. Nach van der Waals' Berechnungen müsste sie bei etwa –250 Grad Celsius liegen. Minus zweihunderfünfzig Grad Celsius! Ein schauriger Ort in so schwierigem Gelände, dass sie beinahe die Hoffnung aufgaben, je dorthin zu gelangen, obwohl er nur vierzig Grad Celsius unter dem lag, was augenblicklich erreicht werden konnte. Dewar, Kamerlingh Onnes und die anderen Forscher machten Kollegen wie Laien in Reden und Artikeln darauf aufmerksam, dass in diesem Land unter der Temperatur flüssigen Sauerstoffs jeder Abstieg um zehn Grad Celsius mit einer Temperatursenkung um hundert Grad Celsius in vertrauteren Temperaturgefilden zu vergleichen sei; nur sei dies viel, viel schwieriger zu bewerkstelligen. Doch es schien keinen anderen Weg dorthin zu geben als über eine Erweiterung der Kaskadenmethode.

Im Januar 1884 berichtete von Wróblewski, er habe eine *liquide dynamique* (eine sich ständig verändernde Flüssigkeit) aus Wasserstoff hergestellt, indem er das Gas mit flüssigem Sauerstoff abgekühlt habe und es sich dann rasch ausdehnen ließ, wodurch Energie «zerstreut» wurde und die Temperatur sank. Doch was er erhielt, war keine leise vor sich hin kochende Flüssigkeit in einem Reagenzglas. Fast gleichzeitig berichtete Olszewski, dass er mit seinen Kaskaden zum selben Ergebnis gekommen sei: farblose Tropfen, die an den Wänden des Reagenzglases herunterliefen. Später im Jahr 1884 erklärte Dewar den Lesern des *Philosophical Magazine*, dass Olszewskis laufende Arbeit Anlass zur Hoffnung gebe, dass die Wissenschaft nicht mehr lange auf eine «genaue Bestimmung der kritischen Temperatur und des Druckes von Wasserstoff» warten müsse. Wie sich herausstellen sollte, war dies das letzte Mal, dass James Dewar gut von Karol Olszewski sprach.

In der Zwischenzeit war noch ein weiteres Labor in das Rennen eingestiegen. Es stand unter der Leitung von Kamerlingh Onnes und befand sich an der Universität Leiden in den Niederlanden. Kamerlingh Onnes trat seinen Dienst als Professor der Physik und Laborchef im November 1882 an – im relativ jugendlichen Alter von neunundzwanzig Jahren und nachdem er einen anderen ernsthaften Kandidaten um diese Position aus dem Feld geschlagen hatte: Wilhelm Conrad Röntgen, der 1901 für seine Arbeit über die nach ihm benannten Strahlen den ersten Nobelpreis für Physik erhalten sollte. Die Wahl fiel unter anderem auch deshalb auf Kamerlingh Onnes, weil er im Gegensatz zu Röntgen ein «echter» Holländer war. Röntgen hatte zwar von seinem dritten Lebensjahr an in Holland gelebt und seine Schulausbildung in den Niederlanden genossen, aber er war gebürtiger Deutscher und hatte seine akademische Laufbahn in der Schweiz und in Deutschland absolviert.

Kamerlingh Onnes wuchs in einem Umfeld auf, das er später als gelehrsam und isoliert bezeichnen sollte. Sein Vater war Dachziegelfabrikant in Groningen, und weil seine Eltern zwar kultiviert und mehr an Kultur interessiert waren als andere Bürger, aber doch nicht kultiviert genug, um mit den Professoren der Stadt Umgang zu pflegen, hatten sie nur wenige Freunde. «Deshalb blieben wir zu Hause, lasen viel, sprachen über Kunst und bildeten uns sozusagen selbst weiter.» In dieser Familie kombinierte man «Charakterbildung» mit guten Manieren und einer «sauberen und sorgfältig gewählten Kleidung»;

die Lebensweise der Söhne der Familie Kamerlingh Onnes «hatte einem einzigen Zweck zu dienen: Sie sollten *Männer* werden.» Ein jüngerer Bruder wurde ein angesehener Maler, ein anderer ein hoher Regierungsbeamter. Ein französischer Kollege erinnerte sich später, Kamerlingh Onnes habe ihn häufig mit seiner «unglaublichen Belesenheit» verblüfft, unter anderem auch mit seinen Kenntnissen der französischen Literatur.

Schon als Schüler hatte Heike Kamerlingh Onnes unter dem Einfluss des Schulleiters, eines Chemieprofessors in Leiden, großes Interesse an den Naturwissenschaften entwickelt. Studienkollegen an der Universität von Groningen berichteten später, Kamerlingh Onnes hätte seine Aufgaben meist bereits gelöst gehabt, bevor sie richtig mit ihren anfingen. Er gewann einen ersten Preis für einen Aufsatz, in dem er die Methoden zur Berechnung der Dampfdichte von Gasen verglich. Ein Stipendium ermöglichte es ihm, bei Robert Bunsen und Gustav Kirchhoff in Heidelberg zu studieren, unter ihrem Einfluss begann er, sich mehr mit Physik zu beschäftigen. Das Foucault'sche Pendel faszinierte ihn so sehr, dass er beschloss, eine Doktorarbeit über den Einfluss der Erdrotation auf ein Kurzpendel anzufertigen. Nach vier weiteren Jahren hatte er seine Studien abgeschlossen, dazwischen war er eine Zeit lang als Universitätslektor und Assistent eines der führenden niederländischen Physiker tätig.

Als er 1879 seine Doktorarbeit verteidigte, beeindruckte er seine Prüfer derart, dass sie auf das übliche Vorgehen verzichteten, den Kandidaten nach draußen zu bitten, während sie über sein Schicksal berieten; stattdessen, so berichtete ein alter Chemiker später, verliehen sie ihm «einstimmig und ohne Diskussion» den Doktortitel. Ein Zitat von Helmholtz, das er seiner Dissertation vorangestellt hatte, wurde zum Leitsatz seines Lebens: «Nur der kann erfolgreich experimentieren, der ein profundes theoretisches Wissen besitzt … und nur der kann erfolgreich theoretisieren, der über große praktische Erfahrung verfügt.» Drei Jahre später, nach der Emeritierung eines Professors für experimentelle Physik in Leiden, konnte Kamerlingh Onnes dessen Lehrstuhl und die Leitung des Labors für experimentelle Physik übernehmen, die einzige derartige Einrichtung in den Niederlanden. In seiner Einführungsvorlesung sagte er, er wünschte, er könnte über jede Tür in seinem Labor das Motto schreiben *Door meten tot weten* («Durch Messen zum Wissen»). Darüber hinaus kündigte er ein Programm für quantitative Forschung an, um «die universellen Gesetze der Natur nachzuweisen und unser Verständnis von der Einheit der Naturphänomene zu vertiefen». Damit nahm er direkten Bezug auf van der Waals' Theorie – heute das Prinzip der «korrespondierenden Zustände» –, die die Kontinuität von gasförmigen, flüssigen und festen Zuständen ausdrückte und die auf Kamerlingh Onnes, wie er einmal schrieb, «einen ganz besonderen Reiz ausübte». Er machte sich daran, die Theorie zu beweisen, indem er «die Unterschiede zwischen Substanzen von einfacher chemischer Struktur mit niedrigen kritischen Temperaturen» untersuchte. Er hielt die Theorie für so bedeutsam, dass er sich später dreidimensionale Gipsmodelle von den graphischen Darstellungen ihrer Gleichungen machen ließ.

Kamerlingh Onnes und van der Waals trafen sich einmal im Monat zu privaten Gesprächen über den Fortgang ihrer Arbeit. Nach van der Waals' Worten hatte Kamerlingh Onnes «ein geradezu leidenschaftliches Interesse daran herauszufinden, welche verdienstvollen Erkenntnisse auf holländischem Boden gewonnen worden waren». Kamerlingh Onnes bestätigt diese Einschätzung seiner Motivation, wenn er schreibt, «das Verlangen, den Geheimnissen des absoluten Nullpunkts einen Schritt näher zu kommen, und die Faszination des Kampfes gegen die widerspenstigen [Gase] sind zu stark in einem Land, in dem van Marum als Erster ein Gas verflüssigte, zu stark, um sie sich aus dem Kopf zu schlagen». Als Kamerlingh Onnes mit seinen Versuchen begann, standen ihm nur «vergleichsweise geringe Mittel zur Verfügung». Die niederländische Regierung trug zwar in bescheidenem Umfang zum Unterhalt des Labors bei, aber davon konnte Kamerlingh Onnes wiederum nur einen kleinen Teil in die Tieftemperaturforschung stecken. Äthylen, das für die Temperatursenkung bei anderen Gasen gebraucht wurde, war «außerordentlich teuer», und so musste er einen Teil des Labors und seiner Arbeitszeit dafür opfern, es selbst herzustellen. Sein einziger Assistent, der für die Apparate und Maschinen zuständig war, musste die Arbeit an neuen Ausrüstungsgegenständen unterbrechen, um ältere Teile zu reparieren. Dadurch kam es immer wieder zu «Phasen der Stagnation, die manchmal großen Schaden anrichteten». Dann kaufte er eine Cailletet-Maschine und wiederholte erst Cailletets Experimente, dann die von Pictet und schließlich die der beiden Polen; im Zuge dieser Arbeiten veränderte und verbesserte er die Maschine:

> Es kostete viel Zeit, all die kleineren oder größeren Schäden oder Undichtigkeiten zu beheben, die Dichtungen absolut undurchlässig zu machen, die passenden Rohrleitungen herzustellen und Hähne, die bei tiefen Temperaturen nicht einfroren ... auch mussten Messröhrchen ersonnen werden, die den Stand des kondensierten Gases anzeigten, und Filter, um die Hähne zu schützen. Vieles davon [wurde später] zum Handelsartikel, doch damals war es noch unbekannt und musste folglich eigens hergestellt werden, was ziemlich schwierig war. Darüber hinaus musste man mit allen möglichen ungewöhnlichen Arbeiten Erfahrung sammeln.

Drei Jahre arbeitete er schon auf diesem Feld, seine Cailletet-Maschine funktionierte noch immer nicht reibungslos, und er lag weit hinter Dewar und den Polen zurück, da tat Kamerlingh

Onnes etwas, das keiner seiner Konkurrenten getan hätte: Er rief eine Monatszeitung ins Leben. Seine *Communications from the Physical Laboratory of the University of Leiden* («Mitteilungen des physikalischen Labors der Universität Leiden») erschienen auf Englisch; bemerkenswert war die Offenheit des Blattes, die Bereitschaft, Fehler zuzugeben, und seine Aktualität. Wissenschaftler, die es lasen, konnten sofort alle wichtigen Einzelheiten von Kamerlingh Onnes' Arbeit erfahren und seine Experimente auf der Stelle wiederholen. Das war ein eklatanter Unterschied zu Dewars Artikeln und öffentlichen Vorführungen, die seine Methoden nicht wirklich offen legten; außerdem berichtete er so gut wie nie über seine Misserfolge und was er daraus gelernt hatte.

Im Jahr 1885 vereinte von Wróblewski die zwei Gebiete, denen seine ganze Hingabe gehörte: die Elektrizität, mit der er sich in jungen Jahren beschäftigt hatte, und die Tieftemperaturforschung, der er sich im reifen Alter zuwandte. Als er die Leitfähigkeit von Kupferdraht untersuchte, stellte er bei niedrigen Temperaturen «höchst bemerkenswerte Eigenschaften» fest, und in einem Artikel wies er auf die kontinuierlich zunehmende Leitfähigkeit des Drahtes hin, wenn die Temperatur mit flüssigem Stickstoff und anderen Stoffen dieser Art gesenkt wurde. Es war ein erstes frühes Zeichen, dass in den entlegenen Regionen des Landes der Kälte ganz andere Bedingungen herrschten als im normalen Temperaturbereich.

Eines Abends im März 1888 arbeitete von Wróblewski noch spät in seinem Labor. Er war allein und strapazierte sein schwaches Sehvermögen aufs Äußerste, um einen neuen Apparat zu bauen, mit dem er sich an die Verflüssigung von Wasserstoff wagen wollte. Er warf eine Petroleumlampe um, und die brennende Flüssigkeit ergoss sich über ihn. Nach drei Wochen erlag er im Krankenhaus seinen schweren Verbrennungen. Als er starb, war er dreiundvierzig Jahre alt.

Von Wróblewskis Tod wurde im Ausland mit Aufmerksamkeit bedacht und betrauert, schrieb Estreicher, aber er hatte keinen Einfluss auf die Arbeit von Olszewski. Der Chemiker war dabei, seine eigene Apparatur zu perfektionieren. Die Glasröhren explodierten mehrfach, sodass er nicht vorankam. 1889/90 ging er zu Metallgefäßen über. «Der Apparat stellte den größten Fortschritt in der Verflüssigung von Gasen dar und war seinerzeit eine echte Sensation in der wissenschaftlichen Welt», bemerkte Estreicher und behauptete, dass Kamerlingh Onnes und Dewar ihn später kopiert hätten. Diese Behauptung sollte noch heiß diskutiert werden.

Dewar war erst kurz zuvor wieder zur Tieftemperaturforschung zurückgekehrt, nachdem ihn eine Explosion 1886 in seinem Labor beinahe das Leben gekostet hätte und mehrere seiner Mitarbeiter schwer verletzt wurden. Der Unfall war so schlimm, dass in Großbritannien nach 1890 die Ventilgewinde von Gasflaschen mancher brennbarer Gase rechtsgängig und die von anderen Gasen, mit denen sie eventuell reagieren könnten, linksgängig sein mussten.

1892 konnten Kamerlingh Onnes und seine Mitarbeiter endlich die Arbeiten an ihrer Ausrüstung abschließen. Zehn Jahre waren sie damit beschäftigt, und sie mussten sich sogar von der Marine eine Pumpe leihen, die vorher dazu gedient hatte, Torpedos mit Druckluft zu füllen. Dann erst – Jahre nachdem Dewar und Olszewski dies schon routinemäßig taten – waren die Holländer in der Lage, in nennenswerten Mengen flüssigen Sauerstoff herzustellen und ihn für ihre Experimente flüssig zu halten. Prompt ging die Apparatur zu Bruch, und alles war dahin. Aber nicht lange. Offenbar gelang es Kamerlingh Onnes, diese Krise zu nutzen, um bei den Honoratioren der Universität und bei der niederländischen Regierung mit Nachdruck deutlich zu machen, dass er eine angemessene finanzielle Ausstattung und mehr Personal brauchte, um zu einem wirklichen Fortschritt zu gelangen. Ein Jahr später konnte er sich als stolzen Besitzer einer neuen leistungsfähigen Verflüssigungsanlage bezeichnen, die ihn, wie er sagte, in die Lage versetzen würde, ein Programm zur Verflüssigung aller bekannten Gase anlaufen zu lassen und sich den –250 Grad Celsius zu nähern.

Kurz vor Weihnachten 1887 teilte die Geschäftsführung der *Royal Institution* dem betagten John Tyndall mit, dass Dewar an seiner Stelle die Weihnachtsvorlesung («Christmas lecture») für Kinder halten würde. Daraufhin trat Tyndall zurück, und die Geschäftsführung ernannte Dewar zum Direktor der *Royal Institution.* Es gibt Gerüchte, die besagen, Dewar habe darauf bestanden, dass die Tyndalls die Direktorenwohnung bis zum 1. Januar geräumt haben müssten.

Ein Mann mittleren Alters, mit gestutztem Bart und beginnender Glatze, mit schwarzem Anzug und gestärktem Hemdkragen, so präsentierte Dewar den Besuchern der Freitagabendvorlesungen seine Kunststückchen mit dem in einem Reagenzglas vor sich hin kochenden flüssigen Sauerstoff. Er entnahm einen Tropfen des flüssigen Sauerstoffs und setzte ihn sich auf den Arm – angeblich um zu zeigen, dass der Tropfen «eine kugelähnliche Gestalt» besaß, in Wahrheit jedoch wollte er damit demonstrieren, dass er keine Angst vor dem Kältetiger hatte. Er fügte der Flüssigkeit im Reagenzglas Alkohol hinzu, und dieser gefror im flüssigen Sauerstoff augenblicklich zu einem festen Klumpen. Er hielt eine brennende Kerze über das Reagenzglas, und der aus der Flüssigkeit aufsteigende Dampf entzündete sich und ließ die Kerze in hellen Flammen auflodern. Nachdem er sein Publikum in Erstaunen versetzt hatte, begann er zu philosophieren. Den Herren im Abendanzug und den Damen im Ballkleid erklärte er, dass die Welt mit jedem weiteren Schritt, mit dem sich die Wissenschaft der vermuteten Temperatur verflüssigten Wasserstoffs annähere, erkennen werde, in welcher Weise solche Temperaturen die Eigenschaften der Materie veränderten. Er prophezeite, dass bei oder unterhalb der Temperatur flüssigen Wasserstoffs «die Molekularbewegung vermutlich aufhören und das eintreten wird, was man als das Ende der Materie bezeichnen könnte».

Dewar konnte diese Vorhersagen mit einer gewissen Sicherheit machen, da er zusammen mit J. A. Fleming eine ganze Reihe von detaillierten Experimenten durchgeführt und dabei Hinweise auf erstaunliche Veränderungen gefunden hatte. Die Versuchsreihe begann in den späten achtziger Jahren des 19. Jahrhunderts und lief noch viele Jahre weiter. Fleming und seine Assistenten machten die Messungen, während Dewar bestimmte, was getan wurde, und die Ergebnisse interpretierte. Diese Experimente trugen mehr als alle anderen dazu bei, die Karte des Landes der Kälte zu umreißen. Sie zeichneten eine beinahe unwirkliche Landschaft, eine, deren Charakteristika von der phantastischen transformierenden Kraft der tiefsten Temperaturen geschaffen wurden.

Wissenschaftler hatten schon vor längerem herausgefunden, dass sich die Leitfähigkeit von Metallen mit etwas Kühlung verbessern lässt, das heißt, dass sie dadurch sinkt. Auf das, was geschah, als Fleming Eisenspulen in flüssige Luft tauchte, war er jedoch nicht gefasst: Nach einem solchen Bad wiesen die Spulen nur noch ein Zehntel des Widerstands auf, den sie bei Raumtemperatur hatten. Dewar und Fleming stellten fest, dass sich der Widerstand nicht einheitlich veränderte, wenn man die Temperatur drastisch senkte. Metalle, die bei Raumtemperatur gute Leiter waren – wie Silber, Zink und Gold –, wurden bei –200 Grad Celsius in puncto Leitfähigkeit von solchen Metallen weit übertroffen, die bei Normalbedingungen nicht so gut waren – Kupfer, Eisen, Aluminium. Seine Forschungsergebnisse ließen Dewar davon träumen, dass am absoluten Nullpunkt – sollte er denn je erreicht werden können – «alle reinen Metalle perfekte Leiter für elektrischen Strom wären ... Ein Strom, der in einem Leiter aus reinem Metall fließt, würde keine Wärme entwickeln, und demzufolge träten keine Verluste auf.[1]

Fleming ging sogar so weit und schlug eine neue Definition für den absoluten Nullpunkt vor: «Die Temperatur, bei der in absolut reinen Metallen kein elektrischer Widerstand mehr auftritt.»

Als Dewar sein Forschungsgebiet erweiterte, suchte er Kontakt zu anderen Mitstreitern, unter anderem Pierre Curie, mit dem er die Auswirkungen extrem tiefer Temperaturen auf die «Emanationen» des Radiums untersuchte, die Gase, die aus dem Radium frei werden.

Bei extrem tiefen Temperaturen froren Thermometer ein, die mit Quecksilber oder anderen Flüssigkeiten arbeiteten. Der Deutsche Ernst Werner von Siemens hatte ein Thermometer konstruiert, das auf dem bei sinkender Temperatur abnehmenden Widerstand in einem Platindraht beruhte. In einer graphischen Darstellung wurden Widerstand und Temperatur gegeneinander aufgetragen. Auf diese Weise konnte man aus dem im Platindraht gemessenen Widerstand auf die Temperatur des gekühlten Materials schließen. Dewar und Fleming begannen, mit diesen so genannten Widerstandsthermometern zu arbeiten.

Nun waren sie zwar in der Lage, die tiefen Temperaturen zu messen, doch sie konnten noch immer nicht begründen, warum ein Bad in flüssiger Luft die Isolationseigenschaften von Materialien, die bereits bei Raumtemperatur gut isolierten, so dramatisch veränderten. Glas, Paraffin und Naturstoffe wie Guttapercha (eine Variante des Naturkautschuks) und Ebonit

---

[1] Es würde keine Wärmeentwicklung stattfinden, weil der Stromfluss nicht gebremst wäre – der elektrische Widerstand ist die Ursache der Wärmeentwicklung in elektrischen Leitern, etwa den Heizschlangen im Toaster, wenn man ihn einschaltet. Und wenn es keine Wärmeentwicklung gibt, treten folglich auch keine Energieverluste auf.

(ein noch härterer Kautschuk) verloren ihre Fähigkeit zur Isolation nicht, wenn sie in flüssige Luft getaucht wurden, im Gegenteil, sie verstärkte sich sogar noch. Die Wissenschaftler hatten keine Erklärung für das Phänomen, ebenso wenig für das, was sich unter dem Einfluss von flüssiger Luft oder flüssigem Sauerstoff mit der Magnetisierbarkeit abspielte. Zu ihrer Verwunderung stellten Dewar und Fleming fest, dass zwar die meisten, aber keineswegs alle Magnete stärker wurden, wenn man sie sehr tiefen Temperaturen aussetzte. Dazu kam, dass man ein wesentlich stärkeres magnetisches Feld benötigte, um reines Eisen zu magnetisieren, wenn man es zuvor in flüssigen Sauerstoff getaucht hatte. Sogar Quecksilber wurde bei sehr tiefen Temperaturen zu einem guten Magnet, während es bei Zimmertemperatur so gut wie keine magnetische Kraft aufwies. In dem schwachen Versuch einer Erklärung erinnerten die Forscher sich selbst daran, dass Quecksilber im Periodensystem der Elemente bei den Metallen aufgeführt ist.

Im Griff der Kälte entwickelten Eisen, Kupfer und Zink größere Härte und Zugfestigkeit: Eine Spule, die bei Raumtemperatur nur ein oder zwei Pfund Gewicht halten konnte, vermochte dreimal mehr zu tragen, nachdem man sie in flüssigen Sauerstoff getaucht hatte. Ließ man Kugeln aus verschiedenen Materialien nach dem Kältebad auf einen Amboss fallen, so sprangen sie höher als normalerweise. Das brachte die Forscher zu dem Schluss, dass die tiefen Temperaturen bei Metallen die Elastizität erhöhen, und sie vermuteten, dies könnte auf eine erhöhte Dichte der tiefgekühlten Metalle zurückzuführen sein.

Mit dieser Vermutung lagen sie nicht schlecht, und die Wahrscheinlichkeit, dass sie zutraf, wurde durch die Arbeiten von Dewar und Fleming, die sich mit den chemischen Affinitäten im Temperaturbereich flüssigen Sauerstoffs beschäftigten, auf spektakuläre Weise unterstützt. Generationen von Studenten der Naturwissenschaft waren mit staunender Begeisterung Demonstrationen gefolgt, in deren Verlauf bestimmte Reagenzien bei Raumtemperatur mit Sauerstoff in Kontakt gebracht wurden; sie konnten beobachten, wie diese Substanzen augenblicklich Oxide bildeten, ein Prozess, bei dem viel Wärme entstand und der oft von Funken und Feuersprühen begleitet wurde. Tauchte man jedoch solche hochreaktiven Substanzen wie Phosphor, Natrium und Kalium in flüssigen Sauerstoff, geschah nichts – keine Reaktion. Die chemische Reaktivität, so entdeckten die Forscher, verschwand bei extremer Kälte vollkommen. Nicht nur das, auch chemische Verbindungen, die normalerweise bei Raumtemperatur Elektrizität erzeugen können, verloren diese Eigenschaft bei der Temperatur flüssigen Sauerstoffs.

Zu den seltsamsten und unerwartetsten Versuchsergebnissen gehörten jedoch die Beobachtungen an den optischen Eigenschaften der Materialien. In sehr großer Kälte bleichte Quecksilberoxid, das normalerweise leuchtend rot ist, nach blass orange aus, bei weißen Stoffen dagegen verstärkte sich die Intensität, und blaue veränderten die Farbe gar nicht. Als mögliche Erklärung nahmen Dewar und Fleming an, die Farbänderungen gingen mit Veränderungen der spezifischen Lichtabsorption der jeweiligen Substanzen einher, aber sie konnten es nicht mit Sicherheit sagen. Und als sie im Tal der optischen Eigenschaften um eine Ecke bogen, entdeckten die Forscher etwas, das sie zwar kannten, aber in dieser Gegend nicht vermutet hätten: Phosphoreszenz. Alle möglichen Materialien, die bei normalen Temperaturen nicht den geringsten Schimmer von sich gaben, begannen in der extremen Kälte von selbst mit einem bläulichen Licht zu glühen – Substanzen wie Gelatine, Paraffin, Zelluloid, Gummi, Elfenbein und Knochen. Schwefelsäure und Salzsäure leuchteten hell. Ein in flüssigen Sauerstoff versenktes Ei strahlte wie eine blaue Lichtkugel, nachdem man es mit einer elektrischen Lampe angeregt hatte. Vogelfedern, Baumwolle, Wolle, Schildkrötenpanzer, Leder, Leinen, ja selbst Badeschwämme leuchteten. Vielleicht hatte die Fähigkeit zur

Phosphoreszenz etwas mit dem im Inneren des Materials enthaltenen Sauerstoff zu tun, aber auch das konnten die Forscher nicht beweisen. Wie die geographischen Entdeckungsreisenden, denen beim erstmaligen Durchqueren eines Landes lauter fremdartige Tiere und Pflanzen begegnen, beschränkten sich Dewar und Fleming bei ihren Vorstößen in die Temperaturregionen des flüssigen Sauerstoffs darauf, Tiere zu fangen und Pflanzen zu sammeln und Musterexemplare mit nach Hause zu nehmen, um sie dort genauer untersuchen und eventuell erklären zu können.

«Die Tieftemperaturforschung in der Nähe des absoluten Nullpunkts ist mit ungewöhnlichen Schwierigkeiten und Gefahren behaftet», schrieb Dewar. Es gebe «keine Erfahrung, auf die man bauen kann … was das Aufbewahren und die Handhabung so problematischer Stoffe angeht, wie es der flüssige Sauerstoff und die flüssige Luft sind», Stoffe, die normale Glasgefäße zerspringen und Metalle brüchig werden ließen und die mit den Messbereichen der üblichen Instrumente nicht mehr erfasst werden konnten. Hinter seiner wichtigtuerischen Ausdrucksweise verbarg sich das schwierige, wenn auch ganz ordinäre Problem der Aufbewahrung verflüssigter Gase. Das Beispiel zeigt jedoch, dass sich Dewar mehr und mehr als heldenhaften Vorkämpfer in der Schlacht um den Erkenntnisgewinn betrachtete.

Die Lösung für das Lagerungsproblem fand er 1892. Er griff dafür auf Experimente zurück, die er zwanzig Jahre zuvor durchgeführt hatte, als er sich mit dem Herstellen von Vakua beschäftigte. Er entfernte die Luft zwischen der äußeren und der inneren Wand eines Gefäßes und stellte fest, dass man den korrodierenden und leicht flüchtigen flüssigen Sauerstoff dann gut darin aufbewahren konnte, auch in Mengen, die für eine ganze Versuchsreihe ausreichten. Nach einem Jahr und unzähligen Versuchen, in denen er herausfand, dass sich der

Abstrahlungsverlust durch eine dünne Silber- oder Quecksilberschicht um den Faktor dreizehn verringern ließ, war das Gefäß endlich perfekt. Ein Musterexemplar präsentierte Dewar dem Prince of Wales bei einer öffentlichen Veranstaltung der *Royal Institution.* Die Kryostaten («Kalthaltegefäße»), die Dewar für seine Tieftemperaturforschung herstellte, waren schon bald sehr gefragt und wurden praktisch von jedem, der auf dem Gebiet arbeitete, in irgendeiner Form nachgebaut; als «Dewar-Gefäße» gingen sie in die wissenschaftliche Literatur ein. «Eine wunderbare Erfindung», nannte sie Kamerlingh Onnes, «das wichtigste Hilfsmittel für die Arbeiten im Bereich sehr tiefer Temperaturen.»

Eine Version für die kommerzielle Anwendung wurde beinahe zufällig gefunden: Dewar hatte Probleme, für seine Kryostaten geeignetes Glas aufzutreiben, und beauftragte einen deutschen Glasbläser, einige für ihn herzustellen. Der Mann stellte die Milchflasche seines Kindes über Nacht in einen der Behälter und bemerkte am Morgen, dass die Milch noch immer warm war. Mit der Idee einer «Thermosflasche» ging er zu einem Fabrikanten, und ein neuer Alltagsgegenstand war geboren.

Die Tatsache, dass Dewar seine Erfindung nicht patentieren ließ, führen einige Historiker auf seine Beziehungen zur besseren Londoner Gesellschaft zurück. Möglicherweise befürchtete er, dass man dort die Nase rümpfen würde, wenn ein seriöser Wissenschaftler kommerzielle Interessen an den Tag legte. Doch selbst Lord Kelvin war sich nicht zu fein, seine Arbeiten patentieren zu lassen, und keinem Wissenschaftler zollte die Elite mehr Respekt als ihm. Aber vielleicht kam Dewar gar nicht auf die Idee, dass etwas, das er für den Gebrauch bei –220 Grad Celsius gebaut hatte, auch außerhalb des Landes der Kälte von Nutzen sein könnte.

Wie dem auch sei, mit den Dewar-Gefäßen im Labor schien der nächste Triumph, die echte Verflüssigung von Wasserstoff, für ihren Erfinder 1894 schon zum Greifen nah. Siebzehn Jahre nachdem Cailletet und Pictet erstmals über die teilweise Verflüssigung von Stickstoff und Sauerstoff berichtet hatten, stand Dewar bildlich gesprochen am Fuße der großen Gebirgskette, die er und die anderen Kälteforscher für das letzte bedeutende Hindernis auf dem Weg zum Kältepol, dem absoluten Nullpunkt, hielten. Die Herausforderung dieses Berges lag in der Herstellung nennenswerter Mengen flüssigen Wasserstoffs. Dewar war damit beschäftigt, die letzten Schwachstellen an seinem Material und seinen Gerätschaften zu beheben: Die kleinste Verunreinigung in der Gaszuführung oder eine winzige Undichtigkeit in der Apparatur – die zur Folge hätte, dass der Druck nicht aufrechterhalten oder die Vakuumisolierung der Kryostaten nicht hergestellt werden könnte – würden das Experiment scheitern lassen. Obwohl Dewar kein Mensch war, der aller Welt seinen Kummer anvertraute, wusste doch die ganze britische Wissenschaftlergemeinde, dass er an der Schwelle zu seinem größten Triumph stand und es vermutlich nur noch wenige Monate dauern würde, bis er sein Ziel erreicht hatte: zwanzig Kubikzentimeter leise in einem Vakuum vor sich hin kochenden Wasserstoff, kaum mehr als zwei Dutzend Grad Celsius über dem absoluten Nullpunkt.

In den achtziger und in den frühen neunziger Jahren des 19. Jahrhunderts hatte Dewar mehrfach auf seine laufenden Forschungsarbeiten auf dem Gebiet der tiefen Temperaturen zurückgegriffen und seinem begeisterten Publikum besondere Effekte vorgeführt. Er setzte sich selbst unter Druck, immer neue und immer überraschendere Schauexperimente zu erfinden. Dieser Druck wuchs noch, als die geographischen Entdecker von ihren Reisen zurückkehrten und an anderen Institutionen darüber Vorträge hielten. Die Besucher der Freitagabendvorlesungen an der *Royal Institution* fanden sich in einem verdunkelten Amphitheater wieder und sahen, wie Dewar mit einem in flüssige Luft getauchten Wattebausch über ein großes Vakuumgefäß strich, das Quecksilber- bzw. Joddampf enthielt. Schon eine leichte Berührung rief in dem Behältnis ein schimmerndes Leuchten hervor oder erfüllte es mit hellen Lichtblitzen, sodass das Publikum den Umriss des Gefäßes erkennen konnte. Ein Bad in flüssigem Sauerstoff machte Oxide und Sulfide leuchtend orange, chromgelb oder metallisch weiß oder ließ sie ihre Farbe verlieren. Ein bunt schillernder Seifenfilm, aufgespannt über einem Behälter mit flüssiger Luft, gefror in den aufsteigenden Dämpfen, ohne dass sich die Farbverteilung veränderte. Dewar tropfte eine Linie aus flüssiger Luft auf ein Kautschukband, und je nachdem, wie er die Spur legte, dehnte es sich oder zog sich zusammen. Derartige, an Zauberei erinnernde Vorführungen kommentierte er mit gelehrten Worten – die sich ändernden Farben der Oxide und Sulfide enthüllten, «dass die spezifische Absorption vieler Substanzen bei Temperaturen um –190 Grad Celsius großen Veränderungen unterliegen» –, doch was seinem Publikum in Erinnerung blieb, waren die optischen Eindrücke.

Ein Kenner der Dewar'schen Vorlesungen schrieb später, die spektakulären Präsentationen seien für die Zuschauer interessant gewesen, «die wussten, worum es geht, während man den anderen genauso gut irgendwelche Taschenspielertricks hätte vorführen können». In den viktorianischen Varietétheatern hatten die Zaubershows gerade den Höhepunkt ihrer Popularität erreicht. Und obwohl die meisten Besucher der Freitagabendvorlesungen Dewars Showmastergebaren liebten, waren solche mit einer größeren naturwissenschaftlichen Vorbildung davon im Allgemeinen weniger angetan: Die Theatralik gab dem Ganzen einen unseriösen Anstrich, lenkte die Aufmerksamkeit statt auf den wissenschaftlichen Gehalt auf den Experimentator und hatte starke negative Auswirkungen auf die Erwartungshaltung des Publikums bei Vorträgen anderer Wissenschaftler. Schlimmer noch, zu Dewars Hang zur Selbstdarstellung gesellten sich eine wachsende Selbstüberschätzung der Bedeutung seiner Person und seiner Forschung, autokratisches Verhalten und mangelnde

Bereitschaft, sich um gute Beziehungen zu den Kollegen in der wissenschaftlichen Elite zu bemühen.

Als Dewar 1894 für seine Kryostaten mit der Rumford-Medaille der *Royal Institution* ausgezeichnet wurde, applaudierten zwar die meisten englischen Wissenschaftler, doch es gab auch einige, die etwas von Unfairness in ihren Bart grummelten – hätte das Komitee nicht auch Fleming in die Würdigung einbeziehen können? In Krakau kochte Olszweski angesichts dieser Ehrung. Für ihn sah es so aus, als habe Dewar schlicht den Metallapparat kopiert, den er selbst 1889/90 vollendet hatte. Olszewski begründete seine Vermutung mit einem Bericht, den er 1890 in einem französischsprachigen Blatt veröffentlicht hatte; ein Exemplar der Zeitschrift hatte er an Dewar geschickt. Eine langwierige Krankheit, die ihn 1892 ereilte, erschwerte Olszewski das Verlassen des Laborgebäudes, sodass er sein Bett und seine Habseligkeiten dorthin schaffte. Da er unverheiratet und kinderlos war, isolierte ihn dieser Wohnungswechsel noch mehr und gab ihm etwas zu viel Gelegenheit, über Erfolge, Misserfolge, Kränkungen und Ärgernisse nachzugrübeln.

In Olszewski wuchs die Überzeugung, dass Dewar seine Arbeit absichtlich ignoriert hatte, dass «die Experimente von Professor Dewar lediglich die Wiederholung und Bestätigung [meiner] eigenen Forschungen» sind und dass «der erste Apparat, mit dem sich große Mengen so genannter permanenter Gase herstellen lassen, ... von mir konstruiert wurde». Außerdem warf Olszewski Dewar und Fleming vor, ihre Arbeit über die magnetischen Eigenschaften von Materialien bei tiefen Temperaturen sei eine Wiederholung dessen, was Clausius, Cailletet und von Wróblewski getan hätten, oder ginge allenfalls minimal darüber hinaus. Gedruckt wurden diese Vorwürfe 1895 in der Februarausgabe des englischsprachigen *Philosophical Magazine*; dass sie dort erscheinen konnten, war ein Ergebnis der wachsenden Kluft zwischen Dewar und anderen Größen der britischen Wissenschaft.

Die Missstimmung könnte sogar bis 1877 zurückreichen, als sich der Chemiker William Ramsay um den Lehrstuhl an der *Royal Institution* beworben hatte, den kurz darauf Dewar erhielt. Ramsay war – wie Dewar – schottischer Abstammung und hatte eine ähnliche akademische Ausbildung genossen; seine späteren Erfolge, unter anderem der Nobelpreis für Chemie 1904, bestätigen seine Qualitäten als Chemiker. Wahrscheinlich wurde ihm die Position an der *Royal Institution* nur deshalb verweigert, weil er zehn Jahre jünger als Dewar war. Aus dem Kreis seiner Vertrauten ließ sich später vernehmen, dass Ramsay diese Niederlage gut wegsteckte und dass er auch an anderen Universitäten abgelehnt wurde, bis er schließlich in London landen konnte. Nur Dewar scheint nie verziehen zu haben, dass Ramsay es gewagt hatte, sich auf einen Lehrstuhl zu bewerben, den er quasi als sein verbrieftes Recht ansah.

Und dann gab es noch Lord Rayleigh, der als John William Strutt auf die Welt gekommen war und in direkter Nachbarschaft zu Dewar lebte: Er arbeitete im oberen Labor der *Royal Institution.* Anfang 1894 begann Rayleigh, eine Anomalie in der Dichte von Stickstoff zu untersuchen; im Laufe des Jahres führte diese Untersuchung Rayleigh und Ramsay zur Entdeckung eines neuen Gases, das heute Argon heißt. Am Tag nach ihrer ersten Kurzmitteilung – nicht mehr als ein Bericht über eine noch nicht abgeschlossene Arbeit – und dann noch einmal ein paar Tage später stellte Dewar ihre Arbeit in Briefen an die Londoner *Times* infrage und behauptete, was sie entdeckt hätten, könne nur ein Stickstoffisotop sein. Rayleigh regte sich über diese Briefe auf – es gehörte sich nicht, einen Kollegen öffentlich zu kritisieren, wenn die Information (und die Bedenken) problemlos auch privat übermittelt werden konnten –, doch Ramsay kümmerte sich nicht darum und machte weiter. Dewar gab vor, auch daran zu arbeiten, und korrespondierte sogar mit Ramsay über seine Fortschritte beim Isolieren des bis dahin noch namenlosen Gases.

William Travers war zu dieser Zeit Ramsays Assistent, ein brillanter Chemiker und selbst ein Bastler und Tüftler. Er beschrieb später, wie Dewar seine eigenen Ergebnisse fehlinterpretierte und damit die Entdeckung von Argon verpasste, und zog den Schluss: «Wenn er ein besserer Chemiker gewesen wäre, hätte er Krypton nicht übersehen können, ganz zu schweigen von Neon und Xenon», die anderen so genannten Edelgase, die Ramsay und Travers in den nächsten Jahren noch entdecken sollten. Wichtiger für die Geschichte der Tieftemperaturforschung war, dass Travers Dewars «Geheimhaltungspolitik» missbilligte; die ganze erste Hälfte der neunziger Jahre hindurch hütete Dewar ängstlich das Geheimnis der genauen Zusammensetzung seines Apparates zur Luftverflüssigung. Damit verhinderte er, dass seine Konkurrenten im Rennen um die Verflüssigung des Wasserstoffs aufschlossen, und blieb unangefochten an der Spitze.

Im Herbst 1894 arbeiteten Ramsay und Rayleigh noch immer an ihrem Projekt, als in den *Chemical News* auf einmal Briefe auftauchten, die mit dem Pseudonym «Suum Cuique» («Jedem das Seine») unterschrieben waren. In diesen Briefen wurde behauptet, dass nicht Ramsay, sondern Dewar Rayleigh auf Schriften des Professors aufmerksam gemacht hätte, in denen dieser schon vor Jahren über die Anomalie des Stickstoffs berichtete. Alle hielten Dewar oder jemanden aus seiner Umgebung für den Urheber dieser Briefe, aber es konnte nie bewiesen werden.

Als es jedoch so weit war, dass Ramsay und Rayleigh einen Chemiker zur Verstärkung brauchten, um das Argon zu verflüssigen und die Eigenschaften des Gases zu untersuchen, gab Ramsay Olszewski den Vorzug vor Dewar. Und Rayleigh hatte keine Einwände mehr gegen die Bevorzugung eines weit entfernten Mitstreiters vor seinem Nachbarn. Dass die Wahl auf Olszewski fiel, war Travers zufolge aber nicht die reine Boshaftigkeit: Ramsay wusste, dass Olszewski wie er selbst bei Bunsen studiert hatte, und er hatte sich Olszewskis Ergebnisse zu anderen Fragestellungen angesehen und sie für gut befunden. Außerdem benutzte Olszewski für seine Messungen ein Gasthermometer, im Gegensatz zu Dewar, der mit indirekten Methoden maß, die Ramsay für unzuverlässig hielt.

Als Olszewski und Ramsay über die Argonversuche sprachen – die Olszewski erfolgreich durchführte –, erzählte der Pole seinem neuen Kollegen von seinem lang gehegten Groll gegen Dewar. Ende 1894 sorgte Ramsay dafür, dass Olszewski zwei Artikel veröffentlichen konnte – einen mit dem Titel «Anspruch auf Priorität» im Januar 1895 in der Zeitschrift *Nature*, den anderen in der Februarausgabe des *Philosophical Magazine* – und dass das Erscheinen von Olszewskis gesammelten Forschungsarbeiten in englischer Übersetzung angekündigt wurde.

Dewar schlug sofort und mit aller Macht zurück. In der nächsten Ausgabe des *Philosophical Magazine* war zu lesen:

> Gewöhnlich geht man davon aus, dass ein Wissenschaftler, wenn er in Fragen der Priorität eine Beschwerde zu führen hat, dies klar und deutlich zu der Zeit tut, wenn seine Entdeckung von einem anderen widerrechtlich für sich beansprucht wird ... Professor Olszewski hingegen zieht es vor, seine Klagen vier Jahre lang zu nähren und sie dann gleichzeitig in zwei englischen Zeitschriften vorzubringen. Das Ergebnis wird, so fürchte ich, eine schmerzliche Enttäuschung sein ... Wir wollen in diesem Land einen Nachdruck der hervorragenden Artikel des verstorbenen Professors von Wróblewski. Bevor dies nicht geschehen ist, kann die wissenschaftliche Öffentlichkeit über viele von Professor Olszewskis Prioritätsbehauptungen unmöglich entscheiden.

Dewar fuhr fort und zeigte, dass ein Teil von Olszewskis Apparatur von einem Modell Pictets aus dem Jahr 1878 übernommen war, ein anderer war Dewars Gerät von 1866 entlehnt; einen vollständigen Entwurf hatte er 1866 einem Artikel über Meteoriten beigefügt. Da der Artikel ein ganz anderes Thema behandelte, hätte man es Olszewski nachsehen können, dass er den Plan nicht entdeckt hatte. Auch Kamerlingh Onnes war der Artikel entgangen – er schrieb später, er habe ihn übersehen, weil er in den *Beiblättern*, einer Zeitschrift mit Abstracts (Zusammenfassungen von wissenschaftlichen Artikeln), nicht erwähnt worden sei. Doch Dewar verzieh es Olszewski nicht, dass er den Meteoritenartikel übersehen hatte. Er widerlegte Olszewski mit Zitaten aus dessen eigenen Artikeln, in denen der Pole beschrieb, dass er bis 1890 mit Glas- und nicht mit Metallgefäßen gearbeitet hatte, und führte eine Stelle an, wo Olszewski die Ergebnisse eines 1892 von Dewar und George Downing Liveing verfassten Artikels in einer eigenen Arbeit zitierte. Dewar zog den Schluss, dass Olszewskis Prioritätsansprüche «phantastisch und unbegründet» seien.

Zu dieser Zeit verweigerte Dewar auch Pictet den Zutritt zu seinem Tieftemperaturlabor, um – wie er später schrieb – «weitere Gegenbeschuldigungen zu vermeiden», und er beschloss, mit Heike Kamerlingh Onnes in einen Briefwechsel zu treten.

Dewar schrieb dem holländischen Professor 1895 einen Brief, der in einem gemäßigten Ton, wiewohl entschlossen, abgefasst war: Es gebe nur drei Menschen auf der Welt, die «die Probleme ... der Tieftemperaturforschung kennen und die wissen, dass diese Arbeit eine lange, bittere und aufreibende Lehrzeit erfordert». Er machte seinem Ärger über Olszewskis Artikel Luft, die der Öffentlichkeit suggerierten, dass die Verflüssigung von Gasen ein Kinderspiel sei; wenn einer, dann wisse er, Kamerlingh Onnes, dass dies absurd sei. «Tatsache ist: Ich selbst habe von Prof. Olszewski nicht das Geringste über den Umgang mit flüssigen Gasen gelernt», mokierte sich Dewar. Und in dem Versuch, sich bei Kamerlingh Onnes anzubiedern, vertraute ihm Dewar an, dass ihn die Verpflichtungen, die seine beiden

Lehrstühle mit sich brächten, mehr und mehr von seiner Forschungsarbeit abhielten: «Wenn ich mich, wie Sie, ausschließlich der Tieftemperaturforschung widmen könnte, käme ich vermutlich schneller voran.» Er gelobte hoch und heilig, er würde nie wieder etwas tun, das der «Erhabenheit der Wissenschaft» keinen Glanz zufügen würde.

Schön wär's gewesen. Doch statt die Geschichte nun auf sich beruhen zu lassen, holte Dewar in einem Artikel, der einen Monat nach der ersten Attacke auf Olszewski erschien, zum Schlag gegen dessen englischen Förderer aus:

Man kann sich nur darüber wundern, welche mageren Beiträge zum Erkenntnisgewinn heutzutage bedenkenlos als originell vorgebracht werden, und mehr noch, dass sich Wissenschaftler dafür hergeben, ihnen in diesem Land zur Verbreitung zu verhelfen. Solche Menschen sollten das Büchlein des verstorbenen Professors von Wróblewski mit dem Titel «Comment l'air a été liquefié» (Wie die Luft verflüssigt wurde) lesen und sich mit dem Werk dieses höchst bemerkenswerten Mannes vertraut machen, bevor sie sich zu voreiligen Schlüssen über Prioritäten hinreißen lassen, die dessen ehemaliger Kollege behauptet.

Obwohl der Name Ramsay nicht fiel, wusste natürlich jeder, wen Dewar meinte. Dieses unnötige Einprügeln auf ein anderes Mitglied der *Royal Society*, einen der geschätztesten Wissenschaftler seiner Zeit, sollte schon bald unabsehbare Folgen für Dewar haben und die nächsten Etappen im Rennen zum Kältepol direkt beeinflussen.

[9] Von edlen und gewöhnlichen Gasen

Im Jahr 1892 war William Thomson in den Adelsstand erhoben worden und nannte sich fortan Lord Kelvin of Largs. Obwohl er bereits die Siebzig überschritten hatte, dachte Britanniens großer alter Mann der Wärme und Kälte keineswegs daran, sich aufs Altenteil zurückzuziehen. Die Experimente, die er in frühen Jahren zusammen mit Joule durchgeführt hatte, ereilte das gleiche Schicksal wie andere Dinge auch, wenn die Zeit vergeht: Jüngere Wissenschaftler nahmen sie als selbstverständlich hin und untersuchten sie nicht noch einmal auf Hinweise für weitergehende Forschungen. Der Joule-Thomson-Effekt – also das Sinken der Temperatur, wenn ein unter hohem Druck stehendes Gas über ein Drosselventil in eine unter niedrigerem Druck stehende Umgebung geleitet wird – hatte in den vierzig Jahren von 1855 bis 1895 bei den Forschern, die sich ausschließlich der reinen Wissenschaft widmeten, wenig Beachtung gefunden. In einer seltenen Umkehrung der Reihenfolge interessierten sich jedoch Forscher mit kommerziellen Zielen für den Joule-Thomson-Effekt. Das belegen die darauf beruhenden Patentanmeldungen für Verfahren zur Gasverflüssigung: Im späten Frühjahr 1895 meldeten Carl Linde und William Hampson fast gleichzeitig Patente an, die direkt zur ersten industriellen Nutzung der Produkte extremer Kälte führten.

Lindes Patent war die Krönung von fast zwanzig Jahren Arbeit; in dieser Zeit hatte sein Unternehmen mehr als tausend Kühlsysteme verkauft und ein eigenes Forschungslabor eingerichtet, um neuere Verflüssigungsverfahren auf ihre kommerzielle Nutzbarkeit hin zu untersuchen. Diese Untersuchungen brachten Linde auf die Idee, in einer einzigen Maschine den Joule-Thomson-Effekt, ein Gegenstromprinzip und einen schon vorher von Siemens erfundenen Motor zu kombinieren. Linde schwebte die industrielle Herstellung von flüssigem Sauerstoff und Stickstoff vor, vor allem für den Gebrauch in der Stahl- und Düngemittelproduktion.

William Hampson, der beinahe zur selben Zeit eine ganz ähnliche Maschine patentieren ließ, galt in britischen Wissenschaftlerkreisen als Kuriosität. Er war in Oxford aufgewachsen und hatte in *Inner Temple*, einer der vier britischen Rechtsschulen *(Inns of Court)*, Jura studiert; trotzdem tauchte sein Name nie in irgendeinem Anwaltsregister auf, und was er vor 1895 tat, ist bis heute unbekannt. Aus seinen späteren Aktivitäten kann man jedoch ein paar Rückschlüsse ziehen. Er war Arzt und leitete die Abteilungen für Röntgen und Elektromedizin des St.-John's-Krankenhauses in Leicester Square. Er erfand elektrische Geräte zur Muskelstimulation und schrieb populärwissenschaftliche Bücher. Außerdem verfasste er eine ökonomische Abhandlung, in der er davor warnte, Kredite aufzunehmen. Hampson erschien im Mai 1895 auf der Bildfläche – mit einem eigenen Entwurf für eine zyklisch arbeitende Maschine zur Herstellung tiefer Temperaturen, wofür er den Joule-Thomson-Effekt und eine Abwandlung der Kaskadenmethode von Pictet nutzte. Hampson erhielt sein Patent zwei Wochen vor Linde. Ralph G. Scurlock, ein Historiker für Kältetechnik, stellt seine Leistung ins rechte Licht, wenn er sagt: «Hampson war mit seinen beschränkten Möglichkeiten in der Lage, ein kompaktes Gerät zur Luftverflüssigung zu entwickeln – ein Gerät von einer solchen mechanischen Eleganz und Einfachheit, dass sich Dewars Konstruktionen daneben primitiv und plump ausnahmen.» Um es kurz zu machen: Hampson ging mit *Brin's Oxygen Company* eine Geschäftspartnerschaft ein. Ziel war die Produktion flüssigen Sauerstoffs.

Die Vorteile des später so genannten Linde-Verfahrens waren so offenkundig, dass Grundlagenforscher wie kommerziell Orientierte es auf der Stelle für ihre Zwecke nutzen wollten – entweder indem sie eines der neuartigen Geräte kauften oder indem sie auf der Basis der zugrunde liegenden Prozesse ihre eigenen Versionen bauten. Kamerlingh Onnes beispielsweise kaufte eine Linde-Maschine, sofort nachdem sie erhältlich war. Und in Großbritannien fragte Sir William Ramsay bei Hampson an, ob dieser ihm ein Gerät leihen könnte, weil er von James Dewar keine flüssige Luft mehr erhielt. Ramsay und Dewar standen wieder auf Kriegsfuß miteinander. Im Dezember 1895 berichtete Dewar während einer Mitgliederversammlung der *Royal Society* über seine Fortschritte bei der Verflüssigung von Wasserstoff. Ramsay stand auf und behauptete – zum wiederholten Male –, dass Olszewski das Gas bereits verflüssigt habe. Der wütende Dewar verlangte von Ramsay einen Beweis. Beim nächsten Treffen musste Ramsay zugeben, dass er in der Zwischenzeit einen Brief von Olszewski erhalten hatte, in dem dieser verneinte, flüssigen Wasserstoff gewonnen zu haben. Dewar veröffentlichte seine Sicht der Kontroverse und erniedrigte Ramsay damit noch mehr.

Dies geschah zu einem Zeitpunkt, als Ramsay dringend flüssige Luft brauchte, um seine Forschungen an seltenen, inerten Gasen, den so genannten Edelgasen, voranzutreiben. Erst kurz zuvor hatte er eine Entdeckung von weitreichender Bedeutung für das Periodensystem der Elemente und für die nächsten Etappen bei der Erforschung der Kälte gemacht: Ramsay hatte auf der Erde Helium gefunden. Seit fünfundzwanzig Jahren wusste man, dass es auf der Sonne Helium gibt; nachgewiesen wurde es anhand einer gelben Linie in einer Spektralanalyse der Korona, des Flammenkranzes der Sonne. Aber man glaubte, Helium existiere nur auf der Sonne. 1895 arbeitete Ramsay mit Pechblende, einem dunklen Mineral, das Uran und Radium enthält. Es war bekannt, dass beim Erhitzen von Pechblende

Argon frei wird. Als sich Ramsay die Spektralanalyse der aus der Pechblende freigesetzten Gase ansah, fiel ihm die gelbe Linie auf, die er bisher nur vom Sonnenspektrum kannte. Daraus schloss er, dass Helium in kleinen Mengen auf der Erde vorkommt. Natürlich brach auch über das Helium sofort eine Diskussion aus. Dewar hielt es für ein Wasserstoffisotop, während Ramsay darauf beharrte, es sei ein ganz neues Element.

Ramsay brauchte flüssige Luft, um mehr Helium herzustellen; nur dann konnte er damit experimentieren und seine Eigenschaften erforschen. Da es höchst unwahrscheinlich war, dass Dewar ihm helfen würde, suchte Ramsay nach anderen Wegen, um an flüssige Luft zu kommen. Er verbündete sich mit Hampson und einem jungen Forscher namens Morris Travers. Travers arbeitete an der Universität von London und glaubte, er könne einen eigenen Apparat für die Herstellung größerer Mengen verflüssigter Gase konstruieren. Ramsay unterstützte Travers finanziell, allerdings nur mit fünfzig Pfund, einer winzigen Summe verglichen mit dem, was Dewar üblicherweise für Gerätschaften ausgab. Bei diesem Budget konnte sich Travers nicht den Luxus leisten, Teile anfertigen zu lassen. Deshalb lieh er sie sich von anderen Projekten – eine Leitung hier und ein Kompressor da – und stoppelte sie zusammen.

Zwischenzeitlich machte Dewar allein weiter, ebenfalls auf der Grundlage des Joule-Thomson-Effekts. Auf diese Weise hatte er schon flüssige Luft hergestellt, doch bis 1895 schien er nicht auf die Idee gekommen zu sein, diese Methode mit einem zyklischen Prozess zu kombinieren, durch den die Luft mit jedem Durchlauf durch den Apparat weiter abgekühlt würde. Als das Gerät Anfang 1896 fast fertig war, beschrieb Dewar in einem Artikel einige Experimente, die er damit durchgeführt hatte. Linde erwähnte er nur flüchtig, und für Hampson hatte er eine höhnische Fußnote, in der er sich über die Erwähnung von Hampson im Bericht eines französischen Wissenschaftlers lustig machte – und das, obwohl sich Dewar für seine neue Maschine einiges bei Hampson abgeschaut hatte. Dewar berichtete auch, dass sein Apparat Wasserstoffgas lediglich weiter abkühlen konnte als je zuvor, aber er kündigte an, dass er die letzten technischen Probleme in Kürze überwunden haben und flüssigen Wasserstoff produzieren würde.

Als Dewar fast am Ziel war, erlitten seine beiden größten Konkurrenten einen Rückschlag. Tadeuz Estreicher, der damals bei Hampson in London beschäftigt war, schrieb, Olszewski sei zurückgefallen, weil sein Versuch, einen Hampson-Apparat zu kaufen, scheiterte, da die Jagiellonische Universität die finanziellen Mittel nicht rechtzeitig bereitstellte. Und ohne eine neue Methode, die Temperatur unter die von flüssigem Sauerstoff abzusenken, konnte Olszewski keinen flüssigen Wasserstoff herstellen.

Kamerling Onnes' Problem hatte ganz andere, unerwartete Gründe. Mitte des Jahres 1895 befand der Stadtrat von Leiden, dass die Verwendung komprimierter Gase in seinem Tieftemperaturlabor eine Explosion verursachen könnte, die das gesamte Gebäude und seine nähere Umgebung in Mitleidenschaft ziehen würde – aus diesem Grund sollte das Labor geschlossen und die Tieftemperaturforschung verboten werden. Neunzig Jahre zuvor, als die Niederlande unter französischer Herrschaft standen, war in einem Leidener Kanal ein Munitionsschiff explodiert und hatte fünfhundert Häuser zerstört. Das Gebäude, in dem sich Kamerling Onnes' Labor befand, war auf den Trümmern dieses Teils der Stadt errichtet worden. «Als die Stadtväter erfuhren, dass das Labor beträchtliche Mengen von komprimiertem Wasserstoff, einem leicht entzündlichen Gas, beherbergte, schreckte sie der Gedanke an die vergangene Schiffsexplosion auf und ließ sie panisch reagieren», schreibt Rudolf de Bruyn Ouboter, einer der Direktoren des Leidener Tieftemperaturlabors im 20. Jahrhundert. Folge der Panik war, dass Kamerling Onnes seine Arbeit einstellen musste, bis eine Kommission den Sachverhalt geprüft hatte.

Frustriert schrieb Kamerling Onnes 1896 an Dewar, er sei leider nicht in der Lage, dessen letzte «glänzende» Experimente zu wiederholen und zu verifizieren, aus Gründen, «über die Sie nur staunen können». Und er bat Dewar inständig um einen Gefallen: «Ich nehme an, Sie gehen mit der Geheimhaltung nicht so weit, dass Sie einem befreundeten Kollegen nicht helfen würden.» Der Gefallen bestand in der Beantwortung einiger Fragen über Dewars im Zentrum Londons gelegenes Labor, zur Erbauung der holländischen Untersuchungskommission. Dewar gab bereitwillig Auskunft und übertrieb sogar ein bisschen, was die Sicherheit der Einrichtung anging, indem er Kamerling Onnes mitteilte, der Raum, in dem die gefährlichen Gase lagerten, befände sich direkt unter dem Hörsaal der *Royal Institution*; in Wahrheit befand er sich zwei Stockwerke darunter. Dewar gelang es, der Kommission die Explosion zu verheimlichen, die 1886 in seinem Labor stattgefunden und ihn beinahe getötet hatte. Ähnliche Fragen wie an Dewar stellte Kamerling Onnes auch an Olszewski, die dieser ebenfalls beruhigend beantwortete.

Als wesentliche Fakten gab er der Kommission an, dass die Explosion eines Zylinders mit komprimiertem Gas weniger Schaden anrichten würde als Schießpulver und dass der Besitz und der Transport des Gases legal seien. Der Fall ging durch alle Instanzen bis zum höchsten niederländischen Gerichtshof, der entschied, dass Kamerlingh Onnes seine Arbeit wieder aufnehmen könne. Bis dahin waren einige Jahre ins Land gegangen, und in der Zwischenzeit hatte Dewar die Wasserstoffrunde im Rennen zum absoluten Nullpunkt gewonnen.

Am 10. Mai 1898 – nach monatelanger Bauzeit, Tests und Probeläufen – setzten Dewar und seine beiden Assistenten Robert Lennox und James Heath das aus Pumpen, Kryostaten, Röhren, Einlassventilen und Sammelgefäßen bestehende Ungetüm in Gang, das das gesamte Erdgeschoss der *Royal Institution* einnahm und dieses eher wie den Maschinenraum einer Fabrik als wie ein Laboratorium aussehen ließ. Der Apparat bestand aus einer Reihe von Verflüssigungsmaschinen. Im ersten Schritt wurde Chlormethan hergestellt. Damit kühlte man im zweiten Schritt Äthylen; dieses wiederum wurde verwendet, um Sauerstoff bis zur Verflüssigung abzukühlen. Der flüssige Sauerstoff war das Hauptkühlmittel für die Versuche zur Wasserstoffverflüssigung. Nachdem der Wasserstoff den Kühlzyklus viele Male durchlaufen hatte, war seine Temperatur auf –205 Grad Celsius gesunken. Dann – das Gas stand unter einem Druck von 180 Atmosphären – ließen Dewar und seine Mitarbeiter den Wasserstoff plötzlich und kontinuierlich in ein luftleeres Gefäß strömen, das –200 Grad Celsius kalt war; von dort leiteten sie es in ein zweites luftleeres Gefäß, das von einem dritten umgeben war. Binnen fünf Minuten, so berichtete Dewar knapp, hatten sie zwanzig Kubikzentimeter flüssigen Wasserstoff gesammelt. Die Flüssigkeit war durchsichtig und farblos, mit einem deutlichen Meniskus (einer gebogenen Oberfläche). Nach fünf Minuten jedoch «fror die Wasserstoffdüse zu, weil sich in den Röhren Verunreinigungen aus dem Wasserstoff gesammelt hatten und gefroren waren», und das Experiment musste abgebrochen werden.

Dewar war stolz, das Letzte der permanenten Gase verflüssigt zu haben. Um sich selbst zu beweisen, dass dieser flüssige Wasserstoff kälter war als jede andere damals verfügbare Substanz, tauchte er ein mit flüssigem Sauerstoff gefülltes Reagenzglas in den Wasserstoffbehälter: Der Sauerstoff gefror zu einer festen, bläulich weißen Substanz, was nur dann geschehen konnte, wenn die Temperatur der neuen Flüssigkeit niedriger war als die des Sauerstoffs. Einen Moment lang glaubte Dewar auch, er habe es geschafft, Helium zu verflüssigen. Er behauptete das sogar in einem Telegramm über seine Großtat an Kamerlingh Onnes – «Wasserstoff und Helium verflüssigt» –, aber schon kurze Zeit später befand er, dass die anderen Kondensate von Verunreinigungen des Wasserstoffs stammten. Vielleicht um

Kamerlingh Onnes davon abzuhalten, wieder ins Rennen einzusteigen, betonte Dewar die Schwierigkeiten, als er ihm im November 1898 schrieb: «Ich sehe schon, dass meine Probleme erst beginnen. Es wird noch lange dauern, bis der Wasserstoff wirklich sprudelt.»

Ein weiteres Problem: Das Platin-Resistenzthermometer lieferte keine absolut zuverlässigen Werte für den Siedepunkt von Wasserstoff. In der Nähe des Temperaturwertes, den Dewar dafür hielt, hörte das Thermometer offenbar auf zu funktionieren. Dewar fragte sich, ob es möglicherweise «an einen Grenzwiderstand» angekommen sei, unterhalb dessen Änderungen des Widerstands zu klein oder zu schwierig zu messen seien. In dem Versuch, dem Versagen des Thermometers noch etwas Positives abzugewinnen, schlussfolgerte er – wie er später schrieb –, es gebe keinen Grund, «noch länger an der Vorstellung festzuhalten, dass Platin am absoluten Nullpunkt zu einem perfekten Stromleiter werde», oder allgemeiner, dass dies für irgendein reines Metall gelte. Damit widersprach er den früheren Vorhersagen seines Mitarbeiters Fleming; doch Dewar versuchte weder seine neue Behauptung zu beweisen noch eine Hypothese zur Erklärung für das Versagen des Thermometers aufzustellen.

Stattdessen benutzte er den Wasserstoff, um damit bislang Unmögliches zu bewerkstelligen. Im Jahr davor hatte er gemeinsam mit Henri Moissan, dem Entdecker des Fluors, versucht, dieses Edelgas zu verflüssigen. Mit flüssigem Sauerstoff war es ihnen nicht gelungen, aber nun, mit dem flüssigen Wasserstoff konnten sie Fluor sogar in den festen Zustand überführen. Das Arbeiten mit flüssigem Wasserstoff ermöglichte ihnen die Feststellung, dass Fluor – im Gegensatz zu vielen anderen Substanzen – bei den extrem tiefen Temperaturen seine Reaktionsfähigkeit behielt: Als sie festes Fluor direkt mit flüssigem Wasserstoff zusammenbrachten, kam es zu einer heftigen Explosion.

Da Dewar die Temperatur flüssigen Wasserstoffs immer noch nicht genau bestimmen konnte, suchte er nach einem geeigneten Thermometer und fand schließlich eines, einen ganz neuen Typ: Es enthielt unter Druck stehenden gasförmigen Wasserstoff. Mit ihm schätzte Dewar den Siedepunkt des Wasserstoffs auf 20 bis 25 Kelvin oder etwa –250 Grad Celsius. «Mit Wasserstoff als Kühlmittel», verkündete er zuversichtlich, «werden wir uns dem absoluten Nullpunkt bis auf 13 bis 15 Kelvin nähern und ... ein ganz neues wissenschaftliches Forschungsgebiet eröffnen.»

Wenige Tage nachdem Dewar seine vorläufige Mitteilung über die Verflüssigung von Wasserstoff herausgegeben hatte, hielt William Hampson einen Vortrag über die «sich selbst verstärkende Kühlung von Gasen», den Dewar besuchte. Der Emporkömmling behauptete, außer Luft und Sauerstoff auch Wasserstoff verflüssigt zu haben, was Dewar natürlich bestritt. Hampson wiederholte seine Behauptung in der nächsten Ausgabe der Zeitschrift *Nature* und fügte hinzu, er sei vor einigen Jahren in der *Royal Institution* gewesen und habe Dewars Assistenten, Robert Lennox, Informationen über die Maschine gegeben, an der er gerade arbeitete. Hampson unterstellte, dass Lennox Dewar davon erzählt und dieser die Informationen genutzt hatte, um seinen Apparat zur Wasserstoffverflüssigung zu bauen. In der nächsten Ausgabe der Zeitschrift tobte Dewar, er hätte Wasserstoff auch dann in der gleichen Weise und zur gleichen Zeit verflüssigt, wenn Hampson nie geboren wäre. Es folgten drei weitere briefliche Attacken und drei postwendende Gegenschläge in den nächsten Ausgaben der Zeitschrift. Die widersprüchlichen Behauptungen konnten nie geklärt werden, heute würde man vielleicht sagen, jeder der beiden hatte auf seine Art Recht: Sicher wusste Dewar von Hampsons Arbeit, wenn nicht von dessen Besuch bei Lennox, dann vielleicht aus seiner Patentschrift. Die Suche nach einer Möglichkeit, die Kälte zu verstärken, hatte Dewar zu den gleichen

Prinzipien geführt, die auch Hampson und Linde nutzten – den Joule-Thomson-Effekt und den zyklischen Kühlprozess. In späteren Jahren vermied es Dewar bei seinen gelegentlichen Berichten über die Tieftemperaturforschung, Hampson zu erwähnen – genau wie er versuchte, auch Olszewskis Namen aus diesen Geschichten zu streichen. Diese völlig überzogenen Reaktionen wurden Dewars an Besessenheit grenzender Leidenschaft für sein Ziel in der Tieftemperaturforschung und der egomanischen Bewertung seiner eigenen Leistungen zugeschrieben.

Ein Gemälde, das Dewar bei einer Vorlesung zeigt – wahrscheinlich anlässlich des hundertjährigen Bestehens der *Royal Institution* im Jahr 1899 – hängt noch heute an einer Wand der Einrichtung. Ein Mann mit Frack und Spitzbart steht feierlich steif hinter einem Tisch voller Flaschen, Brenner und Apparaturen, über ihm hängt eine Leinwand, auf die Bilder von Teilen der Gerätschaften projiziert sind. Mit ausgestrecktem Arm hält er eine Vakuumflasche, während Heath und Lennox hinter ihm anderes Material für die Demonstrationen vorbereiten. Das elegant gekleidete Publikum – darunter so vornehme Besucher wie Marconi sowie die künstlerische, wissenschaftliche und politische Elite der Britischen Inseln, Kelvin, Stokes, Lord Rayleigh und Rayleighs Bruder, der Premierminister Arthur Balfour, eingeschlossen – blickt gespannt auf Dewar.

Thema der Vorlesung war die Verflüssigung von Wasserstoff, und in ihrem Verlauf brüstete sich Dewar mit den Worten: «Faradays Glaube an die Möglichkeiten experimenteller Forschung, wie er ihn 1852 äußerte, hat sich sechsundvierzig Jahre später mit der Verflüssigung von Wasserstoff in eben demselben Labor, in dem er selbst seine bahnbrechenden Arbeiten durchführte, als berechtigt erwiesen.» Für diese erste öffentliche Demonstration von flüssigem Wasserstoff zog der Showmaster Dewar alle Register. Er tauchte ein Stück Metall in flüssigen Wasserstoff. Als er es wieder herauszog, kondensierte die das Metall umgebende Luft sofort daran und bildete einen festen Belag. Dieser schmolz zu einer Flüssigkeit, die Dewar in einem Becher auffing. In den Becher warf er einen glimmenden Holzspan, der sich sofort entzündete, als aus der flüssigen Luft Sauerstoff aufstieg. Mit dem flüssigen Wasserstoff brachte Dewar alle möglichen Substanzen zum Fluoreszieren, er senkte den elektrischen Widerstand in Metallen, ließ die Anzeigen von Thermometern fallen, bis sie einfroren. Er machte flüssigen Sauerstoff blau, zeigte, dass flüssiger Wasserstoff eine wesentlich geringere Dichte besitzt als Wasser und dass sich Baumwolle damit magnetisieren lässt. Zum Schluss dankte Dewar Robert Lennox mit den schmeichelhaftesten Worten, die er je in der Öffentlichkeit für einen Angestellten gefunden hatte, und gab zu, dass «der kürzlich errungene Erfolg ohne [seine] technische Erfahrung, Geschicklichkeit und loyale Ausdauer vermutlich noch lange hätte auf sich warten lassen». Außerdem sprach er den Mitgliedern der *Royal Institution* seinen Dank für die Unterstützung seiner Arbeit aus und verband damit gleich den Hinweis, dass die weitere Erforschung der extremen Kälte ungeheuer schwierig und sehr teuer würde.

Die ehrenwerten britischen Wissenschaftler – von den Zeiten Bacons, Boyles und Newtons im 17. Jahrhundert bis zu Davy, Faraday und Kelvin im 19. Jahrhundert – verachteten Gewinnstreben mehrheitlich als unter ihrer Würde und außerhalb des Horizontes eines Grundlagenforschers. Aber diese Einstellung war nun vorbei, vorbei auch die Zeiten, in denen ein einzelner Wissenschaftler alleine in seinem privaten Labor bedeutende Entdeckungen machen konnte. Auf der anderen Seite des Ärmelkanals hatte Dewars Rivale Kamerlingh Onnes damit begonnen, im Labor für Tieftemperaturphysik in Leiden mit der daran angeschlossenen Schule für Feinmechaniker und andere Assistenzberufe das erste echte Forschungszentrum einzurichten. Kamerlingh Onnes dachte außerdem daran, einen fachlichen Austausch zwischen seinem Labor und den Forschungs- und Entwicklungsabteilungen von Unternehmen anzuregen, die die Kälte kommerziell nutzen wollten.

James Dewar war es zwar gelungen, Hampson, diesen außergewöhnlichen Amateur, aus dem wissenschaftlichen Rennen zum absoluten Nullpunkt zu werfen, doch es nützte ihm wenig, denn auf dem Gebiet der Grundlagenforschung arbeitete Hampson danach mit Ramsay, Rayleigh und ihrem Assistenten Morris Travers weiter, um die restlichen Edelgase zu isolieren. Und auch im kommerziellen Bereich biss sich Hampson durch.

Die ersten paar Schritte der Verflüssigungskaskade konnten nun im industriellen Maßstab nachvollzogen werden. Zusammen mit den von Linde und Hampson 1895 patentierten Verfahren ermöglichte die Kaskadenmethode die großtechnische Herstellung flüssiger Luft, aus der flüssiger Sauerstoff und flüssiger Stickstoff abgetrennt werden konnten. Dabei fielen außerdem geringe Mengen einer Reihe anderer Elemente und Verbindungen an. Kurz gesagt: Während die Verfechter der reinen Wissenschaft seltenen Gasen wie Helium und Argon auf der Spur waren, bemühten sich Techniker und praxisorientierte Wissenschaftler nach Kräften darum, verflüssigte Gase zu etwas Alltäglichem zu machen.

Die ersten größeren technischen Anwendungen von Kälte – zum Zwecke der Kühlung – breiteten sich vor allem in Amerika rasch aus. In den vierziger Jahren des 19. Jahrhunderts hatte John Gorrie mit der Kühlung von Luft «die Übel hoher Temperaturen bekämpfen und die Lebensbedingungen in unseren Städten verbessern» wollen. Ihm schwebten zentrale Kältefabriken vor, die mittels Rohrleitungen Privathaushalte und Geschäftsräume mit kühler Luft versorgen sollten. Jahrhunderte vor ihm hatte Cornelis Drebbel etwas Ähnliches für die Verteilung warmer Luft in London vorgeschlagen. 1889 konnte man in New York, Boston, Los Angeles, Kansas City und St. Louis gekühlte Luft via Pipeline von einer Zentralstelle beziehen. Der

Besitzer des Restaurants «Ice Palace» in St. Louis erhielt so kalte Luft, dass er damit nicht nur seinen Gästen Kühlung verschaffen, sondern auch seinen Namen in Raureif auf die Fensterscheiben schreiben konnte; darüber hinaus verstärkte er die Kältewirkung mit Wandgemälden, die Szenen von Polarexpeditionen zeigten. Der außergewöhnlich milde Winter von 1890, in dem sich nur relativ wenig natürliches Eis bildete, kurbelte den Fortschritt bei der künstlichen Eisherstellung weiter an. Die Nachfrage nach mechanischer Kühlung für unterschiedliche Produkte stieg an. Aber alle, die bessere Kühlmöglichkeiten haben wollten, mussten die Entwicklung wirksamerer und ungefährlicherer Kühlmittel abwarten.

In den Jahren nach 1895 waren die beiden Hauptproduzenten für Flüssiggase Linde in Deutschland und die *British Oxygen Company*, Nachfolgerin von *Brin's*, die mit Hampson eine Vereinbarung getroffen hatte. Eine gewisse Rivalität entwickelte sich, als Linde eine britische Tochtergesellschaft gründete, die eine Zeit lang direkt mit der *British Oxygen Company* konkurrierte.

Hektische Erregung ergriff die Vereinigten Staaten im Juni 1897, als das *New York Times Magazine* einen Artikel mit dem denkwürdigen Satz einleitete: «Mama möchte zwei Liter von Ihrer besten flüssigen Luft, sie sagt, die vom letzten Mal hätte zu viel Kohlensäure gehabt.» In dem Artikel ging es um Charles E. Tripler und die dampfgetriebene Maschine zur Luftverflüssigung, die er kurz zuvor angekündigt hatte. Es war ein guter Zeitpunkt für ein solches Unternehmen, denn die damaligen Verbrennungsmotoren wurden als unzuverlässig und damit ungeeignet für die neuen pferdelosen Kutschen angesehen – doch mit der bewährten, auf der Expansion komprimierter Gase beruhenden Technik konnte man ebenfalls Pferdestärken erzeugen. Tripler versprach, große Mengen flüssiger Luft für solche Motoren herzustellen, die in Kutschen, Schiffen und anderen Transportmitteln einsetzbar sein sollten, und damit lockte er Wall-Street-Investoren an. In kurzer Zeit gelang es Tripler mit Hilfe einiger Börsenmakler, zehn Millionen Dollar für seine Aktiengesellschaft zusammenzubringen. Der Ingenieur erwies sich als guter Werbemanager in eigener Sache, die er mit Vorträgen und Interviews beförderte. Fast schon visionär muten die weiteren Verwendungsmöglichkeiten an, die er für seine flüssige Luft vorhersagte: in Kühlgeräten, in Sprengstoffen (da sie zusammen mit Kohlenstaub einen ziemlichen Rumms produzierte) und in der Medizin, wo sie – wie Tripler sagte – in der Chirurgie bereits als Antiseptikum erprobt wurde. Außerdem sah man sie als vielversprechendes Heilmittel gegen Krebs an.

Vielleicht war das schon etwas zu visionär, und nach einer völlig überzogenen Darstellung in der Zeitschrift *McClure's* glaubten ihm viele Menschen einfach nicht mehr. Einem angesehenen Reporter dieses Blattes hatte er erzählt, dass flüssige Luft «ein Stoff ist, der schon bald die Arbeit von Kohle, Eis und Schießpulver verrichten wird und noch dazu nichts kostet». Sein Apparat funktionierte tatsächlich, denn er schickte eine Probe seines Produktes an einen Chemiker der Universität von Pennsylvania. Der bestätigte, dass es sich um flüssige Luft handelte. Tripler verstand wenig von Chemie und Physik. Nur so ist zu erklären, dass er es wagte zu versichern, er habe drei Liter flüssige Luft in seine Maschine eingefüllt und – weil die Kälte in der Lage sei, durch Verdunstung weitere Kälte zu produzieren – aus der Energie dieser drei Liter am Ende zehn Liter flüssige Luft gewonnen.

Die Kälte eines verflüssigten Gases lässt sich dazu verwenden, es noch weiter abzukühlen – bis es in den festen Zustand übergeht, ein Phänomen, das James Dewar in seinen Vorlesungen gern vorführte. Aber Tripler ließ sich durch seine Entdeckung, dass sich die Kälte selbst verstärkte, zu Äußerungen hinreißen, die eindeutig nach einer neuen Version des Perpetuum mobile klangen. Und während sich die echten Wissenschaftler damit hätten begnügen können, Tripler einfach zu ignorieren und ihn ohne weiteren Kommentar seine verflüssigten Gase produzieren zu lassen, konnten sie jedoch nicht die Vorstellung im Raum stehen lassen, dass da jemand etwas verkaufte, das das Ergebnis eines Perpetuum-mobile-Mechanismus zu sein schien. Deshalb fielen sie von allen Seiten über Tripler her. Die Zeitschrift *Scientific American*, die vorher von seiner Großtat berichtet hatte und seine Erzeugnisse an der Universität von Pennsylvania testen ließ, druckte nun die Kommentare des Präsidenten des *Stevens Institute of Technology*, der darlegte, dass eine Aus-eins-mach-drei-Produktion nach dem zweiten Hauptsatz der Thermodynamik unmöglich sei. 1899 war die Auseinandersetzung immer noch im Gange, und einer der führenden Physiker der Harvard-Universität kommentierte Triplers Aus-eins-mach-drei-Methode mit den Worten: «Sie funktioniert nur, wenn Wasser den Berg hinauffließt.» Auch Linde, der sich auf einer Vortragsreise durch die Vereinigten Staaten befand, entlarvte die Behauptung als Unsinn.

Der Börsenkurs von Triplers Firma brach zusammen, und seine Aktien wurden wertlos. Die Investoren mussten feststellen, dass der größte Teil der zehn Millionen Dollar in die Taschen der Werbeleute geflossen war und nicht in Triplers Produktionsverfahren. Folge dieses Debakels war, dass die amerikanische Wirtschaft in den nächsten Jahren von der kommerziellen Anwendung flüssiger Luft absolut nichts wissen wollte.

In Frankreich verlief die Geschichte der flüssigen Luft zunächst ganz ähnlich, sie nahm aber ein anderes Ende, weil Georges Claude ein besserer Wissenschaftler war als Tripler. Claude war der Sohn eines Ingenieurs – eines leitenden Angestellten bei einem Unternehmen, das Eiskrem produzierte – und hatte sein Leben lang mit Kälte zu tun gehabt. Nach dem Studium, Anfang der neunziger Jahre des 19. Jahrhunderts, begann er, sich für verflüssigte Gase zu interessieren.

Er träumte von einer Möglichkeit, mit Hilfe von reinem Sauerstoff und einem Kohlestab zu schweißen, denn er war überzeugt, dass Sauerstoff schon bald aus der Luft abgetrennt werden könnte. Damals wurde flüssiger Sauerstoff gerade mal in einigen Forschungslabors hergestellt, insofern war das eine wahrhaft weitsichtige Idee für jemanden, der nicht zum kleinen Kreis der Tieftemperaturforscher gehörte.

1895 hörte Claude von Lindes Luftzerlegungsapparatur. Das Wissen um die Existenz eines solchen Geräts versetzte ihn in helle Begeisterung, und er kam zu dem Schluss, dass ihm nichts Geringeres bestimmt sei, als eine ganze Industrie zur Produktion verflüssigter Gase aufzubauen. Um das zu erreichen, so schrieb er, müsse er sich an der vordersten Front der Wissenschaft bewegen, was ein hohes Maß intellektueller Energie erfordere sowie «eisernes Durchhaltevermögen – eine Mischung aus Eigensinn, Sturheit und Wut». Zum Durchhalten gehörte auch, nicht nur das eigene Geld einzusetzen, sondern Freunde davon zu überzeugen, ihm ihres zu leihen. Mit den fünfzigtausend Franc, die er so zusammenbekam, gründete er eine Firma, die nicht sofort anfing, Gase zu verflüssigen, sondern zunächst einmal alle möglichen Produktionsanlagen testete. Wie Claude später in seinen Memoiren schrieb, kam ihm der entscheidende Gedanke, als er sich fragte, was Linde getan hatte: «Warum lässt er seine Luft durch ein einziges Ventil expandieren? Wenn man sie zwingen würde, einen Kolben zu drücken, würde sie mehr Arbeit verrichten und folglich mehr Kälte produzieren.» Er zog den Schluss, dass Linde den Kolben vermieden hatte, weil er «zu Recht fürchtete, dass die normalen Schmiermittel [bei diesen tiefen Temperaturen] gefrieren und seine Maschine blockieren würden». Claude suchte nach einem besseren Schmiermittel. Am Abend des 25. Mai 1902 – einen Tag bevor die Vereinbarung mit seinen Geldgebern ablief und er die ganzen fünfzigtausend Franc verlor – machte er eine letzte Verbesserung an dem Schmiermittel und an der Maschine, und das ganze Verfahren funktionierte wunderbar: Er brauchte nur einen Druck von 20 Atmosphären, um Luft zu verflüssigen, im Vergleich zu 200 mit Lindes Gerät. Claudes Verfahren war weit mehr als ein kleiner technischer Fortschritt, behauptet der Historiker Ralph Scurlock; es war «eine mechanische Revolution von einer Größenordnung, die einen zweiten technologischen Durchbruch [auf dem Gebiet] bedeutete», das bald als Kältetechnik bezeichnet werden sollte.

Claude erkannte das Ausmaß des Durchbruchs und gründete innerhalb von zwei Monaten – mit einem Grundkapital von hunderttausend Franc – eine neue Firma, die er *Air Liquide, Société Anonyme pour l'Étudie et l'Exploitation des Procédés de Georges Claudes* («Flüssige Luft, Aktiengesellschaft für die Erforschung und Anwendung der Verfahren von Georges Claude») nannte.

Seine Produkte fanden ebenso wie die von Linde und *British Oxygen* sofort Abnehmer: Stahlproduzenten sahen, dass sie mit flüssigem Sauerstoff die Leistung ihrer alten mit Luft betriebenen Hochöfen verbessern konnten, da sie auf diese Weise Stahl von höherer Reinheit und Zugfestigkeit bei niedrigeren Kosten erhielten. Flüssiger Stickstoff wurde schnell zum Grundstoff für die Produktion von Kunstdünger, Ammoniak und Salpeter. Letzteren verwendete man – wie Tripler es vorhergesagt hatte – für Sprengstoff.

Schon bald nach ihrer Gründung stellten die von Linde und Claude gegründeten Firmen fest, dass die Nachfrage nach ihren Produkten enorm war und immer weiter wuchs. Zusammen mit der künstlichen Kühlung und der künstlichen Herstellung von Eis – Industriezweige, die ebenfalls stürmisch weiter wuchsen – sorgten die neuen Flüssiggasproduzenten dafür, dass man das 20. Jahrhundert als erstes in der Menschheitsgeschichte durch die extensive kommerzielle Nutzung der Kälte charakterisieren könnte.

[10] Der fünfte Schritt

In den Reisetagebüchern vieler geographischer Expeditionen kommt irgendwann der Augenblick, an dem der Lohn der Mühen klar und deutlich am Horizont zu erkennen ist; dann werden alle guten Vorsätze, den dazwischen liegenden Landstrich zu erforschen, fallen gelassen und stattdessen alle Reserven mobilisiert, um mit einer letzten Kraftanstrengung das ersehnte Ziel zu erreichen. Bei der Reise zum absoluten Nullpunkt war dieser Punkt mit der Verflüssigung des Wasserstoffs und dem Nachweis von Helium auf der Erde erreicht. Als Kamerlingh Onnes hörte, dass die Verflüssigung von Wasserstoff gelungen sei, beschloss er, «alles daranzusetzen, um sofort ans Ziel meiner Wünsche zu gelangen». Das Ziel, das nun in greifbare Nähe gerückt war, war die Verflüssigung von Helium, von der man annahm, dass sie bei einer Temperatur von weniger als zehn Kelvin eintreten würde.

1898 stellte Dewar mit einer genialen Methode festen Wasserstoff her. Schon sehr viel früher hatte er sich mit den Absorptionseigenschaften von Holzkohle beschäftigt; diese Idee griff er nun wieder auf und benutzte Holzkohle, um Wasserstoffmoleküle aus der Gasphase zu binden und sie auf diese Weise von der flüssigen Phase zu trennen. Dadurch wurde die Kälte verstärkt und der Wasserstoff «gezwungen», sich zu verfestigen. Den festen Wasserstoff setzte Dewar unter Druck und kam genau bis zu der Temperatur hinab, die er vorhergesagt hatte: 13 Kelvin über dem absoluten Nullpunkt. «Doch hier oder nicht weit von hier», so schrieb er, «ist unser Weg versperrt.»

Eine erste Analyse zeigte, dass sich Helium selbst bei –260

Grad Celsius nicht verflüssigen ließ. Nachdem die Wissenschaftler nun schon mehrere hundert Grad aus dem normalen Temperaturbereich hinabgestiegen waren, mussten einem Laien die restlichen 13 Grad wie ein Katzensprung vorkommen. «Doch an diesem Ende der Temperaturskala ist ein Schritt von einem Grad etwas ganz anderes als bei höheren Temperaturen», schrieb Dewar. «Genau genommen wäre die Überwindung der letzten paar Grad eine größere Leistung als alles bisher in der Tieftemperaturforschung Erreichte.»

In einer Rede vor der *British Association for the Advancement of Science* («Britische Gesellschaft für den Fortschritt der Wissenschaft») beschrieb Dewar die Verflüssigung von Helium als das nächste große Ziel der Wissenschaft, letzte Station auf dem Weg nach «Ultima Thule», dem absoluten Nullpunkt. Er sagte auch die Eigenschaften von flüssigem Helium voraus: Sein Siedepunkt würde bei etwa 5 Kelvin liegen, es wäre zweimal so dicht wie flüssiger Wasserstoff und siebzehnmal so dicht wie gasförmiges Helium, es besäße eine kaum merkliche Oberflächenspannung und wäre schwer zu sehen.

Dewar konnte sich zwar den geheimnisvollen, reinen und eiskalten Glanz des flüssigen Heliums ausmalen, aber um es herzustellen, brauchte er gasförmiges Helium, und davon hatte er nicht genug. Vor dem gleichen brennenden Problem standen auch Kamerlingh Onnes, Olszewski und alle anderen, die noch im Rennen zum Kältepol dabei waren. Die höchsten Heliumkonzentrationen in Großbritannien hatte man in den Mineralquellen von Bath gefunden. Durch eine Verkettung von Umständen und persönlichen Beziehungen kontrollierte Ramsay eine Zeit lang den Zugang zu dieser Heliumquelle, was für Dewar ein Problem darstellte. Aber Dewar besaß das einzige Gerät, das den flüssigen Wasserstoff lieferte, den Ramsay für seine weiteren Forschungen an den Edelgasen benötigte. Mehrere Wissenschaftler, darunter auch Dewar, hatten die Existenz eines weiteren Edelgases mit einem Molekulargewicht zwischen dem von Argon und dem von Helium vorhergesagt, und Ramsay arbeitete mit Hochdruck daran, es zu finden. Ramsay und Dewar hätten einen fairen Tausch machen können – heliumhaltigen Sand gegen flüssiges Helium –, aber das ließ ihre Persönlichkeitsstruktur nicht zu, und so verharrten sie im Patt.

Die verfahrene Situation löste sich 1901 auf, als es Morris Travers von Ramsays Labor gelang, einen Wasserstoffverflüssiger zu bauen. In einem Artikel darüber bedankte sich Travers bei Hampson für seine Hilfe und erklärte, der ganze Apparat habe nicht mehr als fünfunddreißig englische Pfund gekostet. Das war ein klarer Seitenhieb gegen Dewar, dessen Gerät Tausende von Pfund verschlungen hatte und der in der Öffentlichkeit über die hohen Kosten der Tieftemperaturforschung maulte. In Wahrheit hatte sich Travers Geräteteile im Wert von einigen tausend Pfund geborgt oder aus anderen Maschinen ausgeschlachtet; niemand konnte zu dieser Zeit mit den vorhandenen Techniken und Material im Wert von fünfunddreißig englischen Pfund Wasserstoff verflüssigen.

Mit flüssigem Wasserstoff als ihrem wichtigsten «Arbeitsmittel» entdeckten Ramsay, Rayleigh und ihre Arbeitsgruppe im Lauf der nächsten paar Jahre Xenon, Neon und Krypton; damit vervollständigte sich der Reigen der Edelgase und brachte den beiden leitenden Wissenschaftlern 1904 die Nobelpreise in Chemie und Physik ein. (Darüber ärgerte sich Dewar unter anderem deshalb, weil Neon an genau der Stelle im Periodensystem lag, wo er es vorausgesagt hatte.) Mitten in diesen Forschungsarbeiten besuchten Ramsay, Travers und Hampson sogar eine Feier, die einer von Dewars Freunden veranstaltete, obwohl sie eigentlich nicht dorthin gehen wollten. Doch sie hatten Angst, ihr Rivale könnte argwöhnen, sie seien einer großen Entdeckung auf der Spur, wenn sie fernblieben. Ramsay befürchtete zu Recht, Dewar könnte noch vor ihm weitere Edelgase finden; das war aus Dewars Kommentaren zu schließen, die er abgab, als Ramsay und Rayleigh bei wissenschaftlichen Kongressen in aller Vorsicht über den Fortgang ihrer Arbeiten berichteten. Travers warf Dewar später vor, er sei als Chemiker nicht «phantasievoll» genug gewesen, um die Edelgase zu finden. Aber wahrscheinlich war Dewar schlicht zu sehr auf die Verflüssigung von Helium fixiert, um noch ein anderes Ziel verfolgen zu können. Und Dewar fürchtete seinerseits zu Recht die Gruppe um Ramsay und Travers, weil Travers' Verflüssigungsapparat diese mit ins Rennen um den absoluten Nullpunkt brachte – zusätzlich zu Olszewski und Kamerlingh Onnes, der ebenfalls bald flüssigen Wasserstoff produzierte und die Verflüssigung von Helium ins Visier nahm.

In den folgenden Jahren wechselten sich diese Gruppen in der Führung des Rennens mehrfach ab, und jedes Mal kamen sie etwas näher – zuletzt bis auf 10 Kelvin – an den absoluten Nullpunkt heran. 1906 konstruierte Travers ein Gerät zur Verflüssigung von Helium, aber später klagte er: «In dem Moment, als alles fertig war, musste ich nach Indien, und das Experiment wurde nie durchgeführt.»

Dewar ahnte, dass das Labor in Leiden für ihn die größte Gefahr darstellte. Seit seiner Gründung im Jahr 1882 hatte das Leidener Labor für experimentelle Physik im Rennen immer etwas zurückgelegen, aber Kamerlingh Onnes hatte dafür gesorgt, dass sich der Abstand zwischen ihm und dem jeweils Führenden nie vergrößerte. Ein Vierteljahrhundert war vergangen, Kamerlingh Onnes' Haaransatz hatte sich weit hinten auf seinem Hinterkopf zu einem dünnen Saum zusammengeschoben, und sein Schnurrbart ähnelte dem eines Walrosses, aber er war in dieser Zeit zu einer der tragenden Säulen des Wissenschaftsbetriebs geworden. Man rühmte ihn, weil er großen Wert auf exakte Messungen legte und weil er immer eins nach dem anderen tat. Buchstäblich als Einziger unter den experimentell arbeitenden Physikern seiner Zeit hatte er ein durchdachtes Forschungsprogramm ins Leben gerufen, das man heute als «Big Science» (etwa: Wissenschaft im großen Rahmen») bezeichnen würde: ein System von selbständig arbeitenden Labors und Angestellten in den Bereichen Thermodynamik, Elektrizität, Magnetismus und Optik. «Er beherrschte seine Assistenten, wie der Wind die Wolken vor sich hertreibt», erinnerte sich der Physiker Pieter Zeeman, einer von Kamerlingh Onnes' Schülern. «Mit schmeichelhaften Bemerkungen oder einem ironisch-witzigen (manchmal auch bissigen) Kommentar konnte er Wunder bewirken. Selbst die, die in der Hierarchie über ihm standen, erlagen seinem Charme … und manchmal vermochte er so in letzter Sekunde noch eine Entscheidung zu seinen Gunsten herbeizuführen.»

Während Kamerlingh Onnes die anderen Laborbereiche überwachte und weiterentwickelte, verfolgte er selbst die Verflüssigung der Gase unermüdlich weiter. Er hatte keine Probleme damit, Innovationen – welcher Art auch immer – von seinen Mitbewerbern zu übernehmen – und sie zu verbessern: Als er zum Beispiel seinen Wasserstoffverflüssiger endlich fertig gestellt hatte, produzierte das Gerät vier Liter pro Stunde; das übertraf die Mengen, die Dewar, Olszewski und Travers mit ihren Maschinen erzeugen konnten, bei weitem.

In ähnlicher Weise hatte Kamerlingh Onnes eine weitere Stärke ausgebaut: 1901 richtete er direkt neben dem Gebäude, in dem sein Labor lag, eine Gesellschaft zur Förderung der Ausbildung von Feinmechanikern ein, eine Schule mit Werkstatt, die die ergänzte, die er bereits früher für Maschinenbauer und Elektrotechniker gegründet hatte. Dort ließ er seine Instrumente und seine Apparate entwickeln. Zudem musste sich das Leidener Tieftemperaturlabor nun keine Gedanken mehr um seine Finanzierung machen: Kamerlingh Onnes genoss das Vertrauen von Königin Wilhelmine und die volle Unterstützung der Regierung. Er war so gut ausgestattet und besaß so gut ausgebildete Assistenten, dass Physiker aus aller Welt danach lechzten, einmal ein Freisemester oder einen Sommer in Leiden verbringen zu dürfen. Sogar der junge Albert Einstein bewarb sich dort um einen Platz; er erhielt nie eine Antwort auf seinen Brief an Kamerlingh Onnes und wandte sich dann anderen Aufgaben zu. Später sollten die beiden Männer noch Freunde werden.

Als Kamerlingh Onnes älter wurde, verschlimmerte sich die Lungenschwäche, die auf eine in jungen Jahren durchlittene Tuberkulose zurückging – vielleicht durch die schädlichen Gase in seinem Labor –, und er hatte große Mühe, sich arbeitsfähig zu halten. Kamerlingh Onnes wohnte in «Ter Wetering» («Am Flüsschen»), einem schönen Haus mit Aussicht auf den Rhein, doch lange Zeit war er alles andere als wohlhabend. Wie er sich in einem Brief an van der Waals erinnerte, lebte er jahrzehntelang in Armut, «immer in Sorge und mit schier unüberwindlichen Schwierigkeiten». Der Theoretiker tröstete Kamerlingh Onnes mit dem Sprichwort «Erstaunlich gut weiß die Zeit die wahren Werte von anderen Dingen zu scheiden» und meinte damit, dass die Zeit noch kommen werde, wo Kamerlingh Onnes' Werk, ebenso wie sein eigenes, die gebührende Anerkennung erfahren würde.

In den Niederlanden wurde Kamerlingh Onnes manchmal wegen seiner Geduld gescholten, man warf ihm vor, er nehme zu viele Messungen, bevor er mit den Verflüssigungen weitermache. Kamerlingh Onnes ignorierte die Nörgler, er war sich des späteren Beifalls sicher und fuhr fort, seine Organisation, seine Apparate, seine Zeitschrift, sein Unterstützernetzwerk in anderen europäischen Labors und sein immenses Wissen weiter auszubauen.

Die Bewunderung, die Dewar für Kamerlingh Onnes' Stärken hegte, könnte ein Grund gewesen sein, warum er sich ihm gegenüber immer höflich verhielt – auch in den Jahren, als er gegen Olszewski und Ramsay wütete. Dewar schmeichelte Kamerlingh Onnes, indem er immer wieder erwähnte, dass das

Genie van der Waals in Ländern außerhalb der Niederlande völlig unterschätzt werde. Kamerlingh Onnes seinerseits bemühte sich, Dewars Leistungen in seinen Publikationen zu würdigen.

In einem Punkt ähnelten sich die beiden Männer vermutlich sehr: Sie waren autokratische Herrscher über ihre Labors. Dewar versagte seinen Assistenten immer wieder die gebührende Anerkennung, obwohl Robert Lennox und James Heath im Lauf der Jahre in seinen Diensten beide je ein Auge verloren hatten, und er erlaubte ihnen auch keine Vertraulichkeiten; beispielsweise wies er einen anderen Mitarbeiter mit scharfen Worten zurecht, als dieser ihn mit «Sir James» ansprach, nachdem er zum Ritter geschlagen worden war. Und Kamerlingh Onnes fuhr in seinen späteren Jahren mit Pferd und Wagen und Zylinder auf dem Kopf sonntags bei seinen Mechanikern vorbei, um ihnen seine Aufwartung zu machen. Bei einer solchen Gelegenheit bat ihn ein Assistent um eine Lohnerhöhung, Kamerlingh Onnes lehnte mit den Worten ab: «Hast du nicht gerade zwei schöne Fahrräder gekauft?» Wenn Kamerlingh Onnes zu Hause eine Idee hatte, läutete er eine Glocke an der Außenwand seines Hauses und alarmierte so seinen Oberassistenten Gerrit Flim. Der wohnte auf der anderen Rheinseite und musste, wenn sein Herr ihn rief, alles stehen und liegen lassen, mit dem Boot über den Rhein rudern und mit seinem Chef über dessen Idee diskutieren. Kollegen gleichen Ranges behandelte Kamerlingh Onnes stets mit allem Respekt, doch man sagt, für seine Doktoranden und Postdocs habe das nicht unbedingt gegolten; nur selten standen auch deren Namen unter den Artikeln. Außerdem verlangte er von seinen Studenten, dass sie einen Teil ihres Stipendiums für die Unterhaltung des Labors abgaben. Einer nannte später einmal die Regeln des Meisters: den ganzen Tag im Labor arbeiten, alles Wichtige in einem kleinen Notizbuch festhalten und die Notizen am Abend in einem sauberen Bericht zusammenfassen. Ein Student konnte «einen Tag für die Liebe frei haben; das heißt, wenn er verlobt war. Aber man konnte keinen Tag frei nehmen, um eine theoretische Vorlesung zu hören, weil [wie Kamerlingh Onnes glaubte] die Experimentalphysik den ganzen Mann forderte». Andere Geschichten jedoch beschreiben Kamerlingh Onnes als einen untadeligen, großmütigen Kollegen, und dem Verzeichnis seiner Schriften lässt sich entnehmen, dass er, je älter er wurde, in den Veröffentlichungen immer häufiger auch die Namen seiner Mitarbeiter nannte.

1902 wurde der Nobelpreis zum zweiten Mal verliehen. Der Preis für Physik ging an Hendrik Antoon Lorentz, einen Freund und Kollegen in Leiden, und an Pieter Zeemann, der bei Kamerlingh Onnes promoviert hatte. Der Preis wurde ihnen für ihre Entdeckung verliehen, dass sich die Spektrallinien von Natrium in einem Magnetfeld in mehrere Linien aufspalten. Bis dahin hatte Kamerlingh Onnes nichts von ähnlicher Bedeutung vorzuweisen, doch nicht wenige glaubten, dass sich das bald ändern würde. Um Zeeman und Lorentz zu ehren, beauftragte Kamerlingh Onnes seinen Neffen Harm, einen bekannten Künstler, ein Fensterbild aus farbigem Glas anzufertigen, das an ihre Leistung erinnern sollte.

In einem wesentlichen Punkt unterschieden sich Dewar und Kamerlingh Onnes: Dewar machte trotz seines kontinuierlichen Stroms an Veröffentlichungen kaum Gebrauch von den Theorien, die andere aufgestellt hatten (nicht einmal von denen von van der Waals), und er verfasste selbst kaum theoretische Artikel. Kamerlingh Onnes dagegen ließ sich von der Theorie leiten, und er verwendete viel Zeit darauf, aus theoretischen Überlegungen die Isothermen zu berechnen, auf denen die kritischen Temperaturen für die Gase zu finden sein sollten, die er gerade verflüssigen wollte. Dann führte er die Experimente durch, mit denen er seine Vorhersagen belegte. In einem Briefwechsel aus dem Jahr 1904 kommt der Unterschied klar zum Ausdruck. Als Kamerlingh Onnes seinem Rivalen gratulierte, weil er sich nun Sir Dewar nennen durfte, hielt ihn dieser an, nicht so überschwänglich zu sein, schließlich sei er, Dewar, weder ein Baron noch ein Ritter. Dann fuhr er im gleichen emotionalen Ton fort: «Exakte physikalische Messungen und Pionierarbeit passen nicht zusammen. Diese Feinheiten muss ich Ihnen überlassen.» Darauf antwortete Kamerlingh Onnes: «Die Bestimmung der Isothermen ist ein vernünftiger Weg, um die Daten für die Berechnung der kritischen Punkte zu erhalten ... und die genaue Bestimmung der Isothermen entspricht eben meinem Verständnis von genauer Messarbeit.»

Zur Vorbereitung des Generalangriffs auf den absoluten Nullpunkt arbeitete Kamerlingh Onnes schwer daran, die Isothermen von Wasserstoff und Helium zu bestimmen. In der Rückschau schätzte er diese Arbeit jedoch als ausschlaggebend für seinen Erfolg ein: «Vor der Bestimmung der Isothermen hatte ich [was die Möglichkeit der Verflüssigung von Helium angeht] infolge der Fehlschläge, die Olszewski und Dewar erlitten hatten, eine ganz andere Meinung.» Danach war er überzeugt, auf dem richtigen Weg zu sein.

Die praktische Arbeit von Kamerlingh Onnes und Dewar wurde durch das Fehlen einer zuverlässigen Heliumquelle behindert. Die beiden hatten schon mehrfach Briefe über das Helium ausgetauscht, und einmal war sogar einer von Kamerlingh Onnes' Assistenten, quasi als Emissär aus Leiden, in Dewars Labor gewesen. Beide Wissenschaftler klagten über ihre schlechte Gesundheit, die sie immer wieder vom Forschen abhielt, und über das «ziemlich riskante Geschäft», wie Dewar es formulierte, mit Helium zu arbeiten. «Ich habe bereits eine Flasche Helium verloren, weil die Vakuumgefäße während der Zirkulation bei der Temperatur flüssiger Luft zersprungen sind, und ich fürchte, das Desaster könnte sich wiederholen», schrieb er. Ängstlich besorgt, dass ihn sein körperlicher Zustand davon abhalten könnte, seine Arbeit zu vollenden, formulierte er in einem Brief an Kamerlingh Onnes den sehnlichen Wunsch, noch einmal jung zu sein, «damit ich meine wissenschaftliche Karriere nach einer Ausbildung an der großartigen holländischen Wissenschaftsschule beginnen kann».

Vermutlich war es der freundschaftliche und vertrauliche Ton von Dewars Briefen, der Kamerlingh Onnes 1905 zu einem ungewöhnlichen Schritt ermutigte: Er schlug Dewar vor, ihre Kräfte zu vereinen. Dewar hatte sich eine Anlage gebaut, mit der er aus dem Sand der Quellen von Bath Helium gewinnen konnte; Kamerlingh Onnes bat darum, das Material mit ihm zu teilen, und deutete an, sie könnten gemeinsam «die Isothermen des Heliums bei niedrigen Temperaturen bestimmen und die Aufspaltung der Polarisationsebene im Magnetfeld untersuchen».

«Wir wollen beide größere Mengen desselben Materials zur selben Zeit und vom gleichen Ort, und es gibt nicht genug für ein derartiges Ansinnen», antwortete Dewar in gequältem, aber festem Ton. Er setzte hinzu: «Es ist ein Fehler zu glauben, dass die Vorkommen in Bath so groß seien. *Bis jetzt ist es mir noch nicht gelungen, genügend [Helium] für meine Verflüssigungsexperimente zusammenzubekommen.* Wenn ich mit meiner eigenen Arbeit einen Schritt weiter wäre, könnte ich daran denken, Ihnen zu helfen – was mir ein großes Vergnügen wäre.» Dann, vielleicht weil er es bedauerte, dass er Kamerlingh Onnes gegenüber so unnachgiebig sein musste, gestand Dewar, dass die Dinge in London «schlecht standen», dass ihn seine Krankheit oft von der Arbeit abhalte und dass er hoffe, eine Erholungspause einlegen zu können. Der Ton des Bedauerns klang auch aus einer Notiz, die er einen Monat später schrieb und in der er sich dafür entschuldigte, dass er Kamerlingh Onnes' Arbeit in einem Artikel nicht erwähnt hatte.

Dewars Weigerung, das Helium aus Bath mit jemandem zu teilen, hatte mehr mit seinem Ego zu tun als mit den Schwierigkeiten, das Gas zu bekommen. Dewar war nicht grundsätzlich gegen eine Zusammenarbeit mit Kollegen, schließlich hatte er das jahrelang getan und auch gemeinsam mit ihnen Artikel veröffentlicht. Aber seit fast dreißig Jahren plackte er sich allein ab, um den absoluten Nullpunkt zu erreichen, und jetzt, wo das Rennen in die letzte Runde ging, dachte er nicht daran, sein Einzelkämpferdasein aufzugeben.

Mit seinem Entschluss, das Helium aus Bath nicht mit Kamerlingh Onnes zu teilen, konnte Dewar zwar einen Konkurrenten von dieser Quelle fern halten, aber er hatte keine Freude daran, denn als er es in der *Royal Institution* untersuchte, stellte er fest, dass es mit anderen Gasen verunreinigt war und noch weiter aufgearbeitet werden musste. Dadurch kam er nicht so schnell voran, wie er gedacht hatte. Genau zu dem Zeitpunkt, als Dewars Pech nicht mehr länger zu verheimlichen war, fand Kamerlingh Onnes seine eigene Heliumquelle.

Durch die Vermittlung seines Bruders Onno, der im «Büro für Handelsinformation» der niederländischen Industrie- und Handelsgesellschaft tätig war, konnte Kamerlingh Onnes 1905 große Mengen Monazitsand aus amerikanischen Kiesgruben importieren; Monazit enthält beträchtliche Mengen seltener Erden und Helium. Danach war «die Gewinnung von größeren Mengen reinen Heliums vor allem eine Frage der Geduld und der Sorgfalt», schrieb Kamerlingh Onnes später. Eine leichte Untertreibung, denn die Extraktion des gasförmigen Heliums aus dem Sand war ein hochkomplizierter Prozess: Der Sand wurde mit Sauerstoff gesprengt, bestimmte Gase mussten mit flüssigem Wasserstoff ausgefroren und das gasförmige Helium so stark komprimiert werden, bis es von einem Holzkohlefilter absorbiert wurde, aus dem man es dann zurückgewinnen konnte. Vier Chemiker arbeiteten drei Jahre ohne Unterbrechung, bis sie in der Lage waren, genug Helium für experimentelle Zwecke herzustellen.

Während dieser Zeit war sich Kamerlingh Onnes keineswegs sicher, dass sein Versuch, Helium zu verflüssigen, gelingen würde, denn einige Wissenschaftler glaubten, dass der Joule-

Thomson-Effekt bei sehr niedrigen Temperaturen die Temperatur nicht weiter senken, sondern vielleicht sogar erhöhen könnte. Noch mehr Rätsel gab die Temperatur auf, bei der sich das Gas verflüssigen sollte. In allen drei Labors hatte man einen von Dewar erarbeiteten Test durchgeführt, um zu messen, wie viel Helium ein Holzkohlefilter bei der Temperatur flüssigen Wasserstoffs zu binden vermochte. Aber sie erhielten drei verschiedene Ergebnisse: Olszewski schätzte, die kritische Temperatur könnte weniger als 2 Grad über dem absoluten Nullpunkt liegen, Dewar glaubte sie jetzt dicht bei 8 Kelvin, und Kamerlingh Onnes' beste Schätzungen sagten 5 bis 6 Kelvin voraus.

Kamerlingh Onnes sah, dass die Unterschiede zwischen 8, 5 und 2 Kelvin hoch signifikant waren, und er schrieb, dass die Ergebnisse der Holzkohletests in den verschiedenen Labors in seinem Kopf nicht nur «Raum für Zweifel ließen», sondern «weiten Raum für die Angst schufen, Helium könnte eine Ausnahme vom Prinzip der korrespondierenden Zustände darstellen». Seit einem Vierteljahrhundert war Kamerlingh Onnes in der Tieftemperaturforschung tätig, um den experimentellen Nachweis für die von van der Waals formulierte Theorie der korrespondierenden Zustände zu führen. Wenn die kritische Temperatur des Heliums tatsächlich signifikant höher oder tiefer liegen sollte, als van der Waals' vorhergesagt hatte, würde das bedeuten, dass das Prinzip der korrespondierenden Zustände nicht auf alle Elemente zuträfe und damit keine allgemeine Gültigkeit besäße. Möglicherweise müsste die Theorie seines Freundes dann verworfen werden. Für die praktische Arbeit hieße eine kritische Temperatur außerdem, dass es selbst mit den modernsten Geräten nicht möglich wäre, das Gas zu verflüssigen. «Und so blieb die kritische Temperatur des Heliums eine ungemein spannende Frage. Wir standen in jeder Hinsicht vor großen Schwierigkeiten.»

An diesem Punkt wurde Kamerlingh Onnes von seinen Isothermenbestimmungen aus dem lähmenden Zweifel gerissen, denn die Berechnungen zeigten, dass der Punkt, an dem Helium flüssig werden sollte, zwischen 4 und 5 Kelvin lag – und nicht, wie Kamerlingh Onnes befürchtet hatte, deutlich darüber oder darunter. Auch Dewar neigte jetzt zu der Ansicht, dass die kritische Temperatur eher bei 5 als bei 8 Kelvin liegen würde.

Kamerlingh Onnes brütete über den Details der Arbeiten von Hampson und Olszewski und versuchte herauszufinden, ob die Modifikationen, die er an ihren Versuchsaufbauten und Geräten vorgenommen hatte, funktionieren würden. Eines Tages, im März 1908, klappte es – aber nicht so, wie er gedacht hatte: Kamerlingh Onnes komprimierte Helium, bis er eine feste Substanz erhielt; dazwischen war keine flüssige Phase aufgetreten. Er sandte Dewar auf der Stelle ein Telegramm, in dem er ihm diesen Effekt beschrieb, und erhielt ein Glückwunschtelegramm zurück, bevor er seine Behauptung korrigieren konnte. Die feste Substanz bestand nämlich nicht aus Helium, sondern aus Verunreinigungen des Gases.

Aber noch ehe der Widerruf bei der *Royal Institution* eintraf, hatte Dewar einen Brief an die Londoner *Times* geschrieben und über die Großtat der Heliumverflüssigung berichtet. Der Brief wurde gedruckt, und Dewar musste sich bei Kamerlingh Onnes dafür entschuldigen: «Ich hatte das Gefühl, ich müsste die Welt davon in Kenntnis setzen …, dass Ihnen gelungen ist, worin ich gescheitert bin. Bei der außerordentlichen Schwierigkeit solcher Experimente kann eine Fehlinterpretation vorkommen.» In diesem Brief vom 15. April 1908 fehlte nicht viel zum Eingeständnis, dass Kamerlingh Onnes das Rennen so gut wie gewonnen hatte. Dewar drückte seine Bewunderung für Kamerlingh Onnes' Fähigkeit aus, Fehler zuzugeben, die Ursache dafür zu finden und dann weiterzuarbeiten. Was ihn anginge, so schrieb er, verbessere sich sein Gesundheitszustand allmählich, und konkreter: «Die *Royal Institution* hat kein Geld, um die vielen aufwendigen Experimente durchzuführen … [und] keine Rücklagen, auf die sie zurückgreifen könnte.» Wovon Dewar Kamerlingh Onnes nur andeutungsweise erzählte, war die Beinahe-Katastrophe in seinem Labor. Bei dem Versuch, die Temperatur von Helium zu senken, froren in dem Gas enthaltene Verunreinigungen aus und verstopften ein dünnes Röhrchen; in einer überhasteten Reaktion drehte einer von Dewars Assistenten das Ventil in die falsche Richtung, und der in vielen Monaten harter Arbeit gewonnene Heliumvorrat verschwand in der Atmosphäre. Damit waren seine Chancen, das Rennen zu gewinnen, dramatisch gesunken, das war Dewar klar.

Kamerlingh Onnes gab sich selbst die Schuld und schrieb Dewar einen langen Brief, in dem er ihm die Gründe für die falsche Behauptung darlegte. In einem Artikel berichtete er, dass er während der Vorversuche festgestellt hatte, dass «die benötigten Vakuumgefäße aufs äußerste beansprucht wurden», und er äußerte die Sorge, dass «das Bersten der Vakuumgefäße während des Experiments nicht nur ein höchst unerfreulicher Unfall wäre, sondern gleichzeitig die Arbeit vieler Monate zunichte machen würde». Dewar erklärte Kamerlingh Onnes, dass in dem Moment, als sich – wie er glaubte – mitten in einer Wolke von Heliumgas ein Kondensat gebildet hatte, «das Gefäß zersprang und ich mir keine Gewissheit mehr über die Natur der Wolke verschaffen konnte».

Am 9. Juli 1908 begann man in Leiden mit den Vorbereitungen für die Heliumverflüssigung und absolvierte die ersten drei Schritte der Kältekaskade: Mit Chlormethan wurde Äthylen verflüssigt, mit Äthylen Sauerstoff und mit Sauerstoff Luft. In einem vierten Schritt benutzte man die flüssige Luft, um flüssigen Wasserstoff herzustellen.

Am 10. Juli 1908 liefen im Leidener Tieftemperaturlabor frühmorgens um 5 Uhr 45 die Vorbereitungen für den fünften Schritt, die Verflüssigung von Helium, an. Wie Kamerlingh Onnes in der *Communication No. 108* später kurz mitteilte, war alles für den Abstieg bereit: die Flaschen mit flüssigem Wasserstoff, das aus dem Monazitsand gewonnene und in versilberten Vakuumgefäßen auf seinen Einsatz wartende Helium, ein Gasthermometer, gefüllt mit unter niedrigem Druck stehendem Helium, Wärmetauscher, der Apparat für die Joule-Thomson-Expansion mit seinen Röhren und Absperrhähnen, der modifizierte Cailletet-Kompressor mit Quecksilber als «Kolben», um das Gas zu komprimieren (sieben Jahre hatte es gedauert, bis das funktionierte), und die Kryostaten, verstärkte Vakuumglasgefäße, in die das Versuchsergebnis am Ende hineinfließen sollte. Der Apparat enthielt Komponenten aus massivem Eisen ebenso wie feine Röhrchen, Verdampfer und Glasgefäße, abgedichtete Schrauben und Ventilatorriemen, Metallplatten und dünne Drähte. Kamerlingh Onnes, sein Oberassistent Gerrit Flim, eine Hand voll Kollegen und ein paar «Stifte» von den Werkzeugmachern hatten die Prozedur immer wieder durchexerziert.

Einige der Anwesenden wussten, dass dieses Labor nur wenige Schritte von dem Ort entfernt lag, wo der große Chemiker Boerhaave im 18. Jahrhundert seine Studenten über die nahen Grenzen des Landes der Kälte unterrichtet hatte – anhand des Textes *Experiments Touching the Cold* («Experimente mit Bezug zur Kälte») von Robert Boyle. Und nun näherten sich die Forscher dem Mittelpunkt dieses Landes.

Erst um 13 Uhr 30 – nachdem sie das Helium durch eine Nebenleitung «über mit flüssiger Luft gekühlte Holzkohle» geleitet hatten – konnte die Arbeitsgruppe von Kamerlingh Onnes sicher sein, das Edelgas von den letzten Luftresten gereinigt zu haben. Jeder noch so kleine Winkel der Apparatur war mit flüssigem Wasserstoff gefüllt, um den Zutritt von Wärme zu verhindern und auch das letzte bisschen Luft daraus zu entfernen. Bei den niedrigen Temperaturen, die für die Verflüssigung von Helium erforderlich waren, hätten eventuelle Luftreste in fester Form ausfallen können, und der Niederschlag aus «Luftschnee» auf dem Glas hätte die Beobachtung des flüssigen Heliums unmöglich gemacht.

Gegen 15 Uhr war die Gruppe so konzentriert bei der Arbeit, dass Kamerlingh Onnes sie, als seine Frau Elisabeth mit belegten Broten auftauchte, nicht zum Essen unterbrechen mochte. Elisabeth musste ihn häppchenweise füttern, während er weiter seine Anweisungen gab, Rädchen drehte und Instrumente beobachtete.

Sie benutzten ein Gasthermometer, um die Temperatur des Heliums auf dem Weg zur Verflüssigung zu messen. Das Gerät war mit unter geringem Druck stehendem Helium gefüllt und funktionierte auf der Basis des Boyleschen Gesetzes – Robert Boyle wäre sicher begeistert gewesen. Da das Produkt aus Druck und Volumen zur Temperatur proportional ist und das Volumen im Thermometer gleich blieb, konnte man über das Messen des Drucks die Temperatur bestimmen.

Um 16 Uhr 20 hatten die Apparatur und das Helium die richtige Temperatur: –180 Grad Celsius. Ein Ventil wurde geöffnet, und das gasförmige Helium strömte in den Apparat, der von einem mit flüssigem Wasserstoff gefüllten Gefäß umgeben war. Die Experimentatoren konnten nicht ins Innere hineinsehen, allein das Thermometer verriet ihnen, was dort vor sich ging. Zuerst, so schrieb Kamerlingh Onnes, «sank die Temperatur auf dem Heliumthermometer in so geringem Maße, dass wir schon glaubten, es sei kaputtgegangen … Nach einiger Zeit jedoch begann das Thermometer zu fallen, erst kaum wahrnehmbar, dann aber immer schneller.»

Sie erhöhten die Menge an flüssigem Wasserstoff und verstärkten den Druck auf das Helium; abends um 18 Uhr 35 fiel die Temperatur erstmals unter die von flüssigem Wasserstoff. Sie versuchten es mit mehr und mit weniger Druck und mit unterschiedlichen Expansionsvolumina; einmal rutschte das Thermometer auf 6 Kelvin hinab, um dann wieder nach oben zu zittern.

Zu dieser Zeit hatte es sich bei den Wissenschaftlerkollegen an der Universität herumgesprochen, dass im Tieftemperaturlabor der kritische Moment gekommen war, und immer mehr Leute kamen vorbei, um zuzusehen. Unter ihnen war Professor Franciscus Schreinmakers. Kamerlingh Onnes war völlig ruhig, doch auch ihm entging nicht, dass ein Assistent die letzte Flasche flüssigen Wasserstoffs in die Apparatur füllte: Wenn das Helium jetzt nicht flüssig wurde, würde es eine ganze Weile dauern, bis sie ihre Vorräte erneuert hätten und einen neuerlichen Versuch wagen könnten.

Wenn sie den Druck erhöhten und anschließend auf 75 Atmosphären erniedrigten, zeigte das Thermometer einen «bemerkenswert stabilen» Wert von 5 Kelvin an. Es war 19 Uhr, und im Auffanggefäß war immer noch nichts zu sehen. Schreinmakers bemerkte zu Kamerlingh Onnes, das Verharren des Thermometers auf einem bestimmten Wert sei zu erwarten, «wenn das Thermometer in einer Flüssigkeit hängt». Kamerlingh Onnes nahm eine Lampe, ging zu dem Gefäß und spähte hinein; in dem Gefäß erkannte er klar und deutlich den Umriss einer Flüssigkeit, in die «die zwei Drähte des Thermoelements hineinragten». «Es war ein wunderbarer Augenblick», erinnerte er sich später: Die Oberfläche des flüssigen Heliums «hob sich scharf wie die Schneide eines Messers gegen die Glaswand ab». Er hatte Helium verflüssigt. Das Einzige, was er in diesem Moment bedauerte, war, dass er sein Ergebnis nicht seinem Freund van der Waals zeigen konnte, «dessen Theorie uns bei der Verflüssigung bis zum Ende geleitet hat». Mit dieser Anerkennung musste er noch ein paar Tage warten, da sich van der Waals nicht unter den Zuschauern im Labor befand, sondern in Amsterdam weilte.

Obwohl man die Verflüssigung von Helium vorhergesagt hatte, war es nichtsdestoweniger eine spektakuläre Leistung – ein Triumph der Wissenschaft mit Hilfe der Technik. In einem letzten Schritt – aufbauend auf all den anderen, die vorher getan worden waren – hatte Kamerlingh Onnes die Temperatur auf einen Punkt gesenkt, von dem die Wissenschaft glaubte, er entspräche annähernd den Bedingungen des interstellaren Raums, ein Punkt ganz in der Nähe einer physikalischen Grenze der Materie. Der absolute Nullpunkt lag vor ihnen, aber die Zweifel wuchsen, ob er je zu erreichen sein würde; Grund dafür war aber nicht die mangelnde Technik.

Kamerlingh Onnes schickte Dewar ein Telegramm mit der Mitteilung, dass er Helium verflüssigt habe. Das Telegramm trug das falsche Datum, den 9. Juli, ein Fehler, der sich in einer Fußnote zu einem Artikel von Dewar wieder findet, den dieser gerade verfasste.

Dewars Antwort verrät seine widerstreitenden Gefühle angesichts dieses Ereignisses:

HERZLICHEN GLÜCKWUNSCH FINDE MEINE VORHERSAGE BEZÜGLICH DER MÖGLICHKEIT DER VERFLÜSSIGUNG MIT BEKANNTEN METHODEN BESTÄTIGT EIGENE HELIUMARBEITEN RUHEN WEGEN KRANKHEIT HOFFE SIE BALD FORTZUSETZEN.

Die Arbeitsgruppe in Leiden ließ die Maschine noch zwei Stunden weiterlaufen und schaltete sie dann ab. «Nicht nur die Apparatur war während des Experimentes aufs höchste beansprucht worden, auch meinen Assistenten hatte es das Äußerste abverlangt», konstatierte Kamerlingh Onnes in seiner *Communication No. 108*, und er sprach Flim für seine «intelligente Hilfe» beim Bau der Maschine seinen «tief empfundenen Dank» aus.

In derselben Mitteilung, verfasst ein paar Tage nach dem großen Ereignis, zählt Kamerlingh Onnes weitere Experimente auf, die er mit dem flüssigen Helium durchgeführt hatte. Dabei handelte es sich um rasche Versuche, die Eigenschaften des verflüssigten Gases zu ermitteln, solange noch Material in der

Vakuumflasche vorhanden war. Kamerlingh Onnes hielt fest, dass einige Eigenschaften des flüssigen Heliums mit Dewars Vorhersagen übereinstimmten – die geringe Oberflächenspannung, die schlechte Sichtbarkeit, sogar die kritische Temperatur, die Dewar ursprünglich bei 8 Kelvin angesetzt, aber später auf 5 Kelvin korrigiert hatte und die nun bei 4,5 Kelvin erreicht wurde. Nur beim Verhältnis der Dichte der Flüssigkeit zum gesättigten Dampf schien sich Dewar geirrt zu haben; die Flüssigkeit war nicht siebzehnmal dichter, sondern nur elfmal.

Außer auf diese erwarteten Größen stießen sie auf einige merkwürdige und unerklärliche Befunde. Helium hatte eine unglaublich niedrige Oberflächenspannung. Kamerlingh Onnes hielt die Dichte für die erstaunlichste Eigenschaft des flüssigen Heliums: Sie betrug nur ein Achtel des Wertes von Wasser und konnte für die niedrige Oberflächenspannung verantwortlich sein – andererseits war auch Wasserstoff leichter als Wasser, und trotzdem besaß es eine spürbare Oberflächenspannung. Eine zweite merkwürdige Beobachtung: Flüssiges Helium ließ sich, wenn man dieselben Methoden anwandte wie Dewar beim Wasserstoff, bei weiterer Abkühlung nicht verfestigen. Beide Ergebnisse konnten mit keiner der gängigen Theorien erklärt werden. Bis dahin hatte sich Kamerlingh Onnes weder mit Magnetismus noch mit Leitfähigkeit noch mit anderen Eigenschaften der Materie wissenschaftlich beschäftigt, Eigenschaften, von denen man wusste, dass sie sich in den Niederungen der Temperatur stark veränderten.

Aus alldem zog Kamerlingh Onnes den Schluss, dass sie jetzt, wo sie den vorletzten Grenzposten des Landes der Kälte erreicht hatten, mit der Aufgabe, das Verhalten der Materie in der extremen Kälte zu erforschen, ganz am Anfang standen.

[11] Ein tiefer Sprung

Als James Dewar erfuhr, dass Heike Kamerlingh Onnes Helium verflüssigt hatte, machte er seinem Assistenten Robert Lennox Vorhaltungen: Weil dieser nicht in der Lage gewesen sei, aus dem Sand der Quellen von Bath Helium in ausreichender Reinheit zu gewinnen, habe er das Ziel nicht vor seinem Rivalen erreichen können. Die beiden Schotten gerieten sich in die Haare, Lennox verließ die *Royal Institution* und schwor, erst zurückzukehren, wenn Dewar tot sei.[1]

Der Verlust von Lennox war ein schwerer Schlag für Dewars Tieftemperaturforschung, und nachdem Lennox gegangen war, brach er seinen Vormarsch zum Kältepol ab und unternahm nie wieder einen Versuch, den absoluten Nullpunkt zu erreichen; auch seine Verflüssigungsarbeiten gab er auf und wandte sich anderen Forschungsgebieten zu. Doch trotz allem berichtete er bei einem Kongress der *British Association for the Advancement of Science* pflichtgemäß über die Verflüssigung von Helium durch Kamerlingh Onnes, und als ihm Elisabeth Kamerlingh Onnes ein Telegramm schickte, dass ihr Gemahl schwer erkrankt sei, schrieb er zurück, er sei betrübt, dies zu hören, «aber nicht überrascht nach den Anstrengungen dieser Epoche machenden Arbeit». Im Lauf der Zeit tröstete sich Dewar, wie er es in einem Brief an Kamerlingh Onnes formulierte, mit dem Glauben, «dass wir immer daran denken sollten, was wir getan haben, könnten auch andere getan haben», vorausgesetzt, sie hätten die Fähigkeit, die Mittel und das Material für die Arbeit gehabt.

---

1 Lennox hielt Wort: Nach Dewars Tod im Jahr 1923 kehrte er in die *Royal Institution* zurück.

Dewars Gesundheitszustand war noch schlechter als in den Jahren zuvor. Schon bald sollte er sich einer Krebsoperation an den Stimmbändern unterziehen müssen; danach dauerte es eine Weile, bis er sich erholt hatte. Da er den Kontakt zur Tieftemperaturforschung doch nicht ganz verlieren wollte, bat er Kamerlingh Onnes, ihn zusammen mit Olszewski und Linde in ein neues Institut aufzunehmen, das Standards für die Kältetechnik und Labors, die mit extrem tiefen Temperaturen arbeiteten, aufstellen sollte. Kamerlingh Onnes wurde in der Presse gern als der «Gentleman vom absoluten Nullpunkt» tituliert, aber man muss anerkennen, dass sich Dewar zumindest gegenüber dem Mann, der ihn bei der Verflüssigung des Heliums geschlagen hatte, ebenfalls als Gentleman erwies.

Nach seinem großen Erfolg stand Kamerlingh Onnes buchstäblich allein da: Er war als Einziger in der Lage, flüssiges Helium herzustellen, und obwohl sein Verfahren pro Durchgang nicht viel erbrachte, war es doch genug zum Experimentieren, wenn er sparsam damit umging. Er hatte fast so etwas wie ein Monopol. Diese Erkenntnis brachte Kamerlingh Onnes dazu, die Forschung auf allen vier Feldern der Physik in Leiden neu auszurichten: Nach 1908 arbeitete er bei fünfundsiebzig Prozent der Projekte auf den Gebieten Thermodynamik, Elektrizität, Magnetismus und Optik mit tiefen Temperaturen. In den ersten Experimenten auf seinem eigenen Forschungsgebiet versuchte er, weiter zum Kältepol vorzudringen. Schon kurze Zeit später senkte er die Temperatur des flüssigen Heliums auf 1,04 Kelvin – also auf ein Grad oberhalb des absoluten Nullpunkts –, indem er den Heliumdampf darüber abpumpte. Als sich jedoch zeigte, dass er das Helium durch Druckänderungen weder in den festen Zustand überführen noch die Temperatur weiter senken konnte, brach Kamerlingh Onnes die Versuche, den absoluten Nullpunkt zu erreichen, vorläufig ab. Stattdessen wollte er das verflüssigte Helium dazu verwenden, um die Eigenschaften der Materie in der unmittelbaren Umgebung des absoluten Nullpunkts zu untersuchen.

Was hatte Kamerlingh Onnes bewogen, seine Jagd nach dem Kältepol aufzugeben? Einer der Gründe war die mittlerweile allgemein akzeptierte Auffassung, dass der absolute Nullpunkt gar nicht erreicht werden könne. Das hatte Walther Nernst 1905 in Berlin eindeutig nachgewiesen.

Die Vorstellung, dass der absolute Nullpunkt existiert, aber nicht erreichbar ist, war nicht ganz neu. Nernst untermauerte sie, indem er sie logisch mit Rudolf Clausius' Entropiebegriff verknüpfte. Nach einer Analyse der Experimente mit flüssigem Wasserstoff behauptete Nernst, das Entfernen der Wärme durch die Verdampfung sei der Grund für die Temperaturerniedrigung, denn dadurch werde die Entropie der Flüssigkeit verringert. Nernst erklärte, dass die Gesamtenergie eines Systems konstant bleibe, solange es isoliert sei. Wenn das System mit der Umgebung interagiere, sei die Energieänderung gleich der Summe der an oder von ihm verrichteten Arbeit und der von ihm aufgenommenen oder abgegebenen Wärme. Das bedeutete, die Entropie würde immer kleiner werden, je mehr sich das System dem absoluten Nullpunkt näherte. Diese Vorstellung fasste Nernst im später so genannten dritten Hauptsatz der Thermodynamik zusammen: Wenn sich die Temperatur dem absoluten Nullpunkt nähert, strebt die Entropie einem konstanten Wert zu, der gleich null ist. Das war etwas anderes als Amontons' Behauptung, am absoluten Nullpunkt würde alle *Energie* verschwinden; das schrieb Amontons allerdings, hundertfünfzig Jahre bevor Clausius den Begriff der Entropie definierte. Der dritte Hauptsatz besagt außerdem, dass der absolute Nullpunkt nicht erreicht werden kann, weil die Abkühlung umso schwieriger wird, je näher man ihm kommt. In anderen Worten: Der absolute Nullpunkt liegt in unerreichbarer Ferne.

Das Gefühl, dass der Kältepol außer Reichweite war, zwang die Forscher der Ära nach der Heliumverflüssigung, sich neu zu orientieren, und sie setzten wieder an der Stelle an, wo Dewar und Fleming in den späten neunziger Jahren des 19. Jahrhunderts aufgehört hatten – bei den veränderten Materieeigenschaften unter dem Einfluss extrem tiefer Temperaturen. Zu den interessantesten, die sie untersucht hatten, gehörte das enorme Absinken des elektrischen Widerstands. Der elektrische Widerstand einer Substanz gibt an, in welchem Maß ein durch sie hindurchfließender elektrischer Strom «gebremst» wird. Eine Substanz mit einem niedrigen elektrischen Widerstand ist ein guter Leiter; Materialien mit hohem elektrischem Widerstand sind gute Isolatoren. Kamerlingh Onnes und Jacob Clay begannen damit, die Messungen, die Dewar einst zum Sinken des Widerstands bei niedrigen Temperaturen durchgeführt hatte, zu verifizieren und auszuweiten.

Dewar und Fleming hatten festgestellt, dass der Widerstand bei der Temperatur flüssigen Stickstoffs kontinuierlich fällt; die gleiche Sinkgeschwindigkeit fanden sie, als sie die Versuche mit flüssigem Sauerstoff wiederholten. Aus diesen Ergebnissen zogen sie den Schluss, dass reine Metalle am absoluten Nullpunkt perfekte Stromleiter sein müssten. Dewar korrigierte die Vorhersage, als die Messwerte, die sie bei den noch niedrigeren Temperaturen des flüssigen Wasserstoffs erhielten, nicht dazu passten. Gewiss, der Widerstand im Bereich flüssigen Wasserstoffs war deutlich niedriger als im Bereich flüssigen Sauerstoffs – das hatte Dewar in einer Vorlesung im Jahr 1900 eindrucksvoll demonstriert: Er tauchte eine Lampe mit einer Widerstandsspule aus Kupfer zunächst in flüssigen Sauerstoff, um zu zeigen, dass das Bad das Licht verstärkte. Dann nahm er die Spule aus dem Sauerstoff und versenkte sie in dem kälteren flüssigen Wasserstoff, mit dem Ergebnis, dass die Lampe noch heller leuchtete. Dewars Berechnungen der «Widerstandskurve» hatten ursprünglich ergeben, dass der Widerstand eines Kupferdrahts bei –233 Grad Celsius (40 Kelvin) auf null fallen würde, das tat er aber nicht. Als er bei –253 Grad Celsius (20 Kelvin), der Temperatur flüssigen Wasserstoffs, immer noch nicht bei null angekommen war, schrieb Dewar: «Wir müssen annehmen, dass die Kurve, die die Beziehung zwischen Widerstand und Temperatur darstellt, im Bereich sehr tiefer Temperaturen asymptotisch wird.»

Dewar bemühte sich nicht um eine Erklärung für seine «asymptotischen» Widerstandsmesswerte. Ein Jahr danach änderte er seine Meinung in Bezug auf das Verschwinden des Widerstands am absoluten Nullpunkt. Jetzt glaubte er, unterhalb einer bestimmten Temperatur bliebe der Widerstand konstant auf dem gleichen Niveau, egal wie weit die Experimentatoren die Temperatur noch absenkten.

Sinkende Widerstände bei sehr niedrigen Temperaturen hatten auch von Wróblewski und Olszewski – selbstverständlich getrennt – im Jahr 1864 vorhergesagt und in den achtziger Jahren nachgewiesen. Deshalb war es ganz nahe liegend, dass sich Kamerlingh Onnes' wissenschaftliches Hauptinteresse in der Zeit nach der Heliumverflüssigung im Jahre 1908 auf den elektrischen Widerstand bei der Temperatur flüssigen Heliums richtete. Doch er wollte auch andere Eigenschaften der Materie im Zusammenhang mit flüssigem Helium unter die Lupe nehmen. Die extrem niedrige Temperatur des flüssigen Heliums konnte Veränderungen in der Magnetisierbarkeit und in der spezifischen Wärmekapazität von Metallen hervorrufen.

Bei seinen Versuchen mit dem flüssigen Helium stieß Kamerlingh Onnes auf die gleichen Schwierigkeiten, die einst Dewar zu schaffen gemacht hatten: die praktischen Probleme im Umgang mit der äußerst kalten Flüssigkeit. Die Vakuumgefäße, die Dewar erfunden hatte, um mit flüssigem Sauerstoff arbeiten zu können, erwiesen sich als ungeeignet für die Aufbewahrung von flüssigem Helium. Während einer Vorlesung war Dewar mit flüssigem Wasserstoff in einem offenen Gefäß über die Bühne marschiert. Mit flüssigem Helium konnte man das nicht machen; schon der Zutritt kleinster Wärmemengen brachte die Flüssigkeit dazu, sich sofort wieder in ein Gas zu verwandeln. Um das Helium während der Experimente flüssig zu halten, waren rundum geschlossene Gefäße erforderlich. Es dauerte bis ins Jahr 1911, bis endlich die nötigen Gerätschaften entwickelt waren, die die experimentelle Handhabung des flüssigen Heliums ermöglichten.[2]

Der elektrische Widerstand bei tiefsten Temperaturen rückte in den Mittelpunkt des Interesses, nicht zuletzt weil Kamerlingh Onnes darin eine Möglichkeit sah, Fragen zu klären, für die verschiedene Theorien und Theoretiker sehr verschiedene Antworten anboten. Mehrere führende Wissenschaftler hatten Vermutungen abgegeben, wie sich der Widerstand eines guten Leiters verhalten würde, wenn man die Temperatur bis nahe dem absoluten Nullpunkt absenkte. Lord Kelvin war der prominenteste Vertreter der Überzeugung (die von vielen anderen geteilt wurde), dass am absoluten Nullpunkt das «Ende der Materie» eintreten würde; dann müsste der Widerstand unendlich groß und nicht unendlich klein werden. Wenn der elektrische Widerstand von Kupfer bei 20 Kelvin, der Temperatur von flüssigem Wasserstoff, noch messbar ist, obwohl er nach den Vorhersagen bei 40 Kelvin bereits hätte verschwunden sein müssen, dann – so argumentierte Kelvin – war die Wahrscheinlichkeit gegeben, dass bei einem weiteren Absenken der Temperatur die Elektronen im Kupfer quasi einfrieren würden. Dieses Einfrieren müsste an einem steilen Anstieg des Widerstands zu erkennen sein, und das wäre ein Hinweis dar-

---

[2] Am Ende des Verflüssigungsprozesses musste das Helium aus dem Gefäß, in dem man es gesammelt hatte, mit einer Art Siphon – der gekühlt und völlig von der Umgebung isoliert war – in ein anderes Gefäß geleitet werden. Dieses Gefäß war so groß, dass auch das für das jeweilige Experiment benötigte Gerät sowie ein Rührer darin Platz hatten. Der Rührer sollte für eine gleichmäßige Temperatur im flüssigen Helium sorgen. Erst dann konnte Kamerlingh Onnes das Helium dazu benutzen, die Eigenschaften der Materie kritisch zu untersuchen.

auf, dass der Widerstand am absoluten Nullpunkt unendlich groß ist. Nach Kelvins Auffassung durchlief die Widerstandskurve bei etwa 10 Kelvin ein Minimum, und wenn die Temperatur weiter gesenkt würde, sollte eine «Kondensation der Elektronen» den Widerstand wieder ansteigen lassen.

Eine Zeit lang war Kamerlingh Onnes der gleichen Meinung wie Kelvin, vielleicht weil sich die Elektronen in einem leitenden Material nach der von Kelvin formulierten Theorie mit der van der Waals'schen Zustandsgleichung beschreiben ließen. Aber Kamerlingh Onnes machte die ebenso überzeugende Arbeit von Nernst zu schaffen. Die Theorie des deutschen Physikers verlangte, dass der Widerstand eines reinen Metalls am absoluten Nullpunkt völlig verschwindet. Nernst hatte Kamerlingh Onnes in Leiden besucht, und die beiden Männer korrespondierten miteinander.

Da er sich nicht zwischen Nernst und Kelvin entscheiden konnte, beschloss Kamerlingh Onnes, ein paar Experimente mit flüssigem Helium durchzuführen: Diese zeigten, dass der Widerstand bestimmter Metalle kontinuierlich fiel oder (im Fall von reinem Platin) konstant blieb, je näher man dem absoluten Nullpunkt kam. Das Ergebnis «rief Zweifel an Lord Kelvins Auffassung hervor», und Kamerlingh Onnes gab seinen Glauben an den unendlich hohen Widerstand am absoluten Nullpunkt zumindest teilweise auf. Aber er konnte sich auch der Meinung von Nernst nicht ganz anschließen, deshalb begründete er eine eigene Theorie. Diese ging von einer Behauptung aus, die bereits 1864 aufgestellt worden war, nämlich dass Verunreinigungen in einem Metall das vollständige Verschwinden des Widerstands bei extrem tiefen Temperaturen verhindern würden.[3]

---

[3] In einigen Teilen der Theorie spielen Schwingungen der Moleküle eine Rolle. Davon wird später in diesem Kapitel noch die Rede sein.

Im Lauf der vielen Jahre, während deren Kamerlingh Onnes auf verschiedenen Gebieten forschte und Hunderte von Experimenten durchführte, stellte er Dutzende von Arbeitshypothesen auf. Seine Ergebnisse widerlegten nahezu alle davon. Doch das heißt nicht, dass Kamerlingh Onnes ein schlechter Theoretiker war, vielmehr zeigt es, dass er die Fähigkeit besaß, begründete Vermutungen anzustellen, und bereit war, diese aufzugeben, wenn sie nicht länger sinnvoll erschienen, um dann nach besseren Erklärungen für seine Versuchsergebnisse zu suchen. In dieser Fähigkeit, Arbeitshypothesen aufzugeben, wenn sie sich als ungeeignet erwiesen hatten, spiegeln sich die Größe und die Integrität des Wissenschaftlers Kamerlingh Onnes.

Um die Hypothese zu beweisen oder zu widerlegen, dass es die Verunreinigungen in einem Metall sind, die verhindern, dass der Widerstand in der Nähe des absoluten Nullpunkts gegen null geht, wandte sich Kamerlingh Onnes von Platin ab und begann Experimente «mit dem einzigen Metall, von dem man hoffen konnte, daraus Drähte von höchster Reinheit herstellen zu können, und das war Quecksilber». Eine glückliche Wahl. Das andere Metall, mit dem er in höchst reiner Form gearbeitet hatte, war Gold, und hätte sich Kamerlingh Onnes auf Gold statt auf Quecksilber verlegt, hätte er nicht dieselben verblüffenden Ergebnisse erhalten. Quecksilber ließ sich bei Zimmertemperatur raffinieren. Das tat Kamerlingh Onnes mehrfach, bis er sicher sein konnte, dass alle möglichen Verunreinigungen beseitigt waren.

Im Dezember 1910 freute sich Kamerlingh Onnes herzlich über die Verleihung des Nobelpreises an seinen Freund van der Waals; damit wurden dessen theoretische Arbeiten gewürdigt. Es gab Gerüchte, dass Kamerlingh Onnes als Nächster an der Reihe sein könnte, andererseits betrachteten einige Wissenschaftler die Verflüssigung von Helium als eine rein technische Leistung, also weder als Entdeckung noch als theoretischen

Fortschritt, der des Nobelpreises wert gewesen wäre. Unbeeindruckt von solchen Spekulationen setzte Kamerlingh Onnes seine Arbeit fort.

Im April 1911 wurde klar, dass die Zeit drängte. Seinen wissenschaftlichen Zeitschriften entnahm Kamerlingh Onnes, dass Nernst in Kürze erste Ergebnisse zur Leitfähigkeit von Metallen bei hohen und bei niedrigen Temperaturen vorlegen würde. Auch Einstein bereitete ihm Kopfzerbrechen, von ihm wusste man, dass er sich mit den Elastizitätskonstanten von Metallen bei hohen und bei niedrigen Temperaturen beschäftigte. Jeder dieser beiden hervorragenden Wissenschaftler könnte Kamerlingh Onnes bei der nächsten Entdeckung in der Tieftemperaturforschung zuvorkommen.

Erst im Sommer hatten Kamerlingh Onnes und seine Leidener Kollegen Flim, Gilles Holst und Cornelius Dorsman das Quecksilber zu ihrer Zufriedenheit gereinigt und eine Versuchsapparatur gebaut, mit der man die elektrische Leitfähigkeit des Metalls bei sehr niedrigen Temperaturen messen konnte. Das Quecksilber befand sich in einer u-förmigen Röhre, aus der an beiden Enden Drähte herausragten, an denen sie die Widerstandsmessungen vornahmen. Als sie die Temperatur von flüssigem Helium erreicht hatten, wurde das Quecksilber fest. Kamerlingh Onnes und Flim arbeiteten mit der Kältemaschine in einem Raum, während Holst und Dorsman in einem anderen, abgedunkelten, Zimmer in fünfzig Meter Entfernung saßen und die Widerstandswerte aufzeichneten, die ein Galvanometer lieferte. Dieses Instrument misst winzige Veränderungen des Stromflusses mit Hilfe einer um einen Magneten gewickelten Drahtspule. Als die Temperatur unter 20 Kelvin gedrückt wurde, sank der Widerstand zwar weiter, aber nicht mehr so schnell wie vorher: Die prozentuale Verringerung des Widerstands pro Grad Temperaturabsenkung war kleiner geworden.

Während dieser Widerstandsexperimente herrschte in Kamerlingh Onnes' Labor nicht dieselbe erwartungsvoll-aufgeregte Atmosphäre wie drei Jahre zuvor. Damals hatte Kamerlingh Onnes eine detaillierte «Schatzsucherkarte» an der Hand – bestehend aus van der Waals' Theorie und seinen eigenen Isothermenlinien –, die ihm den Weg zur Heliumverflüssigung wies. Das Aufregende an dieser Entdeckung war unter anderem, dass der Schatz genau an der Stelle lag, wo er in der Karte eingetragen war. Bei der Unternehmung im Jahre 1911 hatten Kamerlingh Onnes und seine Kollegen zwar eine Karte – die Hypothese, dass der elektrische Widerstand des Quecksilbers aufgrund der Verunreinigungen im Metall in der Nähe des absoluten Nullpunkts nicht völlig verschwinden würde –, aber sie wussten auch, dass es andere Karten gab, die den Schatz an ganz anderen Stellen verzeichneten. Möglicherweise waren auch alle Karten falsch. Deshalb arbeiteten sie weiter, ohne das große Ereignis zu einem bestimmten Zeitpunkt oder in einer bestimmten Form zu erwarten. Das Spannende an diesem Experiment war, dass sie keine Vorstellung davon hatten, was sie in dieser entlegensten Ecke des Landes der Kälte entdecken würden.

Als das Quecksilber bei der Temperatur von 4,19 Kelvin ankam, fiel der Widerstand des Metalls abrupt ab – als wäre er über eine Steilkante gerutscht. Er fiel auf ein so niedriges Niveau, dass das Galvanometer gar keinen Widerstand gegen den Stromfluss mehr anzeigte. Bei 4,19 Kelvin verschwand der elektrische Widerstand von Quecksilber schlagartig. Kamerlingh Onnes traute diesem Ergebnis nicht und wiederholte den Versuch ein ums andere Mal. Aber er fand immer dasselbe: kein Widerstand bei 4,19 Kelvin. Um die Möglichkeit eines Kurzschlusses in ihrem Apparat auszuschließen, ersetzten Kamerlingh Onnes und seine Kollegen in mehrtägiger Arbeit die u-förmige Röhre durch eine w-förmige, bei der die Elektroden aus allen fünf «Spitzen» herausragten; dadurch verfügten die Forscher über mehr Stellen, an denen sie den Widerstand messen konnten. Doch selbst mit dieser empfindlicheren Versuchsanordnung fiel die Widerstandsanzeige auf null, sobald die Temperatur unter 4,19 Kelvin gesenkt wurde.

Einem Physiker, der in den dreißiger Jahren zu der Arbeitsgruppe stieß, erzählte Flim, dass damals, 1911, als sie die Experimente durchführten, einer der Lehrlinge die Aufgabe hatte, den Druck im Apparat zu überwachen; aber natürlich ist es ziemlich langweilig, die ganze Zeit auf einen Zeiger zu starren. Jedenfalls war der junge Mann eingeschlafen, als der Zeiger anfing, sich zu bewegen, und er konnte seine Oberen nicht alarmieren, um die Einstellungen zu korrigieren. Der Druck fiel, die Temperatur im Apparat stieg über 4,2 Kelvin – und im Galvanometerraum sah Kamerlingh Onnes' Kollege Holst, wie die Widerstandsanzeige plötzlich in den messbaren Bereich sprang.

Diese letzte, umgekehrte Demonstration des Übergangs, der bei 4,19 Kelvin stattzufinden schien, vermochte Kamerlingh Onnes offenbar schließlich davon zu überzeugen, dass er eine neuartige Eigenschaft der Materie bei sehr tiefen Temperaturen entdeckt hatte. In seinen ersten Artikeln – einer davon trug den Titel «Über das plötzliche Verschwinden des Widerstands von Quecksilber» – gab er der Eigenschaft noch nicht einmal einen Namen, sondern machte nur auf die erstaunliche Tatsache aufmerksam, dass in diesem Zustand «der spezifische Widerstand eines Stromkreises eine Million Mal kleiner wird als der der besten Leiter bei gewöhnlichen [Raum-]Temperaturen».

Anfänglich glaubte Kamerlingh Onnes, der Sprung in der Leitfähigkeit von Quecksilber bei 4,19 Kelvin bestätige seine Theorie, dass der Widerstand mit der Reinheit des Metalls zu tun habe, doch die Tiefe, in die der Widerstand «abstürzte», zeigte ihm, dass er sich irrte. Nun stand er vor dem Problem, das «Verschwinden» des Widerstands erklären zu müssen. Dazu kamen die Ergebnisse der Versuche mit Blei und Zinn, bei denen der Widerstand ebenfalls abrupt fiel, und die mit Gold, wo der Effekt nicht auftrat. Der Physiker Kurt Mendelssohn meinte später, Kamerlingh Onnes' Irritation zeige sich darin, dass er im Jahr 1912 – dem Jahr nach der Bekanntgabe und der ersten korrekten Beschreibung des Phänomens des verschwindenden Widerstands – kaum etwas veröffentlicht habe. In dieser Zeit führte Kamerlingh Onnes weitere Experimente durch. Ein anderer Grund könnte sein Gesundheitszustand gewesen sein, der sich weiter verschlechterte und ihn oft an seine Wohnung und sein Bett fesselte. Erst in seinem zweiten Artikel im Jahr 1913 verwendete er das Wort «supraconductivity», um das Phänomen zu beschreiben. Diesen Begriff gab er später zugunsten von «superconductivity» auf. Im deutschen Sprachraum hat sich seitdem die Bezeichnung «Supraleitfähigkeit» eingebürgert. Möglicherweise war Kamerlingh Onnes auch nur vorsichtig, weil seine Kollegen die große Bedeutung der Supraleitfähigkeit zunächst nicht erkannten.

Als Kamerlingh Onnes 1912 auf einer Konferenz von seiner Entdeckung berichtete, zeigten seine Zuhörer wenig Interesse; nur zwei Fragen wurden zum Thema gestellt. Nicht einmal von James Dewar, der auf dem Gebiet des elektrischen Widerstands bei niedrigen Temperaturen Pionierarbeit geleistet hatte, ist ein Kommentar zur Entdeckung der Supraleitfähigkeit bekannt; auch hatte er Kamerlingh Onnes dieses Mal nicht wie sonst öfter ein Glückwunschtelegramm geschickt. Vielleicht blieb auch Dewar die Größenordnung der Entdeckung verborgen.

Und obwohl Kamerlingh Onnes vielleicht selbst nicht sofort klar war, was er da gefunden hatte, konnte er sich eine Zukunft für die Supraleitfähigkeit vorstellen. 1912 führte er ein Experiment durch, das ihn in dieser Vision bestärkte: Er schickte Strom durch einen ringförmigen, supraleitenden Stromkreis und entfernte dann die Batterie, mit der er den Strom erzeugt hatte. Der Strom in dem Stromkreis aber hörte nicht auf zu fließen – er floss und floss und floss, ohne merklich an Stärke zu verlieren. Jahre später schrieb ein bekannter Physiker, der das Labor besucht hatte, in einem Brief an einen Kollegen über diese Demonstration: «Es ist unheimlich anzusehen, wie dieser ‹permanente› Strom die Magnetnadel beeinflusst. Man glaubt beinahe körperlich zu spüren, wie die Elektronen in dem Drahtring ihre Kreise drehen – langsam und fast ohne Reibung.»

Max Planck, der Erfinder der Quantentheorie, die gerade die Physik revolutionierte, war an Kamerlingh Onnes' Entdeckung ebenfalls sehr interessiert. Kamerlingh Onnes selbst wagte schon bald die Vorhersage, dass supraleitende Drähte die Menschen irgendwann in die Lage versetzen würden, Strom sehr viel effizienter zu transportieren, als dies gegenwärtig der Fall sei. Anlagen zur Stromerzeugung könnten Hunderte von Kilometern von den Orten entfernt liegen, wo der Strom am dringendsten gebraucht werde. Die Leitungskosten würden dramatisch fallen und den Strom für die Verbraucher billiger machen. Und der Welt stünde eine praktisch unerschöpfliche Energiequelle zur Verfügung.

Ein schöner Traum. Doch bald folgte das Erwachen. Kamerlingh Onnes setzte seine Experimente in der extremen Kälte fort. Zum Beispiel untersuchte er, welchen Effekt Magnetismus bei diesen Temperaturen auf die Materialien hatte. Zu seinem Schrecken stellte er fest, dass ein Magnetfeld von wenigen hundert Gauß (das entspricht der Stärke eines gewöhnlichen Haushaltsmagneten) genügte, um die Supraleitfähigkeit in Quecksilber, Zinn und Blei aufzuheben. Sobald man in der Nähe des Materials, das in flüssigem Helium supraleitfähig geworden war, ein Magnetfeld einschaltete, verschwand offenbar die Supraleitfähigkeit. Damit wäre es nie möglich, supraleitfähige Drähte zu schaffen, die die Stromnutzung weltweit grundlegend verändert hätten.

Kamerlingh Onnes' Traum vom billigen Strom löste sich

praktisch sofort in nichts auf, und viele seiner damaligen Kollegen erkannten die Bedeutung der Supraleitfähigkeit noch nicht. Das könnte erklären, warum das Nobelkomitee, das Kamerlingh Onnes im Jahr 1913 den Nobelpreis für Physik zuerkannte, in seiner Begründung schrieb, der Sechsundsiebzigjährige erhalte diesen Preis «für seine Forschungen über die Eigenschaften der Materie bei tiefen Temperaturen, Forschungen, die unter anderem zur Verflüssigung von Helium führten», und die Entdeckung der Supraleitfähigkeit nicht ausdrücklich erwähnte.

In der Rede, die Kamerlingh Onnes anlässlich der Nobelpreisverleihung in Stockholm hielt, gab er keine philosophischen Betrachtungen darüber zum Besten, wie sich die Welt durch seine Entdeckungen verändert hätte. Vielmehr entledigte er sich dieser Aufgabe, als habe er einen gewöhnlichen, wenn auch nostalgisch angehauchten Vortrag vor einer wissenschaftlichen Versammlung abzuhalten. Er sprach über die «Leiden und Freuden» der Forschung, nicht nur seine eigenen, sondern auch die von Dewar, Olszewski, von Wróblewski, Pictet, Cailletet und Linde während der vergangenen fünfunddreißig Jahre. In allen Einzelheiten berichtete er von den Ereignissen des 10. Juli 1908, als er zum ersten Mal Helium verflüssigte, und davon, dass er das flüssige Helium gern sofort van der Waals gezeigt hätte. Natürlich kam Kamerlingh Onnes auf die Supraleitfähigkeit zu sprechen und gab erneut seinem Erstaunen darüber Ausdruck, «dass der elektrische Widerstand nicht allmählich, sondern *plötzlich* verschwand», ein Ereignis, «das alle doch ziemlich überraschte». In ähnlicher Weise beschrieb Kamerlingh Onnes seine Befunde zu der extrem niedrigen Dichte von Helium.

Beide Erscheinungen ließen sich bislang nicht erklären, und mit ebenso feurigen wie prophetischen Worten erklärte Kamerlingh Onnes vor dem Nobel-Publikum, wenn man irgendwann Erklärungen für diese merkwürdigen Phänomene fände, «würde man vermutlich einen Zusammenhang mit der Quantentheorie feststellen».

In gewisser Weise ist dies die Anerkennung eines wichtigen Faktums, das noch wenige Jahre vorher gar nicht hätte verstanden werden können: Die Verflüssigung des Heliums und die Entdeckung der Supraleitfähigkeit waren die letzten Triumphe der «klassischen Physik», ein Begriff, der kurze Zeit später geprägt werden sollte. Die klassische Physik, das war die Physik von Newton und Boyle, Kelvin und Clausius – die Physik der Vergangenheit. Die klassische Physik beschreibt Gegenstände und deren Bewegung, die Quantenphysik dagegen die Materie, und das ausschließlich mit Begriffen der Bewegung, der Wellenbewegung. Stärker als so mancher seiner Altersgenossen erkannte und akzeptierte Kamerlingh Onnes, dass eine neue Wissenschaftlergeneration – ja beinahe schon eine ganz andere Art von Wissenschaftlern –, die mit höchst komplizierten und der Alltagserfahrung widersprechenden Dingen umzugehen wusste, dabei war, die Generation zu ersetzen, für die er selbst und James Dewar beispielhaft standen. In mehreren Artikeln, die er in jener Zeit verfasste, äußerte Kamerlingh Onnes die Überzeugung, die Quantentheorie von Planck müsste eine Erklärung für das Verschwinden des elektrischen Widerstands in den verschiedenen Supraleitern liefern können, die er mittlerweile nahe dem absoluten Nullpunkt gefunden hatte.

Um zu verstehen, wie Kamerlingh Onnes vorhersagen konnte, dass die Quantenphysik vielleicht die Supraleitfähigkeit erklären würde, müssen wir ins Jahr 1907 zurückgehen, ein Jahr bevor er Helium verflüssigte. In diesem Jahr wurden durch die Untersuchung der «spezifischen Wärme» von Kupfer unter extrem kalten Bedingungen einige rätselhafte Anomalien aufgeklärt, auf die man erst durch die Tiefsttemperaturforschung aufmerksam geworden war. Im Zuge dieser Untersuchungen gelang eine eindrucksvolle Bestätigung der Quantentheorie, die Max Planck im Jahr 1900 formuliert hatte. Die Lösung des Problems besorgte Albert Einstein.

Seit 1819 waren Physiker und Chemiker von der spezifischen Wärme fasziniert. Damals wurde sie von den französischen Chemikern Pierre-Louis Dulong und Alexis-Therese Petit – in heutigen Begriffen ausgedrückt – als die Wärmemenge definiert, die benötigt wird, um die Temperatur einer bestimmten Menge einer Substanz um ein Grad anzuheben. Zudem bestimmten die beiden die spezifischen Wärmen von allen möglichen Stoffen und begründeten eine später nach ihnen benannte Regel, die die spezifische Wärmekapazität der festen Elemente, vor allem die von Metallen wie Blei und Kupfer, voraussagte. Doch bereits 1875 – also noch bevor Cailletet und Pictet Stickstoff und Sauerstoff verflüssigten – zeigte sich bei Untersuchungen in einem Temperaturbereich knapp unter dem Gefrierpunkt des Wassers, dass die Dulong-Petitsche Regel nicht für alle Temperaturen Gültigkeit besaß. Die Situation war mit der von Andrews und van der Waals vergleichbar, als sie sich mit dem Boyleschen Gesetz beschäftigten: Bei Raumtemperatur beschrieb die Gleichung die Situation recht gut, doch bei Temperaturen deutlich unter dem Gefrierpunkt erwies sie sich als völlig unbrauchbar. Als flüssiger Wasserstoff zur Verfügung stand, stellten Dewar, Kamerlingh Onnes, Olszewski und andere Forscher fest, dass in der damit erreichbaren Temperaturregion (um 20 Kelvin) die spezifische Wärmekapazität von Kupfer nur noch drei Prozent ihres Wertes bei Zimmertemperatur betrug. Auch hier stellte sich die Frage nach einer Erklärung, einer Gleichung, die die alte Dulong-Petitsche Regel (die auf feste Elemente bei Normaltemperatur zutraf) enthielt und darüber hinaus beschrieb, wie sich die Materie bei den neuerdings erreichten tiefen Temperaturen verhielt.

Das war genau das Richtige für Einstein: Er liebte es, sich mit Problemen dieser Art zu beschäftigen. Die Dulong-Petitsche

Regel beruht auf der «Gleichverteilung der Energie» auf verschiedene Energieformen, zu denen auch die Schwingungen einzelner Atome gehören. Einstein erkannte, dass er diese Beschreibung durch eine ersetzen musste, die die «Quantelung» in den Schwingungen der Atome berücksichtigte. In dem Bild von der Wärmebewegung, das sich bis 1907 entwickelt hatte, betrachtete man ein Atom als einen Oszillator mit sechs «Freiheitsgraden», die jeweils eine gewisse Menge Energie besaßen. Einstein hatte anfänglich gedacht, Max Plancks Theorie der «Quanten» – kleinster Einheiten, in die alle Formen der Energie unterteilt sind – sei mit seinen eigenen Ergebnissen nicht vereinbar, dann aber festgestellt, dass sie sich sehr gut ergänzten. Er erweiterte Plancks Theorie, indem er erklärte, auch die Schwingungen der Atome seien gequantelt, das heißt, die Atome schwingen nicht völlig frei, sondern in winzigen, festen, messbaren Energieintervallen. Das war die Lösung für das Rätsel der spezifischen Wärme. Durch das Sinken der Temperatur des Kupfers, erklärte Einstein, würden immer mehr Atome am Schwingen gehindert, und das führe zu einer exponentiellen Abnahme der Wärmekapazität. Er stellte eine Gleichung auf, die – zwar nicht perfekt, aber doch hinreichend gut – mit den gefundenen Daten für die spezifische Wärme von Kupfer zusammenpasste, von den 80 Kelvin des Temperaturbereichs von Dulong und Petit bis hinunter zum flüssigen Sauerstoff und zum flüssigen Wasserstoff bei 10 Kelvin. Seine Gleichung sagte nicht nur voraus, dass sich die spezifische Wärme bei sinkender Temperatur verändern würde, vielmehr stützten Einsteins Ergebnisse auch den von Nernst gefundenen dritten Hauptsatz der Thermodynamik und lieferten einen ersten Beweis für die Richtigkeit und die Anwendbarkeit der Planck'schen Quantentheorie.

Einsteins gelungene Erklärung für das Sinken der spezifischen Wärme beschäftigte Kamerlingh Onnes bereits vor seiner Entdeckung der Supraleitfähigkeit. Zu Beginn seiner

Widerstandsexperimente hatte sich Kamerlingh Onnes eine Arbeitshypothese zurechtgebastelt – eine ziemlich wilde Mischung aus klassischen und Quantentheorien, in der er die van der Waals'sche Zustandsgleichung mit den Verunreinigungen im Metall und Plancks schwingenden Atomen zusammenrührte. Als Kamerlingh Onnes' Quecksilberexperimente bei 4,19 Kelvin den plötzlichen Sprung in der Leitfähigkeit erbrachten, notierte er in seiner typischen trockenen Art, dieser sei «nach der Schwingungstheorie des Widerstands, die ich aufgestellt hatte, nicht vorhergesehen» gewesen. Wie so viele andere Hypothesen gab er auch diese auf, hielt aber an seiner Überzeugung fest, die Quantenphysik werde irgendwann den Schlüssel zur Supraleitfähigkeit liefern. Und als der englische Physiker Sir Joseph John Thomson – ebenfalls ein späterer Nobelpreisträger – eine Erklärung für die Supraleitfähigkeit präsentierte, die die Quantentheorie nicht berücksichtigte, lehnte Kamerlingh Onnes sie – mit genau dieser Begründung – öffentlich ab.

In der Zeit von 1908 bis 1913, während Kamerlingh Onnes schnurstracks auf den Nobelpreis zumarschierte, war Dewar natürlich nicht völlig von der Bildfläche verschwunden. 1911 ließ er das Amphitheater der *Royal Institution* auf eigene Kosten instand setzen. Damit feierte er die Tatsache, dass er die Fuller-Professur für Chemie länger innegehabt hatte als selbst Faraday. Nach 1908 lieferte Dewar noch einige wichtige Forschungsbeiträge, zum Beispiel erfand er ein Tieftemperatur-Kalorimeter, mit dem er die spezifischen Wärmekapazitäten vieler Elemente und Verbindungen bei der Temperatur flüssigen Wasserstoffs und darunter untersuchte. 1913 entdeckte er, dass es zwischen den spezifischen Wärmekapazitäten der festen Elemente und ihren Atomgewichten bei 50 Kelvin eine logarithmische Beziehung gab. Er griff auch einige andere Themen wieder auf, mit denen er sich früher beschäftigt hatte, zum Beispiel Seifenblasen, dünne und dicke Schichten (hier gelangen ihm einige bedeutende Entdeckungen) und Sprengstoffe. 1889 hatte Dewar zusammen mit Sir Frederick Abel Cordit erfunden, eine gelatinöse Mischung aus Nitrozellulose und Nitroglyzerin, die als rauchloser Sprengstoff Verwendung fand.

Was die Sprengstoffe angeht, kam Dewar zu der Überzeugung, dass einige der Neuerungen, die er eingeführt hatte, von Alfred Nobel und seinen Erben plagiiert worden seien, ohne den Erfinder zu nennen oder zu entschädigen. Er erhob Klage gegen sie, diese wurde schließlich als unberechtigt zurückgewiesen. Dewar erhielt nie einen Nobelpreis für seine Forschungen, obwohl die Verflüssigung von Wasserstoff das Schlüsselexperiment für den Weg hinunter zum absoluten Nullpunkt darstellte und obwohl die Vakuumgefäße, die er erfunden hatte, für die gesamte Tieftemperaturforschung unverzichtbar waren. Er konnte weder Entdeckungen vorweisen, die allein ihm zuzuschreiben waren, noch Theorien. Und die Nobelpreise gingen in der Regel an Entdecker oder an Theoretiker. Natürlich könnte es unter Nobels Erben auch Ressentiments gegen ihn gegeben haben, doch die waren nur für den administrativen Teil der Preisverleihung zuständig. Die Empfänger wurden stets von einem Expertenkomitee des betreffenden Wissenschaftsgebiets gewählt; hier dürfte Dewar mit dem Konfrontationsstil, den er gegen Rayleigh, Ramsay und Travers gefahren hatte, bei den angeseheneren englischen Physikern und Chemikern jener Zeit auf jeden Fall Minuspunkte gesammelt haben. In dem langwierigen Auswahlverfahren für die Nobelnominierung hätte er ihrer einhelligen Unterstützung bedurft, um in die Endausscheidung zu gelangen.

Im August 1914 brach der Erste Weltkrieg aus, und von den Britischen Inseln bis zum Balkan setzten die Länder Europas all ihre Kräfte gegeneinander ein. Zu den ersten Opfern außerhalb des Schlachtfelds gehörte Olszewski. Österreichische Soldaten besetzten das Gebäude, in dem sich sein Labor befand, und richteten dort ihr Schlaflager ein. Olszewski war schon recht hinfällig und flüchtete sich in sein Bett; ganz Wissenschaftler, notierte er in der Nacht, als er starb, die Symptome, mit denen sich sein Tod ankündigte. Diese Beobachtungen schrieb er zwischen die Anweisungen für sein Begräbnis.

Auch die Tieftemperaturforschung fiel dem Krieg zum Opfer. In den Krieg führenden Ländern wurden die immer noch kleinen Heliumvorräte für militärische Zwecke beschlagnahmt. Die Militärs begannen das gasförmige Helium für Luftschiffe, in Beobachtungsballonen (zur Frontüberwachung) und in Sperrballonen (als Schutz gegen Flugzeugangriffe) zu verwenden.

Auf diese Weise wurde die Erforschung des Landes der Kälte an der letzten Station, der Entdeckung der Supraleitfähigkeit, für einige Zeit unterbrochen. Die Supraleitfähigkeit war das erste Zeichen für die tief greifenden Veränderungen, die eine extrem kalte Umgebung an der Materie hervorruft. Das hatte nichts mehr mit der Kälte zu tun, die Eier in der Dunkelheit zum Leuchten brachte – es war viel grundsätzlicher und viel spannender. Alle hofften darauf, dass die Tiefsttemperaturforschung nach dem Krieg wieder aufgenommen werden würde. So vieles war noch zu erforschen – an erster Stelle die Frage, warum es bei tiefen Temperaturen zum Phänomen der Supraleitfähigkeit kommt. Bis es so weit war, stand die Entdeckung der Supraleitfähigkeit im Raum wie ein Signalfeuer an einem Außenposten des Landes der Kälte. Was konnte sich ein Forscher nach einer langen Reise in das Reich des Frostes mehr wünschen? In ihrem Rennen zum absoluten Nullpunkt hatte die Generation von Kamerlingh Onnes, Dewar, Olszewski, von Wróblewski, Cailletet, Pictet, Linde und Hampson mit Erfolg schwieriges Gelände erkundet, und sie hatte der nächsten Generation ebenso gewaltige wie aufregende Aufgaben hinterlassen. Aufgaben, die an Bacons Parabel vom Haus des Salomon erinnern: «das Wissen um die Ursachen und das verborgene Wirken der Dinge» zu destillieren und das erworbene Wissen einzusetzen, um «die Grenzen des menschlichen Einflussbereichs zu erweitern, sodass es möglich sein sollte, alle nur denkbaren Dinge zu bewirken».

[12] Drei Rätsel, eine Lösung

Kamerlingh Onnes und die anderen Forscher der Jahrhundertwende ahnten in der Zeit vor dem Ersten Weltkrieg nicht, dass sie mit ihren Arbeiten zur Kälte eine Schatzkiste geöffnet hatten. Eine Schatzkiste des Wissens über bislang unbekannte Phänomene und Mechanismen der «normalen» wie auch der seltsamen Welt in der Nähe des absoluten Nullpunkts. Mit Hilfe der darin enthaltenen Pretiosen konnte man endlich zu den tiefsten Geheimnissen des Universums vordringen.

Das größte Einzelhindernis auf dem Weg dorthin war das Rätsel der Supraleitfähigkeit. Es sollte noch einmal sechzig Jahre dauern, bis es gelöst war, und Heerscharen von Wissenschaftlern beschäftigen. Auf dem Höhepunkt der Bemühungen um des Rätsels Lösung prägte Felix Bloch den Satz (den er ein Axiom nannte): «Jede Theorie der Supraleitfähigkeit kann widerlegt werden.» Viele Jahre lang war dies die einzig richtige Behauptung auf dem Gebiet.

Noch treffender wäre vielleicht der Satz gewesen, dass in der Wissenschaft mit jeder Entdeckung mehr Fragen neu aufgeworfen als beantwortet werden. Der Chemiker Leo Dana hatte in Harvard seinen Doktortitel erworben und war gerade in Leiden angekommen, um ein Jahr bei Kamerlingh Onnes zu arbeiten, als er 1922 über eine dieser neuen Fragen stolperte. Zu Danas Pech starb einen Tag vor seiner Ankunft Kamerlingh Onnes' Wunschnachfolger J. P. Kuenen, das ganze Labor stand unter Schock. Wie Dana erfuhr, gab es noch einen weiteren Grund für das Entsetzen: Es zeichneten sich Auseinandersetzungen zwischen Protestanten und Nichtprotestanten um die

Nachfolge auf dem «Königsthron» ab, die das Labor noch weiter erschütterten. Seit Jahrhunderten war die Leidener Universität protestantisch gewesen; in einem Kompromiss hob man nun Wilhelmus Hendrik Keesom, einen Katholiken, ins Amt – zeitweise mit einem protestantischen Kodirektor.

Dana nutzte die Zeit, um sich einzuarbeiten. Seine Fragen standen in Zusammenhang mit dem Forschungsgebiet, dem sich Kamerlingh Onnes nach dem Krieg zugewandt hatte: der ungewöhnlichen Dichte von flüssigem Helium. Unterhalb des Siedepunkts von 4,2 Kelvin stieg die Dichte bis zu einem Maximum bei 2,2 Kelvin dramatisch an, danach nahm sie jedoch allmählich wieder ab – selbst wenn die Temperatur unter 1 Kelvin gesenkt wurde, also nur noch ein Grad vom absoluten Nullpunkt entfernt war. Wie ließen sich dieser Gipfel und die Veränderungen in der Dichte erklären? Könnte man die Dichte von Helium mit dem Einsetzen der Supraleitfähigkeit bei Metallen in Verbindung bringen? Oder spielte vielleicht zusätzlich der Effekt eine Rolle, den die Magnetisierung auf die Supraleitfähigkeit hatte?

Dana wollte gemeinsam mit Kamerlingh Onnes an diesen Fragen arbeiten. Der Direktor war ein alter, kranker Mann. Er kam nur noch selten ins Labor, gleichwohl korrespondierte er mit allen, die in der Physik Rang und Namen hatten – von Einstein und Röntgen bis zu weniger bekannten Forschern in der Sowjetunion. Außerdem half er eifrig mit, die Kältewirtschaft in anderen Ländern zu etablieren. Mit seinen Kollegen kommunizierte Kamerlingh Onnes vor allem über das Telefon. Wegen seines Emphysems fiel ihm das Sprechen schwer, aber wenn er es tat – erinnerte sich ein französischer Gesprächspartner später –, waren seine kurzen Kommentare stets treffend und oft erhellend.

Dana wurde nach Ter Wetering eingeladen. Es war nicht zu übersehen, so schrieb er später, dass Kamerlingh Onnes nun ein reicher Mann war. «Ich wurde in sein Arbeitszimmer geleitet, einen Raum voll antiker Möbel, orientalischer Teppiche und Gemälde. Beim Blick aus dem Fenster sah man auf eine liebliche Szenerie aus dem ländlichen Holland. Er selbst trug eine feine Samtrobe – das Bild eines wohlhabenden Mannes.» Kamerlingh Onnes gab dem jungen Harvard-Chemiker den Rat: «Wenn Sie je eine reife Pflaume an einem Baum hängen sehen, greifen Sie zu und pflücken Sie sie.»

Im Labor ließ Kamerlingh Onnes Dana an etwas arbeiten, das sie beide als reife Pflaume ansahen: die latente Wärme beim Verdampfen von flüssigem Helium. Was Kamerlingh Onnes und Dana bei ihren gemeinsamen Untersuchungen dieses Phänomens fanden, bezeichneten sie als «bemerkenswert». «Nahe der maximalen Dichte», so schrieben sie in einem Artikel, «geschieht etwas mit dem Helium, das innerhalb eines schmalen Temperaturbereichs sogar diskontinuierlich ist.»

Es war in der gleichen bemerkenswerten Weise diskontinuierlich, wie das Abfallen des elektrischen Widerstands «abrupt» war, wenn Quecksilber in den supraleitenden Zustand überging. Als Nächstes fanden sie eine ähnliche Änderung in der spezifischen Wärme von flüssigem Helium, und zwar bei der gleichen Übergangstemperatur, die sie in dem Experiment mit der latenten Wärme ermittelt hatten. Als die Temperatur unter diesen Wert sank, wurde die spezifische Wärme viel größer als erwartet oder als berechnet – mit welcher Theorie auch immer, die von Einstein eingeschlossen. Kamerlingh Onnes wollte die Zahlen nicht bekannt geben, weil sie so groß waren und weil sie Einstein widersprachen. Der gemeinsame Artikel, den Dana so gern veröffentlicht hätte, musste noch ein paar Jahre warten.

Kamerlingh Onnes und Dana konnten das Problem, warum sich die spezifische Wärme des Heliums so auffallend veränderte, nicht lösen, aber sie bestimmten genau den Punkt, an dem die Diskontinuität auftrat: 2,2 Kelvin. Ein Gast des Leidener Labors, Paul Ehrenfest, nannte den Punkt den «Lambda-Punkt», weil die Kurve, die die spezifische Wärme beschrieb, in ihrer Form diesem griechischen Buchstaben ähnelte. Zwar kannte man nun den Lambda-Punkt, aber trotzdem wusste noch immer niemand, was genau mit dem Helium bei 2,2 Kelvin geschah.

Im Jahr 1923 starben van der Waals und Dewar – beides große Verluste für Kamerlingh Onnes. Seinen Freund van der Waals beschrieb er in einem Nachruf in der Zeitschrift *Nature* als «eine der großen Gestalten der modernen Physik und der physikalischen Chemie». Bewundernd hob er seine «strenge Verpflichtung auf das Ideal» hervor und zitierte Dewar, der van der Waals als «unser aller Meister» charakterisiert hatte. Der Gesundheitszustand von van der Waals habe sich seit 1913 ständig verschlechtert, schrieb Kamerlingh Onnes, und «zuletzt war es uns nur noch in kurzen Besuchen erlaubt, dem verehrten und geliebten Freund, dessen Herz wir unverändert fanden, zu zeigen, was er für uns getan hatte». Van der Waals wurde fünfundachtzig Jahre alt.

Sir James Dewar starb neunzehn Tage nach van der Waals, am 27. März 1923. Zehn Jahre waren vergangen, seit er Kamerlingh Onnes in seinen Briefen erstmals enthüllt hatte, wie sehr es ihn erheitere, dass er, der doch immer krank gewesen sei, tatsächlich die Siebzig erreicht und überschritten habe. 1923 war Dewar einundachtzig, und er hatte noch Bedeutendes auf dem Gebiet dünner Schichten sowie mit einem Holzkohle-Gas-Thermoskop geleistet, das er konstruiert hatte, um Infrarotstrahlung zu messen. Vom Erdgeschoss der *Royal Institution*, dem Ort seiner Tieftemperaturexperimente, war er unters Dach gezogen, von wo aus er die kosmische Strahlung maß. Seine letzten Messungen machte er, nur wenige Nächte bevor ihn seine todbringende Krankheit ans Bett fesselte.

Kamerlingh Onnes überlebte die beiden noch drei Jahre, aber das Atemholen fiel ihm von Tag zu Tag schwerer. Als er 1926 starb, wurde er in aller Welt betrauert. Die anlässlich seines Dahinscheidens gehaltenen Nachrufe und Lobreden waren zahlreicher als die für Dewar, den Einzelgänger, der keine Schule von Nachfolgern hinterließ. Kamerlingh Onnes' Erben dagegen konnte man überall in den Labors auf dem Kontinent und den Britischen Inseln finden.

Drei Wochen nach seinem Tod vollendete sein letzter Mitarbeiter Wilhelmus Hendrik Keesom das, wofür Kamerlingh Onnes fünfzehn Jahre lang gearbeitet hatte: die Verfestigung von Helium. Während Keesom bei konstantem moderatem Druck mit der Temperatur so tief gehen konnte, wie er wollte, und das Helium auch in der Nähe des absoluten Nullpunkts flüssig blieb, brauchte er nur den äußeren Druck zu erhöhen, um Heliumkristalle zu erhalten.

Durch die Verfestigung von Helium konnte Keesom die Daten ergänzen, die Kamerlingh Onnes und Dana zur spezifischen Wärme ermittelt hatten. Keesom beobachtete, dass das Helium, wenn er es von seinem Siedepunkt bei 4,2 Kelvin auf den Lambda-Punkt bei 2,2 Kelvin abkühlte, aufhörte zu kochen. Die Bläschen verschwanden, und die Flüssigkeit wurde vollkommen still. Die dramatischen Veränderungen am Lambda-Punkt brachten Keesom auf die Idee, dass man die Flüssigkeit zwischen 4,2 und 2,2 Kelvin vielleicht als eigene Phase betrachten müsste. Sie erhielt den Namen «Helium I». Die Flüssigkeit unter 2,2 Kelvin verhielt sich ganz anders und sollte ebenfalls als eigene Phase, mit der Bezeichnung «Helium II», aufgefasst werden. Verglichen mit Helium I besaß Helium II eine kleinere Dichte, eine größere Verdampfungswärme und eine kleinere Oberflächenspannung.

Aus den Schlussfolgerungen, die sich aus Walther Nernsts drittem Hauptsatz der Thermodynamik ergaben, leiteten die Wissenschaftler noch weitere Fragen über das Verhalten der Atome in der Nähe des absoluten Nullpunkts ab. Hatte Nernst Recht, sollten sich die Atome – je näher man dem absoluten Nullpunkt kam – immer besser formieren, bis sie eine fast perfekte Ordnung einnähmen. 1925 wandte sich Einstein – angeregt durch die Arbeiten von Satyendra Nath Bose, einem indischen Physiker – wieder diesem Forschungsgebiet zu. Wenn die Atome langsamer würden und fast zum Stillstand kämen, erklärte Einstein, wären sie so nahe beieinander, dass sich ihre Wellenfunktionen überlagern, verschmelzen und zusammenwirken würden; daraus entstünde ein bislang unbekannter Zustand der Materie. Dieser Zustand (oder diese hypothetische neue Phase) erhielt die Bezeichnung «Bose-Einstein-Kondensat». In den nächsten siebzig Jahren versuchten die Physiker ohne Erfolg es herzustellen, um Einsteins Behauptung zu beweisen.

Nernsts Idee einer perfekten Ordnung wurde von Planck und anderen dahin gehend erweitert, dass die Entropie ein Maß für die Unordnung im mikroskopischen Zustand eines Festkörpers oder einer Flüssigkeit darstellt. Diese Vorstellung regte zwei andere Physiker zu getrennten Forschungen an: Pieter Debye, einen deutschen Theoretiker niederländischer Abstammung, und William Francis Giauque, einen kanadischen Physikochemiker, der gerade nach Berkeley an die Universität von Kalifornien berufen worden war. Dank der Arbeiten von Pierre Curie wusste man, dass die Magnetisierbarkeit eines Stoffes zur absoluten Temperatur umgekehrt proportional ist, das heißt, bei tiefen Temperaturen lassen sich Materialien leichter magnetisieren. Außerdem war bekannt, dass das angelegte Magnetfeld beim Magnetisieren dergestalt auf die Atome eines Stoffes einwirkt, dass sich die so genannten magnetischen Momente darin alle in die gleiche Richtung ausrichten. Bei diesem Vorgang entsteht Wärme.

Ende 1925 stellte Debye die rhetorische Frage, «ob es sinnvoll sei, diesen Vorgang auszunutzen, um näher an den absoluten Nullpunkt heranzukommen», und befand dann, jemand sollte die Experimente durchführen, um diese Theorie zu beweisen oder zu widerlegen. Praktisch im selben Moment schlug auch Giauque diesen Mechanismus vor, allerdings gab er sich nicht mit der Theorie zufrieden, sondern ging gleich daran, einen Apparat zu bauen, mit dem sich das Ziel erreichen ließ.

Giauque magnetisierte ein schwach magnetisches Salz bei der Temperatur flüssigen Heliums, dann brachte er es in ein Vakuum und entmagnetisierte es. Auf diese Weise wurden die Moleküle der Substanz von einem Zustand hoher Ordnung in einen Zustand hoher Unordnung überführt. Dadurch wurde dem Salz Wärmeenergie entzogen, und seine Temperatur sank. Giauque brauchte noch fünfzehn Jahre, bis er alle mit dem Verfahren zusammenhängenden technischen Probleme gelöst hatte. Eines davon war ein Thermometer, das im Bereich des absoluten Nullpunkts auf tausendstel Grad genau anzeigte. 1938 wurde er endlich für alle seine Mühen belohnt: mit der tiefsten bis dato gemessenen Temperatur von 0,004 Kelvin.

Die Entmagnetisierung stellte einen völlig neuen Weg zur Temperatursenkung dar – neben der Verflüssigung, neben dem Joule-Thomson-Effekt und neben dem Druck. Genau genommen begannen die Wissenschaftler damit subatomare Teilchen zu manipulieren, um Kälte zu erzeugen. Giauque erhielt 1949 den Nobelpreis für Chemie; die «adiabatische Entmagnetisierung» war nur eine der Leistungen, für die er gewürdigt wurde. Aus dieser Möglichkeit zur Erzeugung sehr tiefer Temperaturen resultierten viele praktische Anwendungen.

In der Zwischenzeit hatte man auch an der Supraleitfähigkeit weitergearbeitet. War das Phänomen auf einige wenige Metalle beschränkt oder eine weiter verbreitete Eigenschaft? Kamerlingh Onnes und seine Nachfolger hatten Supraleitfähigkeit nur an relativ weichen Metallen mit niedrigen Schmelzpunkten demonstriert. In einem Berliner Labor fand Fritz Walther Meißner, dass man einige der härteren Metalle, wie Niob und Titan, supraleitend machen kann. Später gelang es Meißner mit Hilfe der magnetischen Kühlung zu zeigen, dass andere Metalle – Aluminium, Zink und Cadmium – bei Temperaturen unter 1 Kelvin supraleitend wurden.

Ein geographischer Entdeckungsreisender, der auf ein ihm unbekanntes Lebewesen trifft, das sowohl ein Tier als auch eine Pflanze sein könnte, muss sich entscheiden, wie er es beschreiben und seine Eigenschaften untersuchen möchte. Wenn er es als Pflanze ansieht, wählt er beim Untersuchen eine andere Vorgehensweise, als wenn er das Lebewesen als Tier identifiziert. Als sich mehr und mehr – aber keineswegs alle – Metalle als Supraleiter erwiesen, stellte sich eine ganz ähnliche Frage: Hing das Verschwinden des elektrischen Widerstands mit den mikroskopischen Eigenschaften des Materials zusammen, eine Veränderung auf der Ebene des Atomkerns oder der Elektronen, oder zeigte das Einsetzen der Supraleitfähigkeit den Übergang in einen anderen thermodynamischen Zustand an, vergleichbar dem Übergang von der gasförmigen in die flüssige Phase? In den späten zwanziger Jahren des 20. Jahrhunderts tippte man eher auf die Veränderungen der mikroskopischen Eigenschaften, auch deswegen, weil außer Einstein und Bose niemand in der Lage war, mathematisch einen Zustand zu beschreiben, der außerhalb des gasförmigen, flüssigen oder festen lag.

Als Kelvin und Clausius in den fünfziger Jahren des 19. Jahrhunderts die Gesetze der Thermodynamik aufstellten und damit den Zustand der Materie beschrieben, verwendeten sie dafür die physikalischen Größen Druck, Volumen und Temperatur. In den siebziger Jahren fügte van der Waals das Eigenvolumen der Moleküle und die Druckänderung aufgrund der gegenseitigen Anziehung der Moleküle als korrigierende Größen hinzu. Ende der zwanziger Jahre des 20. Jahrhunderts hielt man noch einen weiteren Faktor für wesentlich: das Ausmaß der Magnetisierung einer Substanz. Es gab immer mehr Hinweise darauf, dass Supraleitfähigkeit und Magnetismus etwas miteinander zu tun hatten. In Anbetracht dessen beschlossen Meißner und sein Kollege Robert Ochsenfeld, der Frage nachzugehen, ob die Veränderungen, die in einem Material beim Übergang zur Supraleitfähigkeit stattfanden, auch zu Veränderungen in der Magnetisierbarkeit führten. Die beiden drückten es technischer aus: Sie wollten wissen, in welchem Maß die Magnetisierung die Substanz durchdrang.

Metalle wie Zinn und Blei ließen sich bei Zimmertemperatur leicht magnetisieren. Würde sich diese Eigenschaft verändern, wenn man das Metall bis zu der Temperatur abkühlte, bei der es supraleitend wurde? Meißner und Ochsenfeld kühlten zwei nebeneinander liegende lange Zinn-Einkristalle und legten gleichzeitig ein Magnetfeld an. In dem Moment, als das Zinn supraleitend wurde, schalteten sie das Magnetfeld ab und maßen dann den in den Kristallen verbliebenen Magnetismus. Sie fanden keinen. Das Metall hatte in der Tat alle Spuren eines magnetischen Felds in seinem Inneren abgestoßen.

Faraday ließ grüßen! Neunzig Jahre zuvor hatte Faraday die magnetischen Eigenschaften aller möglichen Materialien untersucht – Metall, Karotten, Äpfel, Fleisch – und herausgefunden, dass alle eine (wenn auch manchmal nur wenig ausgeprägte) Eigenschaft besaßen, die er Diamagnetismus nannte. Und nun zeigten Meißner und Ochsenfeld, dass ein fester Zinnkristall vollkommen diamagnetisch sein und seinen Magnetismus ganz und gar «abstoßen» konnte, so wie Kamerlingh Onnes demonstriert hatte, dass Quecksilberdrähte ihren elektrischen Widerstand komplett verlieren, wenn man sie auf 4,19 Kelvin abkühlt. Die Supraleitfähigkeit war demnach mehr als eine Anomalie in der Leitfähigkeit eines Stoffes – es war ein Phänomen, das auch mit Veränderungen der Magnetisierbarkeit zu tun hatte.

Dieser perfekte Diamagnetismus (man könnte auch sagen «Superdiamagnetismus») stellte das zweite Beispiel für die gewaltige transformierende Kraft der extremen Kälte dar – ein weiteres großes Rätsel, dessen Lösung noch viele Jahre auf sich warten lassen sollte. Doch seine Entdeckung im Jahre 1933 schien die Auffassung zu stützen, dass das Einsetzen der Supraleitfähigkeit vermutlich am besten mit einer thermodynamischen Zustandsänderung zu vergleichen sei, ähnlich der beim Übergang von der gasförmigen in die flüssige oder der flüssigen in die feste Phase. Wie und warum es zu diesen Änderungen kam, wusste noch niemand.

Wie Kurt Mendelssohn berichtet, tauchten alle Jahre wieder ein paar neue Theorien auf, die Antworten auf diese Fragen geben wollten; die meisten davon wurden bald verworfen, weil sie nicht beides, die Supraleitfähigkeit und den perfekten Diamagnetismus, zu erklären vermochten. Dennoch gaben verschiedene Arbeitsgruppen zwischen 1933 und 1935 recht gute Vermutungen zur Natur der Supraleitfähigkeit ab, die auch mögliche Erklärungen des «Superdiamagnetismus» beinhalteten.

G. J. Gorter und H. B. G. Casimir, Kollegen und Nachfolger von Keesom am Leidener Labor, schlugen 1934 ein Modell für die Supraleitfähigkeit vor, in dem zwei «Elektronenflüssigkeiten» gleichzeitig existierten. Eine davon war geordnet, eine kondensierte Flüssigkeit der Art, wie Bose und Einstein sie angedacht hatten, mit einer Entropie von null, das heißt, sie konnte keine Wärme leiten (Wärme ist die Folge des elektrischen Widerstands). Diese Flüssigkeit nannten Gorter und Casimir «Supraflüssigkeit». Die andere bestand aus Elektronen, die sich normal verhielten. Wenn man die Temperatur von Helium in die Nähe des Übergangspunkts absenkte, gingen mehr Elektronen in den supraflüssigen Zustand über, und diese Veränderung, so Casimir und Gorter, hatte die Supraleitfähigkeit zur Folge.

Nach ihrer Flucht vor dem Naziregime in Deutschland arbeiteten die Brüder Fritz und Heinz London in Oxford, wo sie die Idee der zwei Flüssigkeiten aufgriffen und eine Theorie formulierten, wie ein Supraleiter perfekten Diamagnetismus hervorrufen könnte. In seiner Doktorarbeit hatte Heinz bereits früher berechnet, wie tief ein Strom an der Oberfläche eines Supraleiters ins Innere des Metalls eindringt. Alle an der Oberfläche eines Metalls fließenden Ströme erzeugen ein magnetisches Feld. Mit diesem Fakt erklärte Fritz den Meißner-Ochsenfeld-Effekt, also das Verdrängen eines Magnetfelds aus dem Inneren eines Supraleiters: Er zeigte, dass der Strom an der Oberfläche eines Supraleiters diesen teilweise durchdringt und mit seinem Magnetfeld das im Inneren des Supraleiters bereits bestehende Magnetfeld aufhebt, sodass dieser magnetfeldfrei und damit vollkommen diamagnetisch wird. Auf der Grundlage seiner früheren Forschungsarbeiten, bei denen er die Eindringtiefen bestimmt und aufgezeichnet hatte, konnte Heinz das Aussehen der Kurve vorhersagen, die das Abfallen des Magnetfelds in einem Supraleiter beschrieb, und sie anhand der Zahl und der Dichte der supraleitenden Elektronen darstellen.

1935 fand in der *Royal Institution* eine richtungweisende internationale Konferenz von Tieftemperaturforschern statt. Bei dieser Gelegenheit fasste Fritz London all die nach 1911 formulierten Hypothesen zusammen und lud die anwesenden Wissenschaftler ein, gemeinsam mit ihm einen Schwindel erregenden Gedankensprung zu tun. Er bat sie, auf die Supraleitfähigkeit nicht länger die Begriffe der überkommenen klassischen Physik anzuwenden, sondern allein die Terminologie von Quantenphysik und Wellenmechanik. «Stellen Sie sich einen Supraleiter nicht als Ansammlung unabhängiger Atome vor», forderte London seine Zuhörer auf, «sondern als ein riesiges Atom, dann lässt sich das Problem wesentlich leichter angehen.» Die innere Ordnung des Riesenatoms – also die Supraleitfähigkeit – kann dann, so London, mit einer einzigen Wellenfunktion beschrieben werden. In anderen Worten: Der Zustand der Supraleitfähigkeit entsteht, wenn sich die Elektronen des Riesenatoms kohärent oder gleichförmig verhalten.

Zur gleichen Zeit, als diese Behauptung aufgestellt wurde, entdeckte einer der führenden Physiker ein drittes Tieftemperaturrätsel. Obwohl er sich nichts sehnlicher wünschte, konnte Pjotr Kapiza an dem Kongress 1935 in England nicht teilnehmen.

Der russische Wissenschaftler war Direktor des Mond-Laboratoriums in Cambridge gewesen, das man auf Vorschlag seines Lehrers und Förderers Ernest Rutherford mit eigens für Kapiza hergestellter Ausrüstung ausgestattet hatte. Die Briten hatten sich so weit aus dem Fenster gelehnt, weil Kapiza (der seit 1921 in England lebte und wissenschaftlich arbeitete) bekanntermaßen ein brillanter Theoretiker und ein genialer Techniker war. Beispielsweise hatte er einen eigenen Apparat zur Heliumverflüssigung erfunden, der mit einem Expansionsprozess zwei Liter pro Stunde produzierte und auf das mühsame Fünf-Schritt-Verflüssigungsverfahren verzichten konnte. 1930 hatte Kapiza auf wissenschaftlichem Gebiet so viel geleistet, dass er nach zweihundert Jahren als erster Ausländer in die *Royal Society* aufgenommen wurde. Seine Hauptforschungsbereiche waren Magnetismus und Tieftemperaturforschung. Mit seiner Frau fuhr er jedes Jahr einmal nach Russland, um Verwandte zu besuchen. 1934 erlaubte man dem Paar jedoch nicht mehr, nach Großbritannien zurückzukehren.

Nach zwei Jahre dauernden Verhandlungen einigten sich die Kapizas, die Sowjetunion und Rutherford auf ein Dreiecksgeschäft: Kapizas Frau erklärte sich einverstanden, nach England zu reisen und ihre beiden Kinder in die Sowjetunion zu holen. Im Austausch für die Zusammenführung seiner Familie akzeptierte Kapiza den Direktorenposten in dem neu aufzubauenden sowjetischen Institut für Physikalische Probleme, und Rutherford sorgte dafür, dass die Tieftemperatur-Forschungseinrichtung des Mond-Laboratoriums per Schiff in Kapizas neues Labor gelangte.

Nachdem seine Geräte endlich eingetroffen waren, gelang es Kapiza binnen kurzem, einen dritten, neuen und wiederum völlig unerwarteten Aspekt der Materie unter dem Einfluss extremer Kälte zu identifizieren und zu beschreiben. Den Anstoß für diese Entdeckung gab ein von Wilhelmus Hendrik Keesom und seiner Tochter Anna Petronella verfasster Artikel, in dem die beiden behaupten, dass die Wärmeleitfähigkeit von Helium II am Lambda-Punkt die von Helium I um das Dreimillionenfache übersteige. Das bedeutete, dass Helium II ein besserer Wärmeleiter wäre als Kupfer oder Silber, die bei Zimmertemperatur die besten metallischen Wärmeleiter sind.

Kapiza war von Helium II fasziniert und ließ seiner Phantasie freien Lauf, um sich einen Reim auf die merkwürdigen Dinge zu machen, die sich in den Forschungslabors zutrugen. Helium II verhielt sich völlig anders als alle anderen irdischen Flüssigkeiten. Es entwich aus Behältern, die dicht und undurchdringlich genug waren, um jede andere Flüssigkeit, Helium I eingeschlossen, zurückzuhalten. Aufgrund dieser Eigenart von Helium II war es mehrfach zu Verunreinigungen anderer Flüssigkeiten gekommen, und Experimente in verschiedenen Labors hatten im Chaos geendet. Man konnte ein Gefäß in ein Helium-II-Bad stellen und in das Gefäß so viel Helium II einfüllen, dass der Spiegel über dem des Helium-II-Bads lag, und beobachtete dann, wie sich die Niveaus der Flüssigkeiten innerhalb und außerhalb des Gefäßes allmählich anglichen. Helium II kroch Wände entlang und hinauf, ohne sich um Reibung und Schwerkraft zu scheren. Es schien die üblichen Gesetze der Physik einfach zu ignorieren. «Helium», sagte Kapiza später, «bewegt sich schneller als eine Gewehrkugel.»

Beginnend mit diesen Effekten versuchte Kapiza herauszufinden, worauf die «Entfesselungskünste» des Heliums beruhten. Auch Forscher in Leiden und Cambridge beschäftigten sich mit diesem Problem, und die drei Arbeitsgruppen standen in ständigem Kontakt; sie kommunizierten per Post, Telefon und im direkten Austausch miteinander und führten dabei, wie es Kurt Mendelssohn einmal formulierte, «schonungslose Diskussionen über die Validität ihrer jeweiligen Methoden». In einer Artikelserie, die 1938 begann, nahm Kapiza die theoretische Hürde und brachte Ordnung in das verwirrende Chaos[1]: Er erklärte das Verhalten des Heliums II als «Supraflüssigkeit» und führte diese Eigenschaft auf Veränderungen in der Viskosität zurück, die in engem Zusammenhang mit den Befunden standen, die Kamerlingh Onnes und Dana 1922 erst nicht zu veröffentlichen wagten – den steilen Anstieg der spezifischen Wärme von Helium II, die Keesom und Petronella später als drei Millionen Mal so groß wie die von Helium I ermittelten. Kapiza war der Auffassung, die phantastische Wärmeleitfähigkeit von Helium II und seine schier unaufhaltsame Beweglichkeit seien unterschiedliche Aspekte desselben Phänomens.

Er dachte sich ein Experiment aus, um diese Eigenschaften zu demonstrieren. In ein großes mit flüssigem Helium II gefülltes Vakuumgefäß stellte er ein kleineres, das ebenfalls mit flüssigem Helium gefüllt war. In dieses «Kölbchen» steckte er ein Kapillarrohr so, dass es mit dem einen Ende innen in die Flüssigkeit und mit dem anderen Ende in den Heliumdampf ragte. Das äußere Gefäß diente dazu, das innere auf konstant niedriger Temperatur zu halten. In der Nähe des offenen Kapillarrohrendes brachte Kapiza ein Instrument an, das ein wenig wie eine Wetterfahne aussah; dann erwärmte er den Boden des Kölbchens. Ein Strom von unsichtbarem flüssigem Helium lief oben aus dem Kapillarrohr heraus und setzte die Wetterfahne in Bewegung. Das Experiment wurde über Stunden fortgesetzt, doch das Fähnchen drehte sich immer weiter, und das Kölbchen mit dem flüssigen Helium war am Ende genauso voll wie zu Beginn. Kapiza rechnete aus, dass die Wärme einen Teil der Supraflüssigkeit in normale Flüssigkeit verwandelte; dadurch entstand die Strömung. Er schloss daraus, dass Helium II keine

---

[1] In der gleichen Ausgabe der Zeitschrift *Nature*, in der Kapizas erster Brief über die Fließeigenschaften von Helium II abgedruckt ist, findet sich zum gleichen Thema ein ähnlich erhellender Brief von John Allen und seinem Cambridger Doktoranden Donald Misener.

Entropie besitzt und dass seine Viskosität zehntausendmal geringer ist als die von flüssigem Wasserstoff. Das heißt, die Viskosität ist fast unmessbar klein und eigentlich gar nicht vorhanden.

«Auf den ersten Blick», so schrieb der russische Physiker Lew Landau zu Kapizas Wetterfahnenexperiment, schienen die Eigenschaften von flüssigem Helium «völlig absurd zu sein, so wie in der Geschichte mit der Giraffe, bei deren Anblick jemand ausrief: ‹Ein solches Tier gibt es nicht!›»

Keine Viskosität.

Kein inneres Magnetfeld.

Kein elektrischer Widerstand.

Die Trias ungewöhnlicher Phänomene am äußersten Rand der Kälte war komplett: Supraleitfähigkeit, perfekter Diamagnetismus («Superdiamagnetismus») und Suprafluüssigkeit.

Die Entdeckung dieser drei Phänomene bedeutete das endgültige Ende des auf den Newton'schen Bewegungsgesetzen aufbauenden mechanistischen Weltbilds. Die neuen Phänomene ließen sich mit den alten Gesetzen nicht angemessen beschreiben. Glücklicherweise tauchte das Dreifachrätsel erst zu einer Zeit auf, als die Quantenphysik schon weit genug entwickelt war, um brauchbare Erklärungsversuche für Supraleitfähigkeit, perfekten Diamagnetismus und Suprafluüssigkeit abzugeben. Kapiza pflegte gern zu sagen, der Versuch, die Quantennatur physikalischer Prozesse bei Raumtemperatur zu entdecken, gliche dem Unterfangen, die physikalischen Gesetze hinter dem Verhalten von Billardkugeln an Bord eines Schiffes zu untersuchen, das sich in rauer See befindet. Landau erläuterte seinen Studenten immer wieder die Vorteile des Arbeitens bei extrem niedrigen Temperaturen, wo Prozesse jeglicher Art langsamer abliefen und leichter zu studieren waren. «Wenn die Temperatur fällt», sagte Landau, «nimmt die Energie der atomaren Teilchen ab, am Ende verlassen wir die Bedingungen, unter denen die klassische Mechanik gilt, und dann muss die klassische Mechanik durch die Quantenmechanik ersetzt werden.»

Landau arbeitete sehr eng mit Kapiza zusammen; er war ein Schützling von Niels Bohr, ein leicht aufbrausender Perfektionist und anerkanntermaßen einer der größten Lehrer der Physik im 20. Jahrhundert. Gern stritt er ab, dass er auch ein Wunderkind war, obwohl er bereits mit neunzehn Jahren einen brillanten Artikel über Quantenmechanik veröffentlicht hatte. In den dreißiger Jahren wurde Landau verhaftet und ins Gefängnis geworfen. Man beschuldigte ihn antisowjetischer Umtriebe und der Spionage für Nazi-Deutschland – und das, obwohl er Jude war. Kapiza wandte sich direkt an Stalin, um Landaus Freilassung zu erreichen: «Ich bitte Sie, Anweisung zu geben, dass dieser Fall mit äußerster Vorsicht behandelt wird.» Kapiza räumte ein, dass sein Kollege einen «schlechten» Charakter habe, dass es «nicht leicht ist, mit ihm auszukommen, und dass er (Landau) mit Vergnügen bei anderen nach Fehlern sucht, was ihm viele Feinde gemacht hat». Aber er bestritt, dass Landau jemals etwas Unehrenhaftes tun würde. Als auf seinen Brief hin nichts geschah, schrieb Kapiza an den Außenminister und dann an den Chef des Geheimdienstes; er bat darum, Landau freizulassen, und gab eine persönliche Garantieerklärung ab, dass sein Kollege sich nie in «konterrevolutionäre Aktivitäten» verstricken würde. Außerdem drohte er damit zurückzutreten, wenn Landau nicht freigelassen würde. Landau schrieb später, Kapizas Engagement für ihn habe «großen Mut, tiefe Menschlichkeit und absolute Integrität» erfordert. Als er endlich aus dem Gefängnis entlassen wurde, kehrte Landau in sein Labor am Institut für Physikalische Probleme zurück, wo er bald darauf begann, Helium II und seine Kapriolen auf ganz neue Art zu untersuchen.

Landau schlug vor, Helium II als ein einziges großes Molekül zu betrachten, vergleichbar einem Kristall. Am absoluten Nullpunkt, glaubte Landau, müsste Helium II zu hundert Prozent suprafluüssig sein. Sobald die Temperatur stieg, erschienen «Elementaranregungen» auf der Supraflüssigkeit, Quasiteilchen, die als Phononen (gequantelte Schallwellen) bezeichnet werden. Ausgehend von diesen Vorstellungen, konnte Landau Gleichungen für die Bewegung der normalen und der Supraflüssigkeit formulieren. Darüber hinaus definierte er Viskosität als «die Fähigkeit einer Flüssigkeit, sich Bewegung zu widersetzen», und fehlende Viskosität als die Unfähigkeit, sich Bewegung zu widersetzen. Er überlegte sich, dass, wenn etwas in der Lage wäre, in Kapizas Experiment den Strom des Heliums aus dem größeren der beiden Vakuumgefäße in das Kapillarrohr zu bremsen, die kinetische Energie der Flüssigkeit sinken und ihre Temperatur steigen würde; sie würde sich dann wie Helium I verhalten (oder sich in Helium I verwandeln). Doch da die Wände des Kapillarrohrs weder die Bewegung beeinträchtigten noch das Energieniveau der Phononen beeinflussten, blieb die Flüssigkeit im Helium-II-Zustand. Erst nach dem Erwärmen quoll sie aus dem oberen Ende der Kapillare und setzte die Wetterfahne in Bewegung. Nach Landau war die Geschwindigkeit von Helium II beim Eindringen in die Kapillare klein genug, um den ungehinderten Fluss entgegen der Schwerkraft zu erlauben. Mit anderen Worten: Helium II war nicht schneller als eine Gewehrkugel, wie Kapiza behauptet hatte, eher im Gegenteil. Helium II war die langsamste, aber die sich am beharrlichsten bewegende und unaufhaltsamste Substanz der Welt.

Ende der dreißiger Jahre sah es so aus, als hätten die Wissenschaftler alle Teile ihres Tieftemperaturpuzzles grob sortiert auf einem Tisch ausgebreitet, aber sie konnten es noch nicht endgültig zusammensetzen. Neben den Puzzleteilen aus den Bereichen Magnetismus, spezifische Wärme und Viskosität gab es noch ein weiteres, das wieder Fritz London beisteuerte. Er postulierte, dass der Unterschied zwischen einem Metall im normal bzw. supraleitenden Zustand etwas mit einer «Energielücke» und der so genannten Fermi-Fläche (benannt nach dem italienischen Physiker Enrico Fermi) zu tun habe.[2]

London glaubte, wenn man wüsste, wie die Energielücke, durch die sich die beiden Zustände unterscheiden, im mikroskopischen Bereich funktionierte, könnte man Supraleitfähigkeit und Diamagnetismus erklären. Außerdem war er sicher, dass bei der Erklärung Wechselwirkungen von Elektronen auf der Fermi-Fläche eine Rolle spielen würden.

Nachdem London die Energielücke erst einmal entdeckt hatte, so sagt Mendelssohn, war der Weg zum Zusammensetzen der Puzzleteile zwar klar, doch ihn aufzuzeichnen, stellte «eine gewaltige Aufgabe dar, die hervorragende Kenntnisse der Elektronentransportvorgänge in Metallen, einen virtuosen Umgang mit mathematischen Methoden und darüber hinaus eine lebhafte, aber nicht ausufernde Phantasie erforderte».

So viele Talente auf einmal waren schwerlich bei einem einzelnen Menschen zu finden, eher schon in einem Trio: John Bardeen, Leon Cooper und Robert Schrieffer. Ihre Beteiligung am Zusammensetzen des Puzzles begann 1950 mit einem Telefonanruf, der Bardeens Interesse an der Supraleitfähigkeit wiederaufleben ließ. In den fünfzehn Jahren, seitdem London auf die Energielücke hingewiesen hatte, war die Kerntechnik weiterentwickelt worden, um die Isotope des Urans zu trennen; nun wandte sie sich wieder friedlicheren Zwecken zu. Bei der Beschäftigung mit zwei neu isolierten Quecksilberisotopen

---

2 Die Fermi-Fläche ist keine Fläche im üblichen Sinn, sondern eine mathematische Beschreibung des Verhaltens von Elektronen in einem Festkörper. Diese «Fläche» stellt einen Bereich konstanter Energie dar und trennt mit Elektronen gefüllte Energiezustände von solchen, die nicht mit Elektronen gefüllt sind. Am absoluten Nullpunkt füllen die Teilchen, die einen bestimmten Spin besitzen, alle verfügbaren Energieniveaus bis zur Fermi-Fläche auf, aber nicht darüber hinaus. Die Abwesenheit von Teilchen oberhalb der Fermi-Fläche ist typisch für eine Substanz im Zustand der Supraleitfähigkeit.

stießen zwei Forschergruppen unabhängig voneinander auf eine wichtige mathematische Beziehung: Die Temperatur, bei der ein Metall supraleitend wurde, war umgekehrt proportional zur Quadratwurzel seines relativen Atomgewichts. 1950 kamen sowohl F. Maxwell vom *National Bureau of Standards* (der amerikanischen Behörde für gesetzliches Messwesen) als auch Bernhard Serin von der Yale-Universität auf diese Formel. Beide veröffentlichten Artikel über den so genannten Isotopeneffekt, und Serin telefonierte deswegen mit seinem Freund Bardeen.

Bardeen gehörte zu den herausragenden amerikanischen Wissenschaftlern. Der Sohn eines Medizinprofessors und einer Künstlerin hatte bereits mit fünfzehn Jahren seinen Highschool-Abschluss in der Tasche und war in den dreißiger Jahren einer der jüngsten Studenten am *Institute for Advanced Studies* («Institut für höhere Studien») in Princeton. In Princeton und Harvard studierte er das Verhalten von Elektronen in Metallen – dort lernte er die Arbeiten der Brüder London auf diesem Gebiet kennen, soweit sie mit Supraleitfähigkeit zu tun hatten. Während des Krieges befasste sich Bardeen mit von Schiffen abgegebenen Magnetfeldern, und danach schloss er sich mit Walter Brattain und William Shockley zu einer Arbeitsgruppe zusammen. Gemeinsam erfanden sie den Transistor, für den sie im Jahr 1956 den Nobelpreis erhielten. Serin rief Bardeen 1950 an, weil er wusste, dass Bardeen davon überzeugt war, die Wechselwirkungen zwischen Elektronen auf der Fermi-Fläche eines Metalls könnten das Einsetzen der Supraleitfähigkeit erklären.[3] Und seine, Serins, Experimente und mathematischen Gleichungen deuteten in dieselbe Richtung.

[3] Zu einer ähnlichen Auffassung gelangte unabhängig und gleichzeitig der Physiker Herbert Fröhlich, der sich zu einem Forschungsjahr an der Purdue-Universität aufhielt. Fröhlichs Theorie sagte den Isotopeneffekt voraus, noch bevor er entdeckt war.

Bardeen versuchte mehrere Jahre lang vergebens, aus den vorliegenden Einzelbefunden eine geschlossene Theorie zu bilden, die alle Supraleitungsrätsel löste. Dann gelang es ihm, Leon Cooper an sein *Institute for Advanced Studies* in Illinois einzuladen. Cooper hatte gerade an der Columbia-Universität promoviert. Weil die Büroräume am Institut nicht ausreichten, wurden Doktoranden und Postdocs auf einer Etage im Nachbargebäude zusammengepfercht. Diese nannten ihre Enklave scherzhaft *Institute for Retarded Studies* («Institut für verzögerte Studien»). 1956 bat Bardeen Cooper, in seinem Büro für Robert Schrieffer Platz zu schaffen, einen Doktoranden vom *Massachusetts Institute of Technology* (MIT). Auf Anordnung von Bardeen sollte Schrieffer ein Jahr in einem Labor zubringen, um sich auf seine Promotion vorzubereiten, doch als Schrieffer eine Explosion verursachte, weil er versuchte, in einer Wasserstoffatmosphäre Metall zu schweißen, bat man ihn, sich lieber auf die Theorie zu konzentrieren.

Zu dieser Zeit war Bardeen mit seinen Überlegungen bereits über die von Fritz London beschriebene Energielücke hinausgegangen und hatte sie mit der Idee erweitert, dass Supraleitfähigkeit als «Phasenübergang» von einer Veränderung hervorgerufen werden müsse, bei der der Spin der Elektronen eine Rolle spielt. Phasenübergänge finden statt, wenn sich ein Gas in eine Flüssigkeit oder eine Flüssigkeit in einen Festkörper verwandelt. In diesem Fall handelte es sich um den Übergang vom normal leitenden zum supraleitenden Zustand. Der Geistesblitz kam Cooper in der U-Bahn. Oberhalb der Temperatur, bei der die Supraleitfähigkeit einsetzte, verhielten sich die Elektronen normal – sie stießen einander ab, und eine Folge davon war der Widerstand gegen elektrischen Strom. Doch bei Temperaturen unterhalb des Phasenübergangs kam es durch Vermittlung von Phononen zu Wechselwirkungen zwischen Elektronen. Zwei vorher isolierte Elektronen mit entgegengesetzten Spinrichtungen taten sich zu einem «Cooper-Paar» zusammen. Nach dem Bindungsvorgang war noch eine gewisse Anziehungskraft vorhanden, die alle anderen Elektronen beeinflusste, bis sie sich nicht mehr gegenseitig abstießen. Damit war der supraleitende Zustand erreicht. Stieg die Temperatur über den Übergangspunkt, dann brachen die Cooper-Paare wieder auseinander, sie stießen sich gegenseitig ab und produzierten so elektrischen Widerstand.

Die Idee mit den Cooper-Paaren bereitete den Boden für ein vollständiges Verständnis der Supraleitfähigkeit. Das Trio machte sich nun daran, die Paar-Idee so weit zu entwickeln, dass sich damit erklären ließ, wie eine solche Kopplung alle Elektronen auf der Fermi-Fläche beeinflussen konnte. Dabei arbeiteten sie zum Teil mit Analogien: Beispielsweise setzten sie die noch unverbundenen Elektronenpaare eines möglichen Supraleiters mit getrennten Paaren auf einer überfüllten Tanzfläche gleich. Wenn die Musik einsetzt und ein Paar an einer Stelle der Tanzfläche beginnt, sich im Takt zu wiegen, beeinflusst ihre Bewegung die aller anderen Paare – oder, mit den Elektronenpaaren gesprochen, das erste Cooper-Paar erzeugt einen «Anziehungsüberschuss», der die anderen Paare veranlasst, sich ebenfalls zusammenzutun. Auf der Tanzfläche breitet sich der «Bewegungssog» von Paar zu Paar aus wie eine Welle, bis sich alle Paare im Gleichtakt befinden. Und noch eine Analogie: Die Cooper-Paare verhalten sich wie ein schwerer Ball, den man über eine Matratze rollen lässt. Die Sprungfedern schnellen nicht sofort in ihre Ausgangsposition zurück, wenn der Ball darüber gerollt ist, sondern sie bleiben noch einen Moment lang unten. Durch diese Verzögerung entsteht gleichsam eine Rinne, in der andere Bälle dem ersten hinterherrollen können – so als ob sie von ihm angezogen würden.

Was sie brauchten, war die quantenmechanische Formulierung einer Wellenfunktion, die die Choreographie für den Tanz der 10^{23} Paare – so viele Elektronen waren beteiligt – enthielt. Die Suche nach dieser Gleichung gestaltete sich so schwierig, dass Schrieffer nahe daran war, aufzugeben und ein anderes Dissertationsthema zu wählen, eines, das nichts mit Supraleitfähigkeit zu tun hatte. Doch Bardeen konnte ihn überzeugen, noch einen Monat weiterzumachen. Dann reiste er selbst nach Stockholm, um den Nobelpreis des Jahres 1956 entgegenzunehmen. In dieser Zeit kam Schrieffer darauf, wie er die Gleichung für die Wellenfunktion des Tanzes formulieren musste, und als Bardeen zurückkehrte, arbeitete das Trio die Theorie noch einmal durch und begann dann damit zu überprüfen, ob sie alle bisherigen Ergebnisse zu erklären vermochte.

Je länger sie prüften, desto größer wurde ihre Aufregung, denn die Theorie, die später nach den Anfangsbuchstaben ihrer Nachnamen BCS-Theorie genannt wurde, konnte das abrupte Einsetzen der Supraleitfähigkeit ebenso erklären wie das Verdrängen des Magnetfelds aus einem Festkörper, den Anstieg der spezifischen Wärme bei der Übergangstemperatur und sogar die Supraflüssigkeit. All diese Phänomene hingen mit den Cooper-Paaren zusammen. Oberhalb der kritischen Temperatur waren die Paare getrennt, und es gab elektrischen Widerstand und all die anderen normalen Erscheinungen, wie zum Beispiel die Magnetisierbarkeit. Bei Erreichen der Sprungtemperatur taten sich die Cooper-Paare zusammen, eine Bindung mit dramatischen Folgen für die innere Struktur: Sie erlaubte es dem Strom, ohne Widerstand zu fließen, sie hob das innere Magnetfeld auf, ließ die Wärmekapazität in die Höhe schießen und versetzte das flüssige Helium in die Lage, ungebremst zu fließen. Nun wurde auch der Zusammenhang zwischen Supraleitfähigkeit und Supraflüssigkeit klar: Das Typische für beide war ihre Fähigkeit, elektrischen Strom oder einen Strom von Heliumatomen über lange Zeit mit gleich bleibender Geschwindigkeit fließen zu lassen, und das ohne eine erkennbare Antriebskraft.

Bardeen erinnerte sich, dass sie Anfang 1957, als er, Cooper und Schrieffer ihre Theorie mit den experimentellen Befunden anderer Wissenschaftler verglichen, «immer wieder begeistert waren über die ausgezeichnete Übereinstimmung, die wir erhielten». Und wenn sie auf Diskrepanzen stießen, rechneten sie die Experimente der Kollegen durch und entdeckten stets, dass deren Berechnungen Fehler enthielten, und nie, dass sich ein Widerspruch zu ihrer Theorie ergab. Sie schickten eine Kurzmitteilung an die Zeitschrift *Physical Review* und reichten ein paar Monate später einen ausführlichen Artikel ein. Das größte Rätsel in der Nähe des Kältepols, das Rätsel der Supraleitfähigkeit, war gelöst.

[13] Die Beherrschung der Kälte

Zehntausend Jahre lang hatte sich die Zivilisation durch die zunehmend bessere Beherrschung des Feuers weiterentwickelt, im 20. Jahrhundert kam der Fortschritt mit der Beherrschung der Kälte.

1912 ging Clarence Birdseye zum Eisfischen nach Labrador; die Temperaturen lagen 20 bis 40 Grad Celsius unter null. Wie er es bei den Ureinwohnern gesehen hatte, hing sich Birdseye einen Fang, nachdem er ihn durch die dicke Eisdecke herausgezogen hatte, an einer Schnur über die Schulter. Aufgrund der eisigen Außentemperaturen gefror der Fisch binnen weniger Minuten. Birdseye bemerkte, dass solcher Fisch, selbst wenn man ihn erst Wochen später zubereitete, frisch schmeckte – im Gegensatz zu Fisch, der langsamer gefroren war. Als Chemiker kannte Birdseye die Regel, dass sich umso größere Kristalle bilden, je länger die Kristallisation dauert. Beim normalen Gefriervorgang, so fand er durch Forschungen heraus, entstanden so große Eiskristalle, dass die Zellen zerstört wurden. Der schnell gefrorene Fisch schmeckte deshalb besser, weil er so rasch fest wurde, dass sich nur kleine Kristalle bilden konnten und die Zellwände nicht zerrissen. Am stärksten war die Kristallbildung bei Temperaturen zwischen –1 und –5 Grad Celsius; mit einem schnellen Gefriervorgang, der diesen Bereich auf dem Weg zu tieferen Temperaturen rasch passierte, konnte man die übermäßige Kristallbildung vermeiden.

Es dauerte zehn Jahre, bis Birdseye ein kommerziell nutzbares Verfahren zum Schnellgefrieren entwickelt hatte. Mit einer Calciumchlorid-Lösung gelang es ihm, eine Temperatur von –43 Grad Celsius zu erreichen und zu halten; damit kühlte er die Unterseiten von Metallplatten, auf denen der Fisch mit einer Art Förderband transportiert wurde. Die niedrigen Temperaturen herzustellen, war das geringste Problem, das Verfahren hätte man bereits fünfzig Jahre früher anwenden können, aber es kam niemand auf die Idee, dass man mit dem Einfrieren von Lebensmitteln Geld verdienen könnte.

Birdseye sammelte etwas Kapital und baute 1923 in New York seine erste Fabrik. Die Maschine für die Fischverarbeitung wog zwanzig Tonnen, und es war so gut wie unmöglich, sie zu bewegen. Mit weiterem Kapital und Investoren errichtete er in Gloucester, Massachusetts, 1924 eine zweite Fabrik. Das Geschäft lief gut, und schon bald prüfte er die Möglichkeit, andere Lebensmittel als Fisch einzufrieren. 1928 wurden in den USA fünfhunderttausend Kilogramm tiefgekühlte Lebensmittel pro Jahr verkauft, die meisten davon stammten aus der Produktion von Clarence Birdseye.

Die Maschinen zum Schnellgefrieren wurden mit der Zeit leichter, sodass man sie schließlich binnen kurzem von einem Ort zum nächsten schaffen und jeweils die Spitzenzeiten der Erntetermine ausnutzen konnte. Die Lebensmittelexperten schwärmten, auf diese Weise könnte man immer mehr geerntete Früchte und Gemüse verwerten und immer weniger müsste auf dem Feld oder in den Speichern verschimmeln. Das Haupthindernis für die Akzeptanz von Gefrierkonserven war der Verbraucher, der die Produkte misstrauisch beäugte. Nichtsdestoweniger besaßen sie Zukunftspotenzial. Ein zeitgenössischer Wirtschaftsjournalist bemerkte: «Es wird Erdbeeren im Winter geben, und Sie brauchen nie mehr Erbsen zu puhlen oder Spinat zu waschen.» 1930 wurde ein Marktversuch mit gefrorenem Fisch, Gemüse und Obst gestartet, doch das Einsetzen der Weltwirtschaftskrise legte die hochfliegenden Expansionspläne vorläufig auf Eis.

Nachdem die Kälte beherrschbar geworden war, gingen im ersten Drittel des 20. Jahrhunderts noch zwei andere Produkte in die industrielle Fertigung: Kühlschränke und Klimaanlagen. Um die Jahrhundertwende stand in beinahe jedem zweiten amerikanischen Haushalt ein Eisschrank, aber nur ein Prozent der Haushalte verfügte über einen dieser unförmigen, teuren Kühlschränke. Dabei handelte es sich meist um Modifikationen von Geräten, die Linde auf der Grundlage der klassischen Thermodynamik und durch Weiterentwicklung der Kompressortechnik für Industriebetriebe produziert hatte. Ein Hinderungsgrund für die weitere Verbreitung mechanischer Kühlschränke mag der Umstand gewesen sein, dass diese Geräte auf der Basis von gefährlichen Kühlmitteln – Ammoniak, Äthylchlorid oder Schwefeldioxid – arbeiteten. Ein weniger bedenklicher Stoff, Kohlendioxid, wurde nicht so häufig verwendet, weil dieses einen höheren Druck erforderte, damit der Kühlschrank richtig funktionierte. 1915 entwickelte die *General Electric Company* verbesserte, mit Kohlendioxid arbeitende Geräte, die ein geschlossenes System besaßen, wobei man von Grundlagenforschern wie Dewar und Kamerlingh Onnes erarbeitetes Wissen über Kühlmittel und Tieftemperaturverfahren nutzte. Während der folgenden fünfzehn Jahre verkauften *General Electrics* und seine Hauptkonkurrenten *Kelvinator* und *Frigidaire* eine Million solcher Geräte.

1902 eröffnete die New Yorker Börse ihr neues Gebäude – mit einem von Alfred Wolff entworfenen Luftkühlungssystem für den Handelssaal. Stuart Cramer prägte 1905 den Begriff *air conditioning*, um das zu beschreiben, was die Anlage tat, die er in einer Textilfabrik in den Südstaaten installiert hatte: Sie regulierte die Menge, die Feuchtigkeit, die Temperatur und die Umwälzung der Luft, wobei das Hauptaugenmerk auf der Feuchtigkeit und weniger auf der Kühlung lag. Im Deutschen hat sich dafür der Begriff «Klimaanlage» eingebürgert. Der dritte Vater dieses Kindes der Kälte war Willis Carrier, ein junger Ingenieur, der zwischen 1908 und 1915 für *Wendt Brothers* in Buffalo Fabriken mit Anlagen zur Temperatur- und Feuchtigkeitsregulierung ausrüstete. Als die Wahrscheinlichkeit wuchs, dass die Vereinigten Staaten in den Krieg eingreifen würden, verließ die Wendts der Glaube an eine rosige Zukunft der Klimaanlagen, und sie feuerten Carrier zusammen mit sechs weiteren Angestellten. Die machten ihre eigene Firma auf und hatten bis 1918 in über siebzig verschiedenen Industriebetrieben Anlagen installiert.

Von allen Kriegsteilnehmern gingen die Vereinigten Staaten mit der stärksten ökonomischen Position aus dem Ersten Weltkrieg hervor; diese ökonomische Stärke begann sich auf die unterschiedlichste Art und Weise auszudrücken, unter anderem in der wachsenden Kältenutzung, etwa in Wolkenkratzern und Filmtheatern. Als die Hochhäuser immer weiter in den Himmel wuchsen, bemerkten ihre Architekten, dass man die Fenster in der 20. Etage besser nicht öffnet, wenn man Schäden durch Windböen vermeiden will, die dort häufiger auftreten als am Erdboden. Da die Gefahr bestand, dass es im Sommer in den Häusern bei fehlender Luftbewegung unerträglich heiß wurde, begannen ihre Konstrukteure, in die größeren Gebäude zentrale Klimaanlagen einzubauen und die Fenster fest zu verschließen. 1920 stattete man amerikanische Filmtheater mit Klimaanlagen aus. Damit konnte man sie erstmals auch im Sommer nutzen, was die Liebhaber kühler Luft in Innenräumen sehr zu schätzen wussten. Diese Wertschätzung führte – zusammen mit der wachsenden Beliebtheit von Haushaltskühlgeräten – 1928 dazu, dass Carriers Firma die erste Raumklimaanlage entwarf. Weil dieses Gerät sowohl die Luftfeuchte wie auch die Temperatur zu regeln vermochte – eine extrem schwierige Aufgabe –, konnte es der Hersteller nicht für weniger als dreitausend Dollar verkaufen. Die ersten Klimaanlagen waren damit für die allermeisten Amerikaner unbezahlbar.

Verschiedene Elektrifizierungsprojekte der dreißiger Jahre halfen dabei, Kühlschränke auch in ländlichen Gegenden der USA zu verbreiten. Trotz der Wirtschaftskrise verfügten die meisten amerikanischen Haushalte innerhalb kurzer Zeit über Kühlschränke. Nur wer das Besondere liebte, blieb beim Eisschrank, selbst wenn er sich die moderne Alternative leisten konnte. Der Schriftsteller E. E. Cummings beispielsweise lehnte es ab, einen Kühlschrank zu kaufen und seinen Eisschrank wegzuwerfen, weil er den Mann mochte, der ihm zweimal pro Woche das Eis in seine Wohnung in Greenwich brachte.

Die im Ersten Weltkrieg eingesetzten Luftschiffe konnten bereits mit Leuchtspurgeschossen zur Explosion gebracht werden, da sie mit Wasserstoff statt mit Helium gefüllt waren; Helium war zu teuer und zu schwierig herzustellen. In der Nachkriegszeit suchte die amerikanische Bergbaubehörde *(U.S. Bureau of Mines)* nach Wegen, die Ausbeute bei der Gewinnung und Herstellung von Helium für Luftschiffe zu steigern. Dabei wurde – eigentlich eher nebenbei – 1924 erstmals Erdgas verflüssigt. Erdgas besteht aus Methan und anderen Gasen, durch die Verflüssigung wurde sein Volumen auf ein Fünfhundertachtzigstel verringert. Damit hatte man einen vierten Industriezweig, der in hohem Maße von den Möglichkeiten der Kältetechnik abhing: die Verringerung des Volumens von Gasen für den Transport und die Lagerung. Der weiteren Verwendung von Erdgas als Brennstoff stand im Weg, dass Erdöl, das an den gleichen Lagerstätten gefunden wurde wie Erdgas, im Vergleich dazu billiger war und dass es 1944 in einer Anlage zur Erdgasproduktion eine katastrophale Explosion gegeben hatte. Diese Faktoren hielten die Entwicklung des noch jungen Industriezweigs einige Jahre auf – bis 1970 die Organisation Erdöl exportierender Länder (OPEC) die Preise für Erdöl derart hoch schraubte, dass Erdgas zur attraktiven Alternative wurde und man Supertanker baute, um auch seinen Transport ökonomisch zu gestalten.

Die industrielle Produktion von verflüssigten Gasen für andere Anwendungsbereiche setzte bereits vor der von Erdgas ein, denn die Zahlen sprachen für sich: Eine Tonne gasförmiger Sauerstoff hatte bei Zimmertemperatur ein Volumen von siebenhundertfünfzig Kubikmeter, in flüssiger Form jedoch weniger als einen; für Stickstoff, Wasserstoff, Argon, Neon und Helium sah das Verhältnis ganz ähnlich aus. Industriebetriebe aller Art begannen, mit den extrem kalten, flüssigen Produkten aus den Luftzerlegungsanlagen zu arbeiten. Die flüssigen Gase konnten leicht transportiert und bei Bedarf wieder in die Gasform zurückverwandelt werden. Die Leuchtmittelindustrie brauchte inerte Gase wie Neon und Argon, um sie in ihre Glühbirnen und Leuchtröhren zu füllen. Die Stahlherstellung kam nicht länger ohne Hochöfen aus, in die man unter Druck Sauerstoff einblies. Außerdem fanden die Flüssiggase bei der Produktion vieler Industriechemikalien, Düngemittel und fotografischer Filme Anwendung.

Leo Dana, der amerikanische Chemiker, der ein Jahr bei Kamerlingh Onnes gearbeitet hatte, wurde nach seiner Rückkehr bei der *Union Carbide Company* angestellt, die kurz zuvor die Rechte für Lindes Luftzerlegungsverfahren in den Vereinigten Staaten gekauft hatte. Das erste technische Problem, mit dem sich Dana beschäftigte, war eine bessere Isolierung, damit die verflüssigten Gase leichter transportiert und gelagert werden konnten. Mit der von ihm entwickelten «Pulver-im-Vakuum»-Isolierung konnte *Union Carbide* seine Produkte sehr viel besser verkaufen; sie versetzte die Grundlagenforscher außerdem in die Lage, immer einen Vorrat an Flüssiggasen in ihren Labors zu lagern.

Zu gering, um damals schon als Markt wahrgenommen zu werden, war der Bedarf an Flüssiggasen als Treibstoff für Versuchsraketen, wie sie Robert H. Goddard in den Vereinigten Staaten und die kleine Forschergruppe um Wernher von Braun in Hitler-Deutschland konstruierten. Die Raketenpioniere brauchten die gewaltige Schubkraft, die die kontrollierte Verbrennung von Sauerstoff und Wasserstoff lieferte, und nur mit

Flüssiggasen gelang es ihnen, genügend Treibstoff in ihre Raketen zu packen, um die Flugkörper Tausende und dann Zehntausende von Metern in den Himmel zu schicken.

Der Zweite Weltkrieg stellte für alle vier Zweige der Kältetechnik einen Wendepunkt dar. Die US-Armee wollte für den Einsatz in Feldlazaretten über ein transportables Gerät zur Sauerstoffgewinnung verfügen. Als Union Carbide sich weigerte, seine Ausrüstung an die Regierung zu verkaufen, wandten sich die Militärs an William Giauque in Berkeley. Seinem Einfallsreichtum war es zu verdanken gewesen, dass man mittels Entmagnetisierung näher an den absoluten Nullpunkt herangekommen war, und nun erleichterte er die Anwendung verflüssigter Gase, indem er für die Armee ein neues, transportables Gerät zur Sauerstoffgewinnung entwickelte, das später für den Gebrauch in zivilen Krankenhäusern modifiziert wurde.

Im Dezember 1941, wenige Tage nachdem die Japaner Pearl Harbor angegriffen hatten, brachten die Fleischfabrikanten von Chicago eine Million Pfund zerlegtes und schnell gefrorenes Schweine-, Rind- und Hühnerfleisch in Richtung Pazifik auf den Weg. Diese Demonstration bestärkte die Militärs in ihrer Absicht, ihre Einsatzkräfte an weit entfernten Kriegsschauplätzen mit Gefrierkonserven zu versorgen. Allein die Menge an Nahrungsmitteln, die von der Armee gebraucht wurde, zwang dazu, mit Fleisch und Feldfrüchten sparsam umzugehen. Und weil so viel frische Lebensmittel an die Armee geliefert wurden, stieg die zivile Nachfrage nach tiefgekühlten Früchten, Gemüsen, Fisch und Fleisch. Noch eine letzte, unerwartete Kriegsfolge half der Tiefkühlindustrie auf die Sprünge: In den Autohäusern standen viele Schaufenster leer, weil die entsprechenden Produkte fehlten, und die Inhaber suchten nach anderen Verwendungsmöglichkeiten für die ungenutzte Fläche; das führte dazu, dass nicht wenige Präsentationsräume in Verkaufsstellen für Gefrierkonserven umgewandelt wurden.

Die Vergrößerung von Truppenstandorten in Regionen, die zuvor nur dünn besiedelt waren (wie die Wüsten im Südwesten und die subtropischen Gegenden im Südosten der USA), zog Zivilbevölkerung aus dem Dienstleistungsbereich nach. Wiederum stieg der Bedarf an Klimaanlagen. In trockenen Gebieten kam die so genannte Verdampfungskühlung in Mode, auch weil sie billig war und auf einem einfachen Prinzip beruhte: Ein Ventilator blies angefeuchtete Luft in die Zimmer, die trockene Luft im Haus nahm die Feuchtigkeit auf, und durch die Verdunstungskälte entstand der Kühleffekt. Diese Form der Klimaanlage machte Städte wie Phoenix bewohnbarer und ließ ihre Einwohnerzahl sprunghaft ansteigen. In feuchtwarmen Gegenden wie Florida brauchte man aufwendigere und teurere Klimaanlagen. Trotz der Kosten entschieden sich mehr und mehr Menschen, die in den Südosten zogen, für Häuser, in die von vornherein eine zentrale Klimaanlage eingebaut war, und mit der Zeit konnte man sich ein Leben im Süden ohne Klimaanlage überhaupt nicht mehr vorstellen.

Das explosionsartige Wachstum der amerikanischen Vorstädte in der Nachkriegszeit brachte spektakuläre Zuwächse in der Nachfrage nach tiefgekühlten Lebensmitteln, Kühlschränken, Klimaanlagen und Flüssiggasen mit sich. Riesige, klimatisierte Supermärkte mit einem großen Angebot an Tiefkühlkost trugen dazu bei, die Menschen in die Vorstädte zu locken. Der Pro-Kopf-Verzehr von Gefrierkonserven sprang auf jährlich fünfundzwanzig Kilogramm, und jedes Jahr kamen neue Produkte auf den Markt. In den sechziger Jahren verfügte nur einer von acht Haushalten in den gesamten Vereinigten Staaten über eine Klimaanlage, doch im Süden waren es vier von zehn. Fast in jedem amerikanischen Haushalt stand ein Kühlschrank, in vielen neueren Häusern sogar mehrere. Die wachsende Kältenutzung ist untrennbar mit dem wachsenden Lebensstandard in den USA verbunden, ein Zeichen des materiellen Wohlstands. Als Maß für den Wohlstand kann der Umfang gelten, in dem die Menschen ihre persönliche Umgebung kontrollieren. Je höher der amerikanische Lebensstandard wurde, desto weniger wurden Kühlschränke, Klimaanlagen, tiefgekühlte Lebensmittel und andere Produkte der Kältetechnik als Luxus angesehen – sie gehörten zu einem modernen Leben einfach dazu.

Während Kamerlingh Onnes für die Herstellung von ein paar Litern flüssigen Heliums noch Jahre, eine sperrige Apparatur und viel Geld gebraucht hatte, bewerkstelligten das fast alle Labors seit den fünfziger Jahren routinemäßig – seitdem Sam Collins vom MIT einen Verflüssiger gebaut hatte, der nicht viel größer war als ein Haushaltskühlgerät. Schon kurze Zeit später wurde das Verfahren auf die industrielle Produktion von flüssigem Helium ausgedehnt. Man stieß auf immer neue oder weitergehende Anwendungsmöglichkeiten für verflüssigte Gase: flüssiger Stickstoff für die Lagerung von Blut und Sperma, flüssiger Wasserstoff und Sauerstoff für die Raketen in den Weltraumforschungsprogrammen, Flüssiggaskühlmittel und Nassreiniger für kerntechnische Anlagen, mit flüssigem Helium gefüllte Tanks als «Fallen» für interstellare Teilchen. Die künstliche Besamung von Milchvieh verbreitete sich in dem Maß, wie die Möglichkeit zunahm, Sperma zu lagern. Kleinformatige Geräte, die nach dem Linde-Verfahren und mit dem Joule-Thomson-Effekt arbeiteten, erlaubten die Konstruktion leichter transportierbarer flüssigkeitsgekühlter Infrarotsensoren. Diese Systeme wurden vor allem vom Militär für «intelligente» Flugkörper, Geschosse und Nachtsichtgeräte verwendet, aber sie erwiesen sich auch als Feuermelder nützlich und – in der Medizin – als Detektoren für erkranktes Gewebe. Die Einführung der Kryochirurgie stellte einen Fortschritt in der Chirurgie dar: mit einer Kältesonde konnte der Chirurg etwas tun, was mit einem Skalpell unmöglich ist, er konnte die betreffende Stelle – etwa im Gehirn oder in der Prostata – zuerst versuchsweise kühlen und so das voraussichtliche Operationsergebnis testen, bevor er sich entschied, das Gewebe mit flüssigem Stickstoff endgültig zu zerstören.

Als die ersten Raketen die Erdatmosphäre durchstießen, angetrieben von einem Treibstoff aus flüssigem Wasserstoff und Sauerstoff, und Raumkapseln in einer Umlaufbahn um die Erde kreisten, erhielten die Wissenschaftler den experimentellen Beweis, dass die Temperatur des interstellaren Raums nur wenige Kelvin über dem absoluten Nullpunkt liegt. Kurze Zeit später sorgte der Treibstoff aus flüssigem Sauerstoff und Wasserstoff dafür, dass Menschen bis zum Mond und wieder zurück auf die Erde kamen.

In Newtons Universum musste man schon mit einer Kanonenkugel und großer Wucht auf eine feste Wand schießen, um sie zu durchschlagen; die Kraft und die Masse der Kanonenkugel überwanden die Energie der Wandatome, die sonst immer groß genug war, um die Energie von Atomen abprallen zu lassen, die sie zu durchdringen versuchten. Im Quantenuniversum können subatomare Teilchen ebenfalls manchmal Barrieren durchdringen; bei dem als «Tunneleffekt» bezeichneten Phänomen überwinden die Teilchen allerdings nicht die Energie der Atome, die auf ihrem Weg liegen, sondern sie mogeln sich quasi um die Wandatome herum. Im Zuge der Veröffentlichung der BCS-Theorie im Jahre 1957 machten zwei Wissenschaftler aus weit voneinander entfernten Labors Entdeckungen zu Tunneleffekten, die mit der Supraleitfähigkeit in Zusammenhang standen. In Tokio beschrieb der bei der *Sony Corporation* beschäftigte Leo Esaki, ein angehender Doktor der Physik, Tunneleffekte bei Halbleitern im Bereich sehr tiefer Temperaturen, und er entwickelte die heute so genannten Esaki-Dioden. Der aus Norwegen stammende Doktorand Ivar Giaever kam die Idee, das «Tunneln» von Elektronen dazu zu benutzen, um die von Fritz London schon lange vorhergesagte Energielücke oberhalb der Fermi-Oberfläche von Supraleitern zu messen. Am 22. April 1960 machte er ein Metall«sandwich», das sind zwei dünne, durch eine isolierende Schicht getrennte Metallplatten. Wenn die äußeren Lagen normal leitend waren, konnten Elektronen eines elektrischen Stroms die Isolierung «durchtunneln»; doch wenn eine der beiden äußeren Lagen supraleitend war, traten keine Tunneleffekte auf. Der Effekt ließ sich messen, aber noch nicht erklären.

Ein dritter Doktorand, Brian Josephson von der Cambridge-Universität, griff 1962 auf die Erkenntnisse von Esaki und Giaever und auf Coopers Arbeit über die Elektronenpaare zurück – den zentralen Punkt in der BCS-Theorie – und sagte voraus, dass Cooper-Paare ein Metallsandwich durchtunneln könnten, selbst wenn die beiden äußeren Schichten supraleitend seien. Aus seiner Theorie leitete er ab, dass, wenn die Spannung eines durch die äußeren Lagen fließenden Stroms einen bestimmten Wert unterschreiten bzw. wenn ein magnetisches Feld die Supraleitfähigkeit stören würde, die Cooper-Paare auseinander brechen und eine plötzliche, messbare Spannungsänderung auftreten müsste. Philip Anderson, der Lehrer in Josephsons Kurs in Cambridge, ging mit der Idee zu *Bell Laboratories*, wo man ihm die Laborausrüstung zur Verfügung stellte, um sie experimentell zu prüfen. Mehrere Firmen begannen mit der Produktion von «Josephson-Kontakten», mit denen sich kleinste Spannungs- oder Magnetfeldänderungen messen ließen. Diese Kontakte wurden zum Herzstück neuer Apparaturen, die man als SQUIDs *(superconducting quantum interference devices*, supraleitende Quanteninterferometer) bezeichnete. SQUIDs werden zum Beispiel in Galvanometern für Tieftemperaturexperimente, aber auch in Satelliten, verwendet; eingebaut in Magnetfeldsensoren, registrieren sie das Magnetfeld eines vorüberfahrenden U-Boots, eines Gehirns, eines Herzens oder selbst das eines einzelnen Neurons, und in Computern machen sie Schalt- und Speicherelemente schneller.

Den Innovationen durch die Josephson-Kontakte schenkte

die Öffentlichkeit lange nicht so viel Aufmerksamkeit wie etwa den alljährlichen, atemberaubenden Verbesserungen im Bereich der Mikrochips und der Halbleiter. Den meisten Menschen entging außerdem, dass die Fortschritte in der Elektrotechnik in steigendem Maß Kühlung erforderlich machten. Die Geschwindigkeiten des Überschallflugs hatten die Probleme aufgedeckt: Es war notwendig, die elektronischen Bauteile zu kühlen, damit sie funktionierten, die Geräte mussten verkleinert und ihre Zuverlässigkeit verbessert werden. Heerscharen von Ingenieuren und Technikern begannen sich einem neuen Spezialgebiet zu widmen: Wie entfernt man Wärme aus allen möglichen elektronischen Geräten? 1947 bestanden die ersten Chips jeweils aus einer Komponente. In den siebziger Jahren konnte ein Chip bis zu hunderttausend Komponenten enthalten – Transistoren, Dioden, Widerstände, Kondensatoren und so weiter –, und man musste solche Chips während des Betriebs und auch bei ihrer Herstellung kühlen, oft sogar mit sehr tiefen Temperaturen. Einem Lehrbuch zufolge verlangte das «dramatische Ausmaß» der Miniaturisierung, dass «thermische Überlegungen bereits in die frühesten Entwurfsstadien mit einbezogen werden». Je komplizierter das elektronische Gerät – der Computer, der Fernseher, das Mobiltelefon –, desto wahrscheinlicher war es, dass es Teile enthielt, die bei Temperaturen von weit unter hundert Grad unter dem Gefrierpunkt gefertigt wurden. Das Kühlen von Elektrogeräten während der Produktion und während des Betriebs wurde zum fünften großen Zweig der modernen industriellen Kältetechnik.

Die Notwendigkeit zur Kühlung ließ das Interesse an der Thermoelektrizität wieder aufleben, an dem Effekt, den Peltier 1834 entdeckt hatte und der von Kelvin 1854 genauer untersucht worden war. Aufgrund dieses Effekts lässt sich Kälte erzeugen, wenn ein elektrischer Strom durch zwei Leiter fließt, die aus unterschiedlichen Materialien bestehen. Die Forscher des 20. Jahrhunderts fanden heraus, dass Halbleiter viel ausgeprägtere thermoelektrische Eigenschaften besitzen als Metalle und dass sich diese noch verbessern lassen, wenn man bei niedrigen Temperaturen (80 bis 160 Kelvin oder –193 bis –113 Grad Celsius) ein Magnetfeld anlegt. Heute benutzt man Halbleitermaterialien, deren Bestandteile vor wenigen Jahrzehnten noch völlig unbekannt waren, und stellt aus ihnen winzige Kühlelemente für Computerbauteile und andere empfindliche elektronische Schaltkreise her, zum Beispiel auch Miniaturlaser.

Das Extremste in puncto Miniaturisierung und Kühlung haben vermutlich das Baykov-Institut für Metallurgie in Moskau und das Institut für Kältetechnik in Odessa geschafft: In den neunziger Jahren entwickelten sie thermoelektrische Kühler auf Einkristallen, die sie aus festen Lösungen von Wismut- und Antimonverbindungen herstellten. Einkristall-Kühler werden experimentell für Infrarotdetektoren, LEDs und Laser, Nachtsichtgeräte, astronomische Beobachtungen, für die optische Nachrichtenübermittlung auf der Erde und im Weltraum, für die Steuerung von Flugkörpern und die Zielbeleuchtung eingesetzt.

Im Januar 1962 erlitt Lew Landau einen Autounfall. Danach lag er siebenundfünfzig Tage im Koma. Möglicherweise animierte sein Beinahe-Tod das Nobelkomitee, ihm im Dezember 1962 für seine jahrzehntealte Arbeit über kondensierte Materie und die Supraflüssigkeit den Nobelpreis zu verleihen. Verärgert waren die sowjetischen Wissenschaftler, dass Landau den Preis allein erhielt und nicht zusammen mit Pjotr Kapiza, der die grundlegenden experimentellen Arbeiten zur Supraflüssigkeit durchgeführt hatte, aber sie hofften, dass dessen Zeit noch kommen würde. Es sollte jedoch noch sechzehn Jahre dauern, bis Kapiza – im Jahr 1978 – den Preis gemeinsam mit zwei amerikanischen Physikern erhielt, die die kosmische Hintergrundstrahlung entdeckt hatten. Landau wurde nie wieder richtig gesund und nahm seine Arbeit im Labor bis zu seinem Tod

1968 nicht wieder auf. Zu dieser Zeit war das Interesse an der Supraflüssigkeit gerade wieder aufgeflammt, vor allem weil es möglich war, mit Hilfe der magnetischen Kühlung Temperaturen im Bereich von wenigen Millikelvin – also wenige tausendstel Grad über dem absoluten Nullpunkt – zu erreichen.

In den siebziger Jahren wandte man die Entmagnetisierung im Wechsel mit anderen Kühlverfahren an, um die Temperaturen zu senken – in einem Prozess, der bewusst der idealen Wärmekraftmaschine nachempfunden war, die Carnot konzipiert hatte. Auf diese Weise kam eine ganze Reihe neuer Entdeckungen zustande. Schon lange hatten die Physiker angenommen, dass es sich bei der Supraflüssigkeit um ein weiter verbreitetes Phänomen handeln könnte und nicht nur um eine bei sehr tiefen Temperaturen auftretende Eigenschaft einer bestimmten Heliumform. Bestätigt wurde diese Vermutung durch die Arbeiten von drei Physikern der Cornell-Universität: Robert C. Richardson, David M. Lee und dem Doktoranden Douglas Osheroff. Sie entdeckten, dass eine neue Form des Elements, das so genannte Helium-3, bei einer Temperatur von zwei Tausendstel eines Grads über dem absoluten Nullpunkt supraflüssig wurde. Zwar hatte man angenommen, dass Helium-3 supraflüssig werden könnte, es war aber bislang nicht gelungen, es herzustellen. Die Ergebnisse waren so überraschend, dass eine angesehene Zeitschrift den Artikel über die Entdeckung zunächst ablehnte. Das supraflüssige Helium-3 war «anisotrop» – wie ein Kristall schien es für verschiedene Eigenschaften verschiedene Werte zu besitzen, je nachdem, in welcher Richtung die Messung vorgenommen wurde. Die neue Supraflüssigkeit war fast so etwas wie ein «Quantenmikroskop», das heißt, sie ermöglichte die direkte Beobachtung von Effekten, die von Interaktionen zwischen Atomen hervorgerufen wurden. Richardson, Lee und Osheroff wurde 1966 der Nobelpreis für die Überführung von Helium-3 in den supraflüssigen Zustand verliehen.

Sie erhielten den Preis unter anderem auch deshalb, weil kurze Zeit nach ihrer Entdeckung Astronomen anhand der Daten des Trios zu der Auffassung gelangten, dass der Übergang von Helium-3 in den supraflüssigen Zustand analog zur Bildung so genannter kosmischer Strings abläuft (riesiger Strukturen im Weltall, die in den Mikrosekunden nach dem Urknall entstanden) und dass Supraflüssigkeit als Zustand oder Eigenschaft der Materie auf rotierenden Neutronensternen Tausende von Lichtjahren von der Erde entfernt zu finden sein könnte. Diese Erkenntnis war das erste Anzeichen für eine mögliche Annäherung verschiedener Wissenschaftsdisziplinen, von denen man einst glaubte, sie hätten nichts miteinander zu tun. Dann fand man immer mehr Hinweise, die die Verbindungen zwischen der Tieftemperatur-, der Elementarteilchen- und der kosmologischen Forschung unterfütterten. Die Beherrschung der Kälte war der Schlüssel zu allen drei Disziplinen. Auf kryotechnischen Verfahren beruhende Geräte von höchster Empfindlichkeit waren mittlerweile in der Lage, das gesamte elektromagnetische Spektrum zu erfassen. Sie konnten Bilder der Wärmestrahlung himmlischer Objekte im Infraroten, im Millimeter- und im Mikrometerbereich ebenso aufzeichnen wie Bilder von Schwerkraft und Magnetfeldern. Damit ließen sich Relikte aus der Frühzeit des Universums identifizieren, Überreste aus den Tagen des Urknalls. Unter den Dutzenden von Strahlungsarten, die die Wissenschaftler im All zu finden versuchten, waren gebrochene elektrische Ladungen wie die Quarks. Eine Theorie nimmt an, dass das Universum als ein See aus Quarks begann, von denen einige den Urknall überlebt haben könnten. Andere Strahlungsarten stellen beispielsweise die WIMPs dar *(weakly interacting massive particles*, schwach wechselwirkende massive Teilchen) oder zufallsverteilte («stochastische») Gravitationsstrahlung, die eventuell Hinweise darauf zu geben vermögen, was sich während eines «frühen Phasenübergangs» des Universums abspielte. Helium-3 wurde auch in den Ablagerungen von Vulkanausbrüchen gefunden, manchmal umschlossen oder gefangen zwischen Kohlenstoffatomen, und als Relikt aus der Zeit der Erdentstehung identifiziert.

Auf Konferenzen mit Titeln wie «Inner Space/Outer Space» («innerer Raum/äußerer Raum», gemeint sind das Innerste der Materie und der Weltraum) analysierten die Physiker die Bemühungen, die Teilchen aus den Tiefen des Weltalls nachzuweisen, die als Überreste des Urknalls gelten, und die Anstrengungen, die unternommen wurden, um in irdischen Labors zu einem Verständnis der subatomaren Partikel zu gelangen. Seit dem Ende des Zweiten Weltkriegs hatten Physiker bei der Untersuchung von Elementarteilchen auf Linearbeschleuniger gesetzt; diese Anlagen erhöhten die Geschwindigkeit der Teilchen auf mehrere tausend Stundenkilometer und ließen sie dann in ein Hindernis oder aufeinander prallen (kollidieren), sodass sie in für die Forscher interessante Stücke zersprangen.

Schon seit langem war bekannt, dass man die Stärke eines Magneten vervielfachen kann, wenn man elektrischen Strom durch einen um den Magneten gewickelten Draht fließen lässt. Als es möglich wurde, Magnetwicklungen aus supraleitenden Drähten herzustellen, zeigte sich, dass die Stärke der Magneten dadurch noch gesteigert werden konnte.[1] Die supraleitenden Magneten wurden verwendet, um die Empfindlichkeit und die Effektivität von Kernspintomographen zu erhöhen. Diese Geräte dienen in der Medizin dazu, krankhafte Veränderungen in weichem Gewebe aufzuspüren, wo Röntgenstrahlen keine aussagekräftigen Bilder liefern. Solche Magneten waren außerdem zentrale Bestandteile von Masern, Mikrowellenverstärkern, die

---

[1] Normalerweise verliert supraleitendes Material seine Supraleitfähigkeit, wenn ein Magnetfeld auf es einwirkt. Bei den supraleitenden Drähten, die die Magnetstärken erhöhen, ist das jedoch nicht der Fall: Sie sind isoliert.

nach einem ähnlichen Prinzip funktionieren wie Laser. Maser wurden in der Kommunikationstechnik eingesetzt und werden noch heute verwendet, um weit entfernte astronomische Ereignisse aufzuspüren. Im Bereich der Hochenergiephysik baute man supraleitende Magneten in neue Linearbeschleunigertypen ein, um damit die Geschwindigkeit der Elementarteilchen zu erhöhen, die dort aufeinander gejagt werden. Mit diesen neuen Beschleunigern – beispielsweise dem Tevatron im *Fermi National Accelerator Laboraty*, kurz Fermilab, in Illinois – gelangen wichtige Entdeckungen bei den subatomaren Teilchen.[2] Beschleuniger mit supraleitenden Magneten erwiesen sich als so vielversprechend, dass die Regierungen der USA und einiger Staaten Europas zu Milliardenprojekten für «supraleitende Supercollider» ihre Zustimmungen gaben. Ein Experte hat ausgerechnet, dass ein «normaler» Beschleuniger wie der 3,2 Kilometer lange von der Stanford-Universität – wollte man darin Teilchen auf das gleiche Energieniveau bringen, wie es der geplante amerikanische *Supercollider* ermöglicht hätte – eine Länge von hunderttausend Lichtjahren haben müsste.

Der amerikanische *Supercollider* sollte in der Nähe von Waxahachie, Texas, gebaut werden. Die ersten Kilometer der auf 86,4 Kilometer angelegten Röhre waren bereits fertig, und in einem Test im ersten der sechs Beschleunigerabschnitte hatte man erfolgreich Wasserstoffatome zertrümmert, als der amerikanische Kongress Anfang der neunziger Jahre Budgetkür-

---

2 Die wahrscheinlich wichtigste war die Entdeckung des «Top-Quarks» im Jahr 1995. Jahrzehnte zuvor hatten Wissenschaftler die Existenz von sechs verschiedenen Arten von Quarks vorhergesagt. Fünf «Flavors» (eigentlich «Geschmacksrichtungen», gemeint sind die Arten) hatte man in den siebziger Jahren gefunden und identifiziert: die Paare «Up» und «Down», «Strange» und «Charm» sowie ein einzelnes, das «Bottom» getauft wurde. Das letzte, was noch fehlte, war die zweite Hälfte des dritten Paares, die den Namen «Top» erhielt.

zungen beschloss und das Projekt mit der Begründung sterben ließ, dafür, dass man so wenig vorweisen könne, seien zwei Milliarden Dollar genug gewesen. Nach dem abrupten Ende des amerikanischen Supercolliders wanderten mehrere hundert Wissenschaftler und Techniker nach Europa ab, um an dem europäischen Projekt mitzuarbeiten. Damit liegt das Zentrum der Elementarteilchenforschung jetzt wieder in der Nähe von Genf. Dort wird am Europäischen Forschungszentrum für Teilchenphysik (*Centre Européen pour la Recherche Nucleaire*, abgekürzt CERN) der so genannte *Large Hadron Collider* gebaut.

1975 schlugen Physiker einen neuen Weg zur Untersuchung von Atomen vor: statt Beschleunigung gleichzeitiges Abbremsen und Abkühlen. Steven Chu von den *Bell Laboratories* hatte die geniale Idee, mit aus sechs verschiedenen Richtungen einfallenden Laserstrahlen einen «optischen Sirup» – wie er es nannte – herzustellen; diese «Falle» fing Atome ab und bremste sie auf eine Geschwindigkeit herunter, die im Bereich von einigen Metern pro Sekunde lag. Die Falle hielt ein paar tausend Atome an einem Fleck fest, und das bei 240 Millionsteln eines Grads (= 0,000240 Kelvin) über dem absoluten Nullpunkt. Chus Ansatz wurde von William D. Phillips vom *National Institute of Standards and Technology* aufgegriffen, erweitert und in den folgenden Jahren in eine noch bessere magnetooptische Falle umgesetzt. Eine theoretische Erklärung des Prinzips lieferten Chu, Phillips und Claude Cohen-Tannoudji von der *École Normale Supérieure* in Paris; Letzterer kühlte die Atome sogar noch weiter ab, bis auf 1 millionstel Grad (0,000001 Kelvin) über dem absoluten Nullpunkt. Für ihre Leistungen wurden Chu, Phillips und Cohen-Tannoudji 1997 mit dem Nobelpreis ausgezeichnet.

Zur gleichen Zeit, als diese aufregende Entwicklung die Elementarteilchenforschung beflügelte, gab es auch im Bereich der Supraleitfähigkeit erstaunliche Fortschritte. Seit Kamerlingh Onnes' Zeiten hatten sich Wissenschaftler bemüht, Materialien zu finden, die bei Temperaturen oberhalb der flüssigen Heliums supraleitend wurden. Denn nur wenn sich Supraleitfähigkeit einfach und kostengünstig herstellen ließ, könnte man daraus den enormen praktischen Nutzen ziehen, der Kamerlingh Onnes und allen, die sich nach ihm mit dem Thema beschäftigten, vorgeschwebt hatte: widerstandslos fließende elektrische Ströme, stärkere Magnete, schier unerschöpfliche Möglichkeiten, Energievorräte zu speichern und zu verteilen. Kamerlingh Onnes hatte entdeckt, dass Quecksilber bei 4,19 Kelvin supraleitend wird. In den folgenden siebzig Jahren stieg der Rekord für die «Sprungtemperatur», bei der Materialien supraleitend werden, nur um 19 Grad auf 23 Kelvin bei Niob, einem seltenen Metall. Anfang der achtziger Jahre begannen Karl Alex Müller und sein junger Kollege Johann Georg Bednorz im Züricher Forschungslabor von IBM, mit Metalloxiden zu arbeiten. Sie wollten prüfen, ob man diese Verbindungen supraleitend machen konnte. Oxide – Verbindungen von Sauerstoff mit anderen Elementen – waren eine etwas eigenartige Wahl. Manche wurden als Isolatoren genutzt, viele wiesen nicht die geringste Leitfähigkeit auf, doch von einigen wenigen wusste man, dass sie supraleitend werden konnten. Bednorz und Müller gingen eher wie Chemiker denn wie Physiker ans Werk: Sie mischten Zutaten, buken die Mischungen im Ofen und kühlten sie dann auf die Temperatur von flüssigem Wasserstoff ab. Ihre Arbeit mussten sie ohne Assistenten bewerkstelligen, und auch von den Kollegen im Labor erhielten sie nicht viel Unterstützung. Bednorz musste sogar Zeit von seinen regulären Aufgaben abknapsen, um die Oxidexperimente durchführen zu können. Nachdem sie zweieinhalb Jahre lang mit verschiedenen Verbindungen experimentiert hatten, gelang es ihnen 1986, aus Barium, Lanthan, Kupfer und Sauerstoff ein Oxid herzustellen, das bei 35 Kelvin supraleitend wurde. Vorsichtshalber erzählten sie kaum jemandem von diesem Erfolg und bereiteten im April einen Artikel für die Septemberausgabe der *Zeitschrift für Physik* vor.

Dieser Veröffentlichung folgte eine große Euphorie und eine wahre Forschungsexplosion: Labors in Japan, China, England, der Schweiz und den USA nahmen die Verfolgung auf. Wer würde als Erster eine Verbindung präsentieren, die bei 77 Kelvin, dem Siedepunkt von Stickstoff, supraleitend wurde? Die Verflüssigung von Stickstoff war nichts Besonderes mehr und auch nicht teuer. Wenn man mit flüssigem Stickstoff Supraleitfähigkeit erzeugen konnte, so die Überlegung der Wissenschaftler, dann stünde der kommerziellen Nutzung der Supraleitfähigkeit durch die Gruppe, der es gelänge, die Verbindung mit der höchsten Sprungtemperatur zu patentieren, nichts mehr im Weg. Nach einer aberwitzigen sechsmonatigen Tour de Force in allen Labors traf man sich am 16. März 1987 zum «Woodstock der Physik» in New York. Manche Ergebnisse waren so frisch, dass die Druckerschwärze der Artikel über sie noch keine Zeit zum Trocknen hatte. Das Rennen gewann die Verbindung, die am leichtesten herzustellen war und die die höchste Sprungtemperatur hatte. Entwickelt hatte sie die Arbeitsgruppe von Paul Chu an der Universität von Houston. Die Verbindung aus Yttrium, Barium und Kupferoxid wurde bei sagenhaften 93 Kelvin supraleitfähig.

Der nun folgende Medienrummel drang bis in die obersten Regierungsetagen einiger Staaten vor. Die bei der Temperatur flüssigen Stickstoffs (77 Kelvin) erreichbare Supraleitfähigkeit wurde als Schlüssel zu allem angepriesen: von Raketenabwehrsystemen und superschnellen Computern zu Energiespeicher- und Transporteinrichtungen, die die Strompreise drastisch senken würden. Mitten in den Taumel über das, was man für den letzten Schrei in der möglichen Nutzung sehr tiefer Temperaturen hielt, platzte die Meldung, dass eine Oberstufenlehrerin für Naturwissenschaften – die Tochter eines IBM-Physikers – die Methode «Erst rühren, dann backen» benutzt hatte, um aus der neuen Verbindung in einem ganz normalen Ofen eine Oblate herzustellen. Diese legte sie in eine mit flüssigem Stickstoff gefüllte Schüssel, über der sie dann wunderbarerweise einen winzigen Magneten schweben ließ. Cornelis Drebbel wäre begeistert gewesen.

Müller und Bednorz wurden 1987 mit dem Nobelpreis für Physik ausgezeichnet, und es gab große Hoffnung, dass die Neunziger die Dekade würden, in der die Hochtemperatursupraleiter, abgekürzt HTS, die Welt revolutionieren. Als diese überzogenen Erwartungen enttäuscht wurden, weil es sich als schwierig erwies, die neuen Verbindungen zu Kabeln zu formen und sie ständig auf 77 Kelvin zu halten, schien eine Seifenblase geplatzt zu sein. Dennoch gab es in der Dekade nach 1987, dem Jahr, in dem das «Woodstock der Physik» stattgefunden hatte, langsam, aber sicher Fortschritte in der Anwendung. Eine Firmenzeitschrift verkündete, dass die Geschwindigkeit der Umsetzung in die praktische Anwendung bei Hochtemperatursupraleitern genauso hoch sei wie die von anderen Hightech-Wundern mit kometenhaftem Aufstieg, etwa den Mikrochips. Inzwischen gibt es über hundert HTS-Verbindungen, darunter solche mit Sprungtemperaturen von 134 Kelvin, eine Temperatur, die doppelt so hoch ist wie die von flüssigem Stickstoff.

Mindestens genauso wichtig: Die ersten supraleitenden Kabel befinden sich im praktischen Einsatz. Ein Stromversorger in Genf arbeitet mit einem Transformator, dessen Wicklungen aus HTS-Drähten bestehen, um die Spannung des Stromversorgungsnetzes zu reduzieren. Da der neue Transformator ohne Öl auskommt, ist die Brand- und die Verschmutzungsgefahr, die von normalen Transformatoren ausgeht, deutlich verringert. In Detroit hat die *American Superconductor Corporation* einen Vertrag über eine hundertzwanzig Meter lange supraleitende Verbindung für das städtische Stromversorgungsunternehmen in der Tasche. Die hundertfünfundzwanzig Kilogramm supraleitender Kabel auf dieser Strecke werden mehr Strom transportieren als neuntausend Kilogramm des bisher verwendeten Kupferdrahts. Zur Kostenersparnis kommen auch erhebliche ökologische Vorteile, denn die hundertfünfundzwanzig Kilogramm Supraleitungskabel verbrauchen wesentlich weniger natürliche Rohstoffe als die Produktion von neuntausend Kilogramm Kupferdraht.

Ein Stromversorgungsunternehmen in North Carolina bietet seinen Großkunden supraleitende Magnetspeicher zum Schutz gegen unerwartete Stromschwankungen. Beispiele für weitere amerikanische Projekte sind eine supraleitende Generatorspule, ein 125-PS-Motor, der viel kleiner ist als vergleichbare normale Motoren, verbesserte SMES-Systeme (*superconducting magnetic energy storage*, Energiespeicherung durch supraleitende Magnete), die in Zeiten geringen Stromverbrauchs geladen werden und die dann mehr Strom ins Netz einspeisen können, wenn die Nachfrage steigt. Das amerikanische Energieministerium schätzt, dass die Stromversorger ihre Effizienz um fünfzig Prozent steigern könnten, wenn alle zu supraleitenden Kabeln übergehen würden. Für die Zukunft steht zu erwarten, dass die Anlagen zur Stromerzeugung von den Städten weg in entlegenere Gegenden verlagert werden oder dass man auf andere Energiequellen, wie Solar- oder geothermische Energie, umsteigt, um Strom zu erzeugen. Dieser Strom muss dann billig und unter möglichst geringen Verlusten in die Ballungsräume transportiert werden. Ein weiterer Vorteil der regenerativen Stromquellen wäre, dass die verlustarme Leitung dazu beiträge, die Umweltverschmutzung zu verringern.

Ebenso viel versprechend treten die neuen HTS-Materialien im Bereich der Elektronik in Erscheinung: Man benutzt sie in Bandfiltern, um in den Mobilfunkbodenstationen Signale von Störgeräuschen zu trennen und so den Empfang der Mobiltelefone zu verbessern; in der Kernspintomographie verkürzen sie die Bildentstehungszeit, sie verbessern die Auflösung und senken die Kosten. Einen ganz unerwarteten Anwendungsbereich stellen Abwasserbeseitigung und Trinkwasseraufbereitung dar: Oft binden sich Bakterien oder Viren an in Abwasser oder Trinkwasser enthaltene Eisenverbindungen, die entstehenden Flocken können mit supraleitenden Magneten angezogen und entfernt werden. Eines ähnlichen «magnetischen Trennverfahrens» bedienen sich tragbare Geräte, mit denen man kontaminierte Böden reinigen kann, sogar solche, die radioaktive Verbindungen enthalten. Andere Hightech-Produkte befinden sich noch in der Entwicklung. Es sieht ganz so aus, als würden die technischen Anwendungen der Supraleitfähigkeit zum sechsten großen Industriezweig, der auf der Beherrschung der Kälte aufbaut.

Betrachtet man die Zahl der Menschen und der Branchen, die von der Kältetechnik profitieren, dann kann man sagen, dass sich diese Technologie in einem Dauerhoch befindet. Praktisch jeder amerikanische Haushalt besitzt einen Kühlschrank, die meisten verfügen über Klimaanlagen, genau wie all die modernen Geschäftsgebäude von Fabriken über Kaufhäuser bis zu Konzernzentralen. Im Fernen Osten ist Erdgas in den letzten Jahren zur Hauptenergiequelle für die Stromerzeugung geworden. Überall in den Krankenhäusern wird in flüssiger Form transportierter Sauerstoff eingesetzt. Andere Flüssiggase sind für viele Herstellungsverfahren unentbehrlich geworden. Weltweit werden jährlich Flüssiggase im Wert von zehn Milliarden Dollar verkauft, die Hälfte davon von der in den USA ansässigen Firma *Praxair.* In den Industrienationen verwenden die meisten Menschen tagtäglich Geräte, Lebensmittel oder Chemikalien, die mit Hilfe von flüssigen Gasen und der von ihnen ausgehenden Kälte hergestellt wurden. Was die «armen» von den «reichen» Ländern unterscheidet, ist unter anderem das Ausmaß der Kältenutzung.

Und es stehen noch weitere Anwendungen vor der Tür. 1998 wurden zwei Meilensteine im Einsatz von supraleitenden Magneten erreicht. Der erste war die Eröffnung der 18,4 Kilometer langen Strecke für die japanische Magnetschwebebahn. Magnete in der Bahn und in den Schienen lassen den Zug wenige Millimeter über der Führungsschiene schweben, und sie beschleunigen das Gefährt auf Geschwindigkeiten, die bislang mit keinem System erreicht werden konnten, bei dem Zug und Schiene Kontakt haben. Der zweite Meilenstein war die Anwendung supraleitender Magnete in der Hirnchirurgie. Im Dezember 1998 benutzte man in St. Louis Magnete, um ein chirurgisches Instrument auf verschlungenen Pfaden durch das Gehirn zu manövrieren und eine Gewebeprobe zu entnehmen; dadurch wurden größere Verletzungen vermieden. Das Verfahren ist wesentlich weniger invasiv (eingreifend) als konventionelle Methoden, und man erwartet, dass es in naher Zukunft zur Behandlung von Bewegungsstörungen eingesetzt werden kann, die vom Gehirn ausgehen (wie etwa die Parkinson-Krankheit), aber auch in der Behandlung von Krebs und Erkrankungen des Herzens werden Anwendungsmöglichkeiten gesehen.

Das neue Kamerlingh-Onnes-Labor in Leiden öffnete Ende 1998 seine Pforten. Zwar arbeitet man dort auch mit HTS-Materialien, aber die Hauptaufgabe liegt in der Erforschung der vielen Grenzen der Physik bei den Temperaturen, die man mit flüssigem Helium erzeugen kann. An einem Ende der Forschungs»fabrik» steht eine automatisierte Anlage für die Produktion großer Mengen flüssigen Heliums; das Helium wird in Tanks von fünftausend Litern Fassungsvermögen gesammelt und dann in kleinere Behälter geleitet. Ein Bildschirmschoner auf einem Computer in der Produktionsanlage fragt, wie Kamerlingh Onnes es vermutlich getan hätte: «Wie viel Helium hast du heute schon vergeudet?» Behälter mit dem kostbaren «Saft» werden den Korridor hinunter ans andere Ende des Gebäudes gerollt, wo ein Dutzend Kryostaten und jede Menge Messgeräte auf speziellen Plattformen aus Beton und Stahl stehen; die Plattformen sind so konstruiert, dass sie alle Erschütterungen abfangen und eliminieren.

Immer mehr Wissenschaftler aus den aktuellsten Forschungsfeldern der Physik entschließen sich, alle möglichen physikalischen Phänomene mit Hilfe tiefer Temperaturen zu untersuchen, sagt Jos de Jongh, der derzeitige Direktor des Leidener Labors, denn bei Temperaturen im Mikro- oder Millikelvinbereich «kann man alle äußeren Einflüsse ausschalten», wie etwa Strahlung oder Erschütterung, und damit einigermaßen sicher sein, dass das zu untersuchende Phänomen die einzige Variable darstellt. Beispielsweise haben de Jongh, seine Doktoranden und Gastwissenschaftler aus verschiedenen Nationen kürzlich eine Studie abgeschlossen, in der sie der Frage nachgingen, wie groß ein Metallcluster sein muss, damit er sich nicht mehr wie eine Ansammlung von Atomen, sondern wie ein einheitliches Ganzes verhält – die Antwort: im Bereich von hundertfünfzig Atomen. In anderen Studien des Labors wurden Spezialkameras benutzt, die selbst bei extrem tiefen Temperaturen noch funktionieren; damit konnte man die Kristallisation von Helium-3 beobachten, die im Millikelvinbereich abläuft.

Die Anwendung tiefster Temperaturen in der mit dem Aufbau der Materie befassten Grundlagenforschung trat Anfang Juni 1995 in eine neue Phase. Damals erlebten die Physiker eines Forschungsverbunds zwischen dem *National Institute of Standards and Technology* und der Universität von Colorado unter der Leitung von Carl E. Wieman und Eric A. Cornell etwas Ähnliches wie Faraday im Jahr 1823, Cailletet 1877 und Kamerlingh Onnes 1911: Sie führten gerade bei den tiefsten Temperaturen, die sie erreichen konnten, ein Experiment durch, als auf einmal ein Gebilde aus Material entstand, das sie nie zuvor gesehen hatten. In diesem Fall handelte es sich um etwas, was Wissenschaftler seit siebzig Jahren herzustellen versuchten – ein Bose-Einstein-Kondensat (BEC). Die «Atomwolke» war von

Einstein in den zwanziger Jahren postuliert worden, doch bis 1995 wusste niemand sicher, ob es sie wirklich gab. Die Temperatur betrug 170 Milliardstel eines Kelvin, und das Gebilde (im Laborjargon *the blob*, der Klecks) war nicht einmal direkt zu sehen, da es sofort danach von einem Laserstrahl zerstört wurde, aber ein Computer hatte das Bild gespeichert. Mit weiteren Experimenten konnte die Temperatur auf 200 Milliardstel eines Kelvin gesenkt werden; dagegen ist der Weltraum mit 3 Kelvin richtig warm.

Dies war ein höchst bedeutsames Ereignis – kombinierte es doch die Produktion einer Materieform, von der bis dahin niemand wusste, ob sie auf der Erde überhaupt erzeugt werden kann, mit dem Erreichen der tiefsten jemals gemessenen Temperatur, einer Kälte, die eigentlich unser Vorstellungsvermögen übersteigt.

Nur Wochen später wurde ein zweites Bose-Einstein-Kondensat an der Rice-Universität erzeugt, und im Laufe der nächsten Monate folgten noch weitere in Stanford und am MIT. Die Physiker waren begeistert von den Möglichkeiten, mit Hilfe der Bose-Einstein-Kondensate verschiedene Aspekte der Teilchenphysik zu untersuchen und natürlich die Mechanismen, die Supraleitfähigkeit und Suprafl üssigkeit zugrunde lagen; glaubte man doch, dass suprafl üssiges Helium einige Eigenschaften eines solchen Kondensats besaß. «Wenn Sie heftig spekulieren wollen», sagte Cornell zu einem Reporter, «dann stellen Sie sich einen Atomstrahl vor, analog zu einem Laserstrahl. Damit wäre es möglich, einzelne Atome zu bewegen oder abzusetzen und eine molekulare Struktur aufzubauen.»

Diese wilde Spekulation wurde innerhalb von zwei Jahren Wirklichkeit: Im Januar 1997 machte eine von Wolfgang Ketterle geleitete Arbeitsgruppe am MIT aus einem Bose-Einstein-Kondensat einen Atomlaser. 1998 gelang es der Gruppe von Ketterle, ihren BEC-Atomlaser mit Magneten so zu manipulieren, dass er das tat, was Cornell vorhergesagt hatte: Er schob

Atome herum und formte komplexe Strukturen. Es war ein Zeichen dafür, dass womöglich alles, was im Bereich der Elementarteilchen und der tiefsten Temperaturen postuliert wurde, in naher Zukunft Wirklichkeit werden könnte.

Im Februar 1999 gelang es in Harvard einem Team unter der Leitung von Lene Vestergaard Hau, mit Hilfe des Bose-Einstein-Kondensats und Laserkühlung eine Umgebung zu schaffen, deren Temperatur nur 50 Milliardstel eines Grads über dem absoluten Nullpunkt lag, und die Lichtgeschwindigkeit auf schlappe einundsechzig Kilometer pro Stunde abzubremsen. Wie von Ketterles Atomlaser erwartete man auch von Haus Leistung keine unmittelbaren praktischen Anwendungen, aber in zehn Jahren könnte es so weit sein. Mitte Juni 1999, als die englische Ausgabe dieses Buches in Druck ging, verkündete die Gruppe am MIT einen neuen Durchbruch. Erstmals hatten Wissenschaftler die Bewegungsenergie von Atomen am absoluten Nullpunkt gemessen – in einem Bose-Einstein-Kondensat, das nach Ketterles Worten «keine Entropie besitzt und sich wie Materie am absoluten Nullpunkt verhält».

Die Forschung an den Elementarteilchen und in den kältesten überhaupt vorstellbaren Temperaturen geht weiter, sie eröffnet dabei Möglichkeiten, die subatomaren Bausteine der Materie zu studieren und zu manipulieren. Das Gleiche geschieht auf anderen wissenschaftlichen Feldern, die auf der Beherrschung der Kälte aufbauen, darunter einige der fortschrittlichsten Projekte unserer Zeit. Um von der Erde aus die Tiefen des Weltalls studieren zu können, wurden kürzlich in der Nähe des Südpols mit flüssigem Helium gekühlte elektronische Detektoren aufgestellt. Das ehrgeizige astronomische Projekt heißt AST/RO, *Antarctic Submillimeter Telescope and Remote Observatory.* Und zur Beobachtung von Asteroiden und anderen Festkörpern im All wurde eine unbemannte Sonde losgeschickt, ausgestattet mit einem neuen Antriebssystem, das der Science-Fiction-Literatur entlehnt zu sein scheint: Der

Motor bewegt die Sonde durchs All, indem er aus den Ionen eines seltenen Gases, Xenon, die Energie «herausquetscht». Das Gas wird durch Luftzerlegung gewonnen und als superkalte Flüssigkeit an Bord des Raumfahrzeugs gelagert.

Wenn wir die derzeitige Ausrichtung und den Umfang der Forschung als Anhaltspunkte nehmen, dann wird ein gut Teil des kommenden technischen Fortschritts wie auch der zukünftigen Entdeckungen im Bereich der Elementarteilchen und der Kosmologie in der Nähe des absoluten Nullpunktes stattfinden und sich auf die Beherrschung und Manipulation der Kälte gründen.

Dank

Ich möchte der Alfred P. Sloan Foundation für ihr großzügiges Stipendium danken; dadurch war es mir möglich, dieses Buch zu schreiben. Wie schon bei früheren Projekten durfte ich mich im Writer's Room in New York zu Hause fühlen. Die Kollegen und die Mitarbeiter dort unterstützten und ermutigten mich in unnachahmlicher Weise. Viele der Recherchen für dieses Buch wurden in der Hauptstelle der New York Public Library in der 42nd Street und der erst kürzlich eröffneten Science, Industry and Business Library (SIBL) in der 34th Street durchgeführt; in dieser Bibliothek konnte ich auch den Wertheim Room und seine Einrichtungen nutzen. Andere amerikanische Bibliotheken, die ich für meine Nachforschungen aufsuchte, waren die Bibliotheken der Universitäten von Columbia und New York, die Library of Congress, die Scoville Library in Salisbury, Connecticut, und die Alfred H. Lane Library im Writer's Room.

In London arbeitete ich ausgiebig in den unerreichten historischen Sammlungen der British Library und der Science and Technology Library, die dem Victoria and Albert Museum angeschlossen ist. In den Niederlanden konzentrierten sich meine Recherchen auf das Boerhaave-Museum in Leiden und die öffentliche Bibliothek in Amsterdam. Dr. Frank Jones ermöglichte mir einen Besuch der Royal Institution in London, und durch die Vermittlung von Dr. Jos de Jongh, dem Direktor der Einrichtung, sowie Dr. Rudolf de Bruyn Ouboter, dem ehemaligen Direktor, konnte ich auch das Kamerlingh-Onnes-Laboratorium in Leiden besuchen. Dadurch ließen sich viele wertvolle Details über das Umfeld sammeln, in dem James Dewar bzw. Heike Kamerlingh Onnes arbeiteten.

Dank schulde ich Coleman Hough für seine Hilfe bei der Recherche, meiner Lektorin Laura van Dam für ihre Begeisterung und ihre Fähigkeit, die richtigen Fragen zu stellen, Steve Fraser, der den Anstoß für dieses Buch gab, meiner Frau Harriet Shelare und meinen Söhnen Noah und Daniel, die meine Leidenschaft für ein so esoterisches Thema mit Geduld ertragen haben. Rudolf de Bruyn Ouboter, Russel Donnelly und andere Physiker lasen Teile des Manuskriptes und machten Verbesserungsvorschläge. Sollten dennoch Fehler enthalten sein, sind sie allein mir anzulasten.

Anmerkungen und Literatur

In den folgenden Abschnitten werden die wichtigsten veröffentlichten und unveröffentlichten Quellen für dieses Buch aufgeführt und kurz erläutert. Die Liste ist kumulativ, das heißt, Quellen aus früheren Kapiteln werden auch in späteren verwendet, aber dort nicht mehr genannt. Ich habe mich für diese Vorgehensweise entschieden, um die Anmerkungen lesbar zu halten. Die Bibliographie ist nicht vollständig, doch sie bietet den Leserinnen und Lesern, die noch mehr über die Kälte und die mit ihr befassten Menschen und Wissenschaftsdisziplinen erfahren möchten, hoffentlich ausreichend Lesestoff.

Kapitel 1

Jede wissenschaftshistorische Recherche beginnt mit dem vielbändigen *Dictionary of Scientific Biography,* in dem die Leistungen der meisten (wenn auch nicht aller) in diesem Buch besprochenen Wissenschaftler dargestellt sind. Gerrit Tieries 1932 erschienenes Büchlein *Cornelis Drebbel (1572–1633)* versammelt die Kommentare von Drebbels Zeitgenossen und zitiert ausgiebig aus seinen Werken. Thomas Tymmes *A Dialogue Philosophicall …* aus dem Jahr 1612 enthält die beste Darstellung von Drebbels angeblichem Perpetuum mobile. Zwei tief schürfende Artikel sind «Cornelius Drebbel: A Neglected Genius of Seventeenth Century Technology» von L. E. Harris, erschienen 1958 in *Newcomen Society*, und «Cornelius Drebbel and Salomon de Caus: Two Jacobean Models for Salomon's Haus» von Rosalie L. Colie, erschienen 1954–1955 im *Huntington Library Quarterly*. Einen phantastischen Überblick über die Zeit bieten Lynn Thorndikes monumentale *History of Magic and Experimental Science* (1923), William Eamons Studie über die Geheimnisbücher *Science and the Secrets of Nature* (1994) und Elizabeth Davids *Harvest of the Cold Months* (1994). Im zuletzt genannten Werk werden die Spuren von della Porta und anderen in diesem Kapitel erwähnten Alchimisten und kunstfertigen Handwerkern nachgezeichnet. Material zu Jakob I. findet man in Robert Ashtons Kompilation *James I by His Contemporaries* (1969) und in Biographien, wie etwa der von Antonia Fraser mit dem Titel *King James VI of Scotland and I of England*, die 1974 erschien. Eine interessante Darstellung von Westminster Abbey enthält *A House of Kings* (1966) von Edward Carpenter.

Kapitel 2

Barbara Shapiros 1983 erschienenes Buch *Prohability and Certainty in Seventeenth-Century England* beleuchtet die Ära von Bacon und Boyle. *The Works of Francis Bacon*, in sieben Bänden, mit Anmerkungen seiner Schüler, wurden zwischen 1857 und 1859 veröffentlicht. In deutscher Sprache liegen vor *Neu-Atlantis* (Reclams Universal-Bibliothek Nr. 6645), *Essays oder praktische und moralische Ratschläge* (Reclams Universal-Bibliothek Nr. 8358) und *Neues Organ der Wissenschaften* (1830, in einem Nachdruck von 1990). Von den Bacon-Biographien vermittelt die von Catherine Drinker Bowen die tiefsten Einsichten; sie erschien 1963 (und in einer leicht überarbeiteten Neuauflage 1993) unter dem Titel *Francis Bacon, The Temper of a Man*, widmet sich jedoch weniger seinen naturwissenschaftlichen als vielmehr seinen politischen Interessen. Robert Boyles *New Experiments and Observations Touching Cold* aus dem Jahr 1665 sind immer noch ein Genuss zu lesen. Steven Shapin und Simon Schaeffer analysieren in ihrem 1985 erschienenen Buch *Leviathan and the Air Pump* die heftigen Auseinandersetzungen zwischen Hobbes und Boyle; eine der Auffassung dieser Autoren widersprechende Sicht von Boyle findet man in der derzeit besten Boyle-Biographie *The Diffident Naturalist* von Mary-Rose Sargent aus dem Jahr 1995. Von Margery Purver stammt die nicht zu übertreffende Studie *The Royal Society: Concept and Creation* mit einer Einleitung von Hugh Trevor-Roper; sie erschien 1967.

Kapitel 3

W. E. Knowles Middletons *A History of the Thermometer and Its Use in Meteorology* (1966) und *The Experimenters, A Study of the Accademia of Cimento* (1971) sind zwei erschöpfende und gedankenreiche Darstellungen. Als Ergänzung kann Maurice Daumas' Buch *Scientific Instruments of the Seventeenth and Eighteenth Centuries* aus dem Jahr 1972 dienen. Aufschlussreich sind auch *The Last Medici* (1932) von Harold Acton und *Rise and Fall of the House of Medici* (1974) von Christopher Hibbert. Fahrenheits Brief an Boerhaave aus dem Jahr 1729 ist im Kontext mit allen anderen und mit Anmerkungen von Pieter van der Star zu sehen in *Fahrenheit's Letters to Leibniz and Boerhaave*, erschienen 1983. Detektivarbeit zur Fahrenheit-Skala findet sich in verschiedenen Artikeln von *Isis* und *Nature.* Das Thema «Antecedents of Thermodynamics in the Work of Guillaume Amontons» untersuchen G. R. Talbot und A. J. Pacey in *Centaurus* (1971) und Robert Fox in *The Culture of Science in France, 1700–*

1900; in diesem 1992 erschienenen Buch wird auch die Geschichte der Académie des Sciences erzählt. Das Werk von Robert Hooke war Gegenstand eines Vortrags von E. N. da C. Andrade vor der Royal Society und ist in den *Proceedings* von 1950 abgedruckt. *Anders Celsius*, eine Biographie von N. V. E. Nordenmark, erschien 1936.

Kapitel 4

Unschätzbar sind Richard O. Cummings *The American Ice Harvest* (1949), Oscar Edward Anderson Jr.s *Refrigeration in America* (1963), Xavier de Planhols *L'Eau de Neige* (1995), Roger Thevenots *A History of Refrigeration Throughout the World* (1987) und W. R. Woolrichs *The Men who Created Cold* (1967). Eine ausführliche Darstellung der ersten Eismaschinen findet man in Edward W. Bryns *The Progress of Invention* (1900) und in dem von Robert Maclay verfassten Kapitel «The Ice Industry» in Chauncey Depews Buch *One Hundred Years of American Commerce* aus dem Jahr 1895. Henry G. Pearsons Beitrag «Frederic Tudor, Ice King» mit vielen Zitaten aus Tudors Tagebüchern wurde 1933 in den *Proceedings of the Massachusetts Historical Society* abgedruckt. Mehrere Artikel über Gorrie und Twining erschienen in *Ice and Refrigeration* und *The Florida Historical Quarterly*. Faradays Experimente beschreibt John Meung Thomas ausführlich in seinem 1991 veröffentlichten Buch *Michael Faraday and the Royal Institution*.

Kapitel 5–6

Eine Beschreibung des historischen Umfelds liefert Michel Serres im Kapitel «Paris 1800» seines Buches *A History of Scientific Thought*, das 1995 erschien (deutsch: *Elemente der Geschichte der Naturwissenschaften*, 1994). In *The Caloric Theory of Gases* (1971) spürt Robert Fox der Geschichte dieses wunderbar irreführenden Konzepts nach. Sadi Carnots *Réflexions sur la puissance motrice du feu* aus dem Jahr 1824 werden immer noch nachgedruckt (deutsch in der Reihe «Ostwalds Klassiker der exakten Wissenschaften» als Band 37 *Betrachtungen über die bewegende Kraft des Feuers und die zur Entwicklung dieser Kraft geeigneten Maschinen).* Hippolyte Carnots Erinnerungen an seinen Bruder, die 1878 zusammen mit handschriftlichen Notizen von Sadi Carnot aus der Zeit nach 1824 veröffentlicht wurden, sind eine faszinierende Lektüre. Weitere gute Quellen sind *Sadi Carnot, Physicien, et les Carnots Dans L'Histoire* (1978) von A. Friedberg, *Carnot et la Machine a Vapeur* (1986) von Jean-Pierre Maury sowie zwei Artikel von Robert Fox über Carnot, Clément und die Entwicklung der Dampfmaschinen, die 1992 in seinem Buch *The Culture of Science in France, 1700–1900* wieder abgedruckt wurden. In *Robert Mayer and the Conservation of Energy* (1993) von Kenneth L. Caneva erfährt der geneigte Leser vielleicht mehr über den rätselhaften Doktor, als er überhaupt wissen wollte. Wer nachlesen möchte, was Robert Mayer wirklich geschrieben hat, dem sei *Die Mechanik der Wärme. Sämtliche Schriften*, 1978 herausgegeben von H. P. Münzenmayer in Zusammenarbeit mit dem Stadtarchiv Heilbronn, empfohlen.

Dank eines kürzlich erfolgten Nachdrucks sind *The Scientific Papers of James Prescott Joule* aus dem Jahr 1887 wieder allgemein zugänglich. Auch ein Nachdruck von Rudolf Clausius' *Über die bewegende Kraft der Wärme und die Gesetze, welche sich daraus für die Wärmelehre selbst ableiten lassen* ist als Band 99 der Reihe «Oswalds Klassiker der exakten Wissenschaften» lieferbar. An *James Joule, A Biography* (1989) von Donald S. L. Cardwell und Cardwells früherem Buch *From Watt to Clausius* (1972) kommt man nicht vorbei, wenn man sich für die Geschichte der Thermodynamik interessiert; Gleiches gilt für die von Crosbie Smith und M. Norton Wise 1989 veröffentlichte, hervorragende Biographie von Lord Kelvin mit dem Titel *Energy and Empire.* Zwei weitere Studien sind *Lord Kelvin, The Dynamic Victorian*

(1979) von Harold I. Sharlin und *Kelvin and Stokes* (1987) von David B. Wilson. Wen Mathematik nicht schreckt, dem kann die von C. A. Truesdell III. verfasste *Tragicomical History of Thermodynamics, 1822–1854* ans Herz gelegt werden sowie, wegen ihrer unübertroffenen Klarheit, verschiedene Artikel und Buchkapitel von Crosbie Smith zum selben Thema. Daniel D. Pollocks Artikel «Thermoelectricity» in der *Encyclopedia of Physical Science and Technology* von 1987 beleuchtet Thomsons Beiträge zu diesem Thema, und die Geschichte der Kühlung mittels Joule-Thomson-Effekt beschreibt Graham Walker in seinem 1989 erschienenen Buch *Miniature Refrigerators for Cryogenic Sensors and Cold Electronics.* Aufschlussreiche Beobachtungen steuert Bernice T. Eiduson mit ihrer Studie *Scientists: Their Psychological World* aus dem Jahr 1962 bei.

Kapitel 7–12

Das klarste und stringenteste Buch zum Thema Gasverflüssigung und Supraleitfähigkeit ist die 1977 veröffentlichte zweite Auflage von Kurt Mendelssohns *The Quest for Absolute Zero* (deutsch: *Die Suche nach dem Nullpunkt*, 1966). Weitere wichtige Texte für diesen Zeitabschnitt sind *Superconductivity: Its Historical Roots and Development* (1992) von Per F. Dahl, *Superconductivity: The Next Revolution?* (1993) von Gianfranco Vidali und *History and Origins of Cryogenics* (1993) von Ralph G. Scurlock. Eine gute Ergänzung dazu ist Jean Matricous *La Guerre du Froid* aus dem Jahr 1994.

Cailletets Berichte an die Académie des Sciences sind über mehrere Bände von deren *Comptes Rendues* und *Annales de Chimie* verstreut. Mit *Science Under Control: The French Academy of Sciences, 1795–1914* hat Maurice P. Crosland 1992 eine Studie dieser Einrichtung während ihrer Blüte- und einflussreichsten Zeit vorgelegt, der nichts hinzuzufügen ist. Weitere aufschlussreiche Erkenntnisse liefert Crosland in seinen *Studies in the Cul-*

ture of Science in France and Britain Since the Enlightenment, die 1995 erschienen. Gwendy Caroe, die ihre Kindheit in der Royal Institution verbrachte, hat darüber das beste kurze Buch geschrieben: *The Royal Institution, An Informal History* (1985).

The Collected Papers of Sir James Dewar wurden 1927 in zwei Bänden von seiner Frau und mehreren Kollegen herausgegeben. Sie enthalten unter anderem Zeitungsberichte über seine Reden, von denen sonst nichts Schriftliches mehr existiert. Wichtige Ergänzungen dazu stellen Artikel von Agnes M. Clerke und Henry E. Armstrong in den *Proceedings of the Royal Institution* aus den Jahren 1901 und 1909 dar; darin liefern sie Analysen der Tieftemperaturforschung. Armstrongs längere Abhandlung mit dem Titel *James Dewar* (1925) ist die beste Quelle für biographische Information. Morris Travers diskutiert die Kontroversen zwischen Ramsay und Dewar in seinen beiden Büchern *The Discovery of Rare Gases* (1936) und *A Life of Sir William Ramsay* (1956). Tadeuz Estreicher verfasste das auf von Wróblewski und Olszewski gemünzte Kapitel «The Siamese Twins of Polish Science» in *Great Men and Women of Poland*, das 1942 von Stephen P. Mizwa herausgegeben wurde.

Carl Lindes Autobiographie *Aus meinem Leben und von meiner Arbeit* (1916, Nachdruck 1979) wird in Mikael Hards 1994 veröffentlichtem Buch *Machines are Frozen Spirit* erläutert. Über Dewars Vakuumgefäße schrieb Robert J. Soulen 1996 in *Physics Today*. Ein Teil der Korrespondenz zwischen Dewar und Kamerlingh Onnes findet sich in der englischen Ausgabe einer Auswahl der Artikel der *Communications from the Physical Laboratory at Leiden*, die 1991 unter dem Titel *Through Measurement to Knowledge* von Kostos Gavroglu und Yorgos Goudaroulis herausgegeben wurde. Weitere Manuskripte liegen im Boerhaave-Museum in Leiden. Anne C. Heldens Broschüre «The Coldest Spot on Earth» aus dem Jahr 1989 ist ein zuverlässiger Führer durch die von Kamerlingh Onnes benutzten Methoden. Weitergehende Information über die Leistungen von Kamerlingh

Onnes bietet Rudolf de Bruyn Ouboter in verschiedenen Artikeln aus neuerer Zeit und in einem Kapitel des oben erwähnten Buchs von Gavroglu und Goudaroulis. Leo Danas Bericht über sein Jahr mit Kamerlingh Onnes ist in *Cryogenic Science and Technology* nachzulesen, 1985 herausgegeben von R. J. Donelly und A. W. Francis. Eine andere gute Quelle für biographische Information stellt die Gedächtnisvorlesung von Ernest Cohen dar, die 1927 im *Journal of the Chemical Society* abgedruckt wurde. Die Entdeckung der Suprafluüssigkeit ist mit dem Artikel von Donelly in der Juli-Ausgabe der *Physics Today* aus dem Jahre 1955 ausreichend behandelt.

Englischsprachige Darstellungen von Leben und Werk von Pjotr Kapiza und Lew Landau finden sich in Anna Livanovas Biographie *Landau, A Great Physicist and Teacher* aus dem Jahr 1980 (deutsch: *Lew Landau*, 1982) und Büchern wie *Kapiza, Life and Discoveries* (1984) von F. B. Kedrov oder *Kapiza, Rutherford, and the Kremlin* (1985) von Lawrence Badash.

Kapitel 13

In *Frozen Foods: Biography of an Industry* (1963) geht E. W. Williams mit dem Wissen des Insiders an das Thema heran. Dasselbe gilt für einen Vortrag mit dem Titel «A History of Food and its Preservation», den Clarence Francis von General Foods 1937 hielt und in dem er das Werk von Clarence Birdseye ausführlich beschreibt. Gail Coopers 1998 erschienenes Buch *Air-Conditioning America: Engineers and the Controlled Environment, 1900–1960* widmet sich in angemessener Weise einem vernachlässigten Thema. Der Entwicklung der Kältewirtschaft und dem großtechnischen Einsatz von verflüssigten Gasen geht David Wilson in *Supercold* nach, das 1979 veröffentlicht wurde. In *Biophysics and Biochemistry at Low Temperatures* (1986) nimmt Felix Franks das Thema unter die Lupe. Die Zeit des «Woodstocks der Physik» und die Hochtemperatur-Supraleitung werden in einigen Büchern behandelt; die besten sind *The Path of No Resistance* (1989) von Bruce Shecter und *Breakthrough* (1988; deutsch: *Kelvin 90 – Der Wettlauf um den Supraleiter*, 1989) von Robert M. Hazen. Artikel über die Supraleitfähigkeit in dem Jahrzehnt nach dem Durchbruch von 1987 sind in Zeitschriften wie *Scientific American, Science, Physics Today* und anderen zu finden und auch auf den Wissenschaftsseiten der *New York Times.* Dem entsprechen im deutschsprachigen Raum die Zeitschriften *Spektrum der Wissenschaft, Bild der Wissenschaft, Physik heute* und die Wissenschaftsseiten von *Frankfurter Allgemeiner Zeitung, Frankfurter Rundschau* oder *Süddeutscher Zeitung.* Der Verknüpfung von Tieftemperaturphysik, Teilchenphysik und Astronomie widmet sich der von J. D. Fairbank et al. 1988 herausgegebene Band *Near Zero: New Frontiers of Physics* und vor allem das von William Fairbank verfasste Kapitel «Some Thoughts on the Frontiers of Physics». Die Informationen über die kommerzielle Nutzung von Supraleitfähigkeit und Flüssiggasen stammen von den Internetpräsenzen des amerikanischen Energieministeriums und verschiedener Firmen, die auf diesen Feldern operieren. Die Informationen über die jüngsten Entwicklungen auf den verschiedenen Gebieten, in denen man sich der Tieftemperaturforschung bedient, stammen aus den Websites des MIT und anderer Universitäten sowie aus Zeitungsartikeln. Den aktuellen Stand der Arbeiten an Kühltechniken für elektronische Geräte habe ich aus Win Aungs Kompilation *Cooling Techniques for Computers* (1991) für die National Science Foundation, aus dem von Kaveh Azar 1997 herausgegebenen Band *Thermal Measurements in Electronic Cooling* sowie aus den *Proceedings of the American Institute of Physics* über die 13. Internationale Konferenz zur Thermoelektronik 1995 herausgelesen.

Register

Stephen W. Hawking

Ein «Jahrhundertgenie wie Albert Einstein» *(Der Spiegel)*, ein Wissenschaftler, der der Weltformel auf der Spur ist, ein Mann, der entgegen allen Prognosen der Ärzte seit zwanzig Jahren mit einer unheilbaren tödlichen Nervenerkrankung lebt, kurz ein Mythos – **Stephen W. Hawking**, 1942 geboren, Physiker und Mathematiker an der Universität Cambridge, seit 1979 Nachfolger Newtons auf dem berühmten «Lukasischen Lehrstuhl» und der wohl bekannteste Wissenschaftler unserer Zeit.

Eine kurze Geschichte der Zeit
Die Suche nach der Urkraft
Deutsch von Hainer Kober. Mit einer Einleitung von Carl Sagan
224 Seiten. Gebunden und als rororo science 60555
Der Bestseller, der Hawking weltberühmt machte. «Eine rasante Geisterbahnfahrt durch das Labyrinth kosmologischer Denkmodelle.» *Der Spiegel*

Stephen W. Hawking (Hg.)
Stephen Hawkings Kurze Geschichte der Zeit
Ein Wissenschaftler und sein Werk
Deutsch von Hainer Kober. Mit Illustrationen von Ted Bafaloukos
224 Seiten mit zahlreichen Abbildungen. Gebunden und unter dem Titel **Stephen Hawkings Welt** als rororo science 19961

Einsteins Traum *Expeditionen an die Grenzen der Raumzeit*
(rororo science 60132)

Die illustrierte Kurze Geschichte der Zeit *Aktualisierte und erweiterte Ausgabe*
Deutsch von Hainer Kober
248 Seiten. Gebunden
Der Klassiker der modernen Astrophysik, auf den aktuellen Erkenntnisstand gebracht, mit einem neuen Kapitel über Wurmlöcher und Zeitreisen, vielen Fotos und über 150 Farbillustrationen.

Stephen Hawking / Roger Penrose
Raum und Zeit
(rororo science 60885)

Über Stephen Hawking:

Michael White /John Gribbin
Stephen Hawking
Die Biographie
(rororo science 19992)

Weitere Informationen in der **Rowohlt Revue**, kostenlos im Buchhandel, oder im **Internet: www.rowohlt.de**

rororo sachbuch

3504/8a

Stationen bei der Suche nach dem absoluten Nullpunkt

1850–1860
William Thomson und Rudolf Clausius formulieren unabhängig voneinander den ersten und den zweiten Hauptsatz der Thermodynamik

1850–1875
Hochphase des Handels mit Natureis

1859
Ferdinand Carré baut die erste Maschine für die Herstellung von Kunsteis

1877
Louis-Paul Cailletet verflüssigt Sauerstoff und Stickstoff und bereitet damit den Weg für den Abstieg zum absoluten Nullpunkt

1892
James Dewar entwickelt die Thermosflasche

1898
James Dewar verflüssigt Wasserstoff bei –250 °C (23 K)

1900–1915
Alfred Wolff, Stuart Cramer und Willis Carrier erfinden die Klimaanlage

1905
Walther Nernst formuliert den dritten Hauptsatz der Thermodynamik, der besagt, dass der absolute Nullpunkt nicht erreicht werden kann